高等院校“十三五”规划教材

高等数学
（经管类）
（上）

主　编　饶　峰　刘　磊
副主编　杨策平　张　甜
参　编　杨贵诚　阚兴莉
　　　　解　进　杨　永

南京大学出版社

内容简介

本书深入浅出，以实例为主线，贯穿于概念的引入、例题的配置与习题的选择中，淡化纯数学的抽象概念，注重实际，特别根据应用型高等学校学生思想活跃的特点，举例富有时代性和吸引力，突出实用，通俗易懂，注重培养学生解决实际问题的技能，注意知识的拓展，针对不同院校课程设置的情况，可对教材内容进行取舍，便于教师使用.

本书可作为应用型高等学校(新升本院校，地方本科高等院校)本科经济与管理等非数学专业的"高等数学"或"微积分"课程的教材使用，也可作为部分专科的同类课程教材使用.

图书在版编目(CIP)数据

高等数学：经管类. 上 / 饶峰，刘磊主编. —南京：南京大学出版社，2017.7(2019.7 重印)

高等院校"十三五"规划教材

ISBN 978-7-305-18709-4

Ⅰ. ①高… Ⅱ. ①饶… ②刘… Ⅲ. ①高等数学—高等学校—教材 Ⅳ. ①O13

中国版本图书馆 CIP 数据核字(2017)第 113131 号

出版发行 南京大学出版社
社 址 南京市汉口路 22 号 邮 编 210093
出 版 人 金鑫荣

丛 书 名 高等院校"十三五"规划教材
书 名 高等数学(经管类)(上)
主 编 饶 峰 刘 磊
责任编辑 吴 华 编辑热线 025-83596997

照 排 南京理工大学资产经营有限公司
印 刷 南京人民印刷厂有限责任公司
开 本 787×1092 1/16 印张 12.5 字数 308 千
版 次 2017 年 7 月第 1 版 2019 年 7 月第 2 次印刷
ISBN 978-7-305-18709-4
定 价 32.50 元

网 址：http://www.njupco.com
官方微博：http://weibo.com/njupco
微信服务号：njuyuexue
销售咨询热线：(025)83594756

前　言

本书是为了适应培养“实用型、应用型”的经济管理人才的要求而编写的公共数学课教材，可作为高等学校本专科经济类高等数学课程和高职高专数学课程的教材或教学参考书.

本书是在吸收国内外有关教材的优点的基础上并结合近年来经济数学教学改革的经验编写而成的.

全书分为上、下两册，主要介绍了微积分学的基础知识。共有十章，包括函数、极限与连续、导数与微分、中值定理与导数的应用、不定积分、定积分及定积分的应用、多元函数微分学、二重积分、无穷级数、常微分方程等内容.

全书具有以下特色：

1. 针对当前教育实际与特点，突出“以应用为目的，必需够用为度”的指导思想，强调数学思想、数学方法及数学的应用.

2. 文字上力求深入浅出，形、数结合，形象易懂，让学生有兴趣、有能力学好该课程.

3. 本书在编写上侧重于应用，对过于复杂的定理证明以及在实际问题中应用较少的定理证明都予以省略，不去强调论证的严密性.

4. 注重数学概念与实际问题的联系，特别是与经济问题的联系.

5. 按章节配备适量基本要求题，有利于学生掌握基本概念、基本运算、基本方法.

教材编写具有一定的弹性，希望使适用面更为广泛，不同层次的学生可以根据实际情况选择不同的内容.

本书得到南京大学出版社的大力支持，黄黎编辑为此付出辛勤劳动，特致以谢意.

由于编者水平有限，时间紧迫，难免存在疏漏之处，敬请专家、同行及广大读者指正.

编　者

2017 年 3 月

扫一扫可申请
教师教学资源

扫一扫可获得
学生学习资源

前言

目　录

第一章　函数与极限

初等函数的研究对象基本上是不变的量(称为常量),而高等数学的研究对象则是变动的量(称为变量).研究变量时,着重考察变量之间的依赖关系(即所谓的函数关系),并讨论当某个变量变化时,与它相关的量的变化趋势.这种研究方法就是所谓的极限方法.本章将介绍集合、函数、极限等基本概念和性质,并利用极限研究函数的连续性.

第一节　函　数

一、集合

1. 集合的概念

集合是数学中一个原始的基本概念,一般而言,集合就是指具有某种特定属性的事物的总体,或是某些特定对象的总汇.构成集合的事物或对象称为该集合的元素.集合可简称为集,通常用大写字母 $A,B,C,\cdots$ 表示. 元素可简称为元,通常用小写字母 $a,b,c,\cdots$ 表示.如果 a 是集合 A 的元素,记作 $a\in A$,读作 a 属于 A;如果 a 不是集合 A 的元素,记作 $a\notin A$,读作 a 不属于 A.

一个集合一旦给定,则对于任何事物或对象都能判定它是否属于该集合,若一个集合只含有限个元素,则称为有限集,否则即为无限集.

集合的表示方法有列举法和描述法.列举法就是将集合的所有元素一一列举出来,适合于表示有限集.例如,A 是由方程 $x^2-x-2=0$ 的根构成的集合,A 可表示为

$$A=\{-1,2\}.$$

再例如,不超过 5 的正整数构成的集合 B 可表示为

$$B=\{1,2,3,4,5\}.$$

描述法是把集合 M 中元素所具有的共同属性描述出来,表示成

$$M=\{x|x\text{ 具有的共同属性}\}.$$

例如,前面所看到的集合 A 又可以表示为

$$A=\{x|x^2-x-2=0\}.$$

再例如,xoy 平面圆周 $x^2+y^2=4$ 上的点的集合 C 可表示为

$$C=\{(x,y)|x^2+y^2=4\}.$$

这是一个无限集.一般情况下,无限集不适合用列举法表示.

将不含有任何元素的集合称为空集,记为$\varnothing$.例如,方程 $x^2+1=0$ 的实根构成的集合就是一个空集,即

$$\{x \mid x \text{ 为实数,且 } x^2+1=0\}=\varnothing.$$

应该注意的是,空集$\varnothing$不能同仅含元素“0”的集合$\{0\}$相混淆.

习惯上,用 **N** 表示全体自然数集,用 **Z** 表示全体整数集,用 **Q** 表示全体有理数集,用 **R** 表示全体实数集. 加“ * ”表示该集合中不含整数“0”.

子集也是一个常用的概念. 如果集合 A 中的每一个元素都是集合 B 的元素,则称 A 是 B 的子集,记为 $A\subset B$,读作 A 包含于 B;如果集合 A 与集合 B 互为子集,则称集合 A 与 B 相等,记为 $A=B$;如果 $A\subset B$ 但 $A\neq B$,则称 A 是 B 的真子集,记为 $A\subsetneq B$. 这样就有 $\mathbf{N}\subsetneq\mathbf{Z}\subsetneq\mathbf{Q}\subsetneq\mathbf{R}$.

这里规定,空集是任何集合的子集.

2. 集合的运算

集合之间的三种基本运算为:并、交、差.

设 A,B 是两个集合,由 A 与 B 中的所有元素构成的集合称为 A 与 B 的并集,简称并,记为 $A\cup B$,即

$$A\cup B=\{x \mid x\in A \text{ 或 } x\in B\}.$$

由集合 A 与 B 中所有共有元素构成的集合,称为 A 与 B 的交集,简称为交,记为 $A\cap B$,即

$$A\cap B=\{x \mid x\in A \text{ 且 } x\in B\}.$$

由属于集合 A 而不属于集合 B 的所有元素构成的集合,称为 A 与 B 的差集,简称为差,记为 $A\backslash B$,即

$$A\backslash B=\{x \mid x\in A \text{ 且 } x\notin B\}.$$

若集合 A 为集合 I 的子集,则由属于 I 而不属于 A 的所有元素构成的集合 $I\backslash A$ 称为 A 的余集或补集,记作 A^{C}.

设 A,B,C 为三个任意集合,有如下运算律成立:

(1) 交换律 $A\cup B=B\cup A, A\cap B=B\cap A$;

(2) 结合律 $(A\cup B)\cup C=A\cup(B\cup C), (A\cap B)\cap C=A\cap(B\cap C)$;

(3) 分配律 $(A\cup B)\cap C=(A\cap C)\cup(B\cap C), (A\cap B)\cup C=(A\cup C)\cap(B\cup C)$;

(4) 对偶律 $(A\cup B)^{\mathrm{C}}=A^{\mathrm{C}}\cap B^{\mathrm{C}}, (A\cap B)^{\mathrm{C}}=A^{\mathrm{C}}\cup B^{\mathrm{C}}$.

这些结论都可以根据集合运算的定义结合集合相等的定义进行验证,请读者尝试自行推导,这里不作详细证明.

3. 区间和邻域

实数集合中的一类特殊的子集就是区间,通常我们用区间表示一个变量的变化范围.

设 a 和 b 都是实数,且 $a<b$,数集

$$\{x \mid a<x<b\}$$

称为开区间,记为(a,b),即

$$(a,b)=\{x \mid a<x<b\}.$$

a 和 b 为开区间 (a,b) 的端点，$a\notin(a,b)$ 且 $b\notin(a,b)$.

类似可以定义闭区间 $[a,b]$ 为

$$[a,b]=\{x\mid a\leqslant x\leqslant b\}.$$

a 和 b 为闭区间 $[a,b]$ 的端点，$a\in[a,b]$ 且 $b\in[a,b]$；两种半开区间

$$[a,b)=\{x\mid a\leqslant x<b\},(a,b]=\{x\mid a<x\leqslant b\},$$

端点 $a\in[a,b)$，$b\notin[a,b)$ 以及 $a\notin(a,b]$，$b\in(a,b]$.

以上四种形式的区间长度均 $b-a$，因此都是有限区间. 此外，还有五种形式的无限区间，引入符号"$+\infty$"及"$-\infty$"，分别读作正无穷大和负无穷大，则五种无限区间的定义如下：

$$(a,+\infty)=\{x\mid x>a\};$$
$$[a,+\infty)=\{x\mid x\geqslant a\};$$
$$(-\infty,b)=\{x\mid x<b\};$$
$$(-\infty,b]=\{x\mid x\leqslant b\};$$
$$(-\infty,+\infty)=\{x\mid -\infty<x<+\infty\}\text{（即实数集合 }\mathbf{R}\text{）}.$$

以后在不需要特别说明所讨论的区间是否包含端点以及是否为有限区间时，我们就简单地称其为区间，并常用字母 I 表示.

区间中的一类特例就是邻域. 设 a 与 δ 为实数，且 $\delta>0$，数集

$$\{x\mid |x-a|<\delta\}$$

称为点 a 的 δ 邻域，记为 $U(a,\delta)$，其中 a 为邻域的中心，δ 为邻域的半径. 由于 $|x-a|<\delta$ 也就是 $a-\delta<x<a+\delta$，所以

$$U(a,\delta)=\{x\mid |x-a|<\delta\},$$

或

$$U(a,\delta)=\{x\mid a-\delta<x<a+\delta\}.$$

当我们不需要考虑邻域的半径的大小时，也可以将其简记为 $U(a)$.

有时为了讨论问题的需要，需要将邻域的中心点 a 去掉，得到点 a 的去心 δ 邻域，记为 $\mathring{U}(a,\delta)$，即

$$\mathring{U}(a,\delta)=\{x\mid 0<|x-a|<\delta\}.$$

借用邻域的概念，当需要时，也将区间 $(a,a+\delta)$ 和 $(a-\delta,a)$ 分别称为点 a 的右 δ 邻域和点 a 的左 δ 邻域.

二、函数

1. 函数概念

在一个自然现象或某研究过程中，往往同时存在若干个变量在变化，这些变量的变化通常相互联系，并遵循着一定的变化规律. 这里我们先就两个变量的情形举几个例子.

例 1 一个边长为 x 的正方形的面积为

$$A=x^2.$$

这就是两个变量 A 与 x 之间的关系. 当边长 x 在区间$(0,+\infty)$内任取一值时,由上式即可以确定一个正方形的面积值 A.

例 2 一个物体以初速度 v_0 做匀加速运动,加速度为 a,经过时间间隔 t 后,物体的速度为

$$v=v_0+at.$$

这里开始计时,记 $t=0$,此时初速度 v_0 及加速度 a 是常数,根据变量 v 与 t 之间的关系,当时间变量 t 在区间$[0, T]$上任取一个值时,就可以确定在这个时刻 t 物体的速度 v 的值.

例 3 在半径为 R 的圆中作内接正 n 边形.

由图 1-1 可得正 n 边形的周长 l_n 与边数 n 之间的关系为

$$l_n=2nR\sin\frac{\pi}{n}.$$

图中 $\alpha_n=\frac{\pi}{n}$,当 n 在 3,4,5,… 自然数集中任取一个值时,由上式就可得到对应内接正 n 边形的周长 l_n.

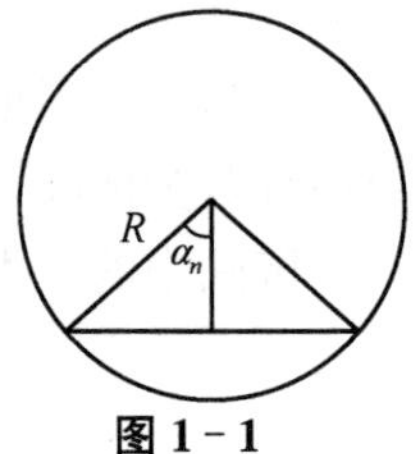

图 1-1

在以上例子中都给出了一对变量之间的对应关系,当其中一个变量在其取值范围内任取一个值时,另一个变量依照对应规则就有一个确定的值与之对应. 这两个变量之间的对应关系就是函数概念的实质.

定义 设 D 是一个非空数集,如果对每一个变量 $x\in D$,变量 y 按照一定的对应规则 f 总有唯一确定的数值与之对应,则称 f 是 x 的函数,记为 $y=f(x)$. x 称为自变量,y 称为因变量,集合 D 称为函数的定义域.

对于 $x_0\in D$,对应的值记为 y_0 或 $f(x_0)$,为函数 $y=f(x)$在 x_0 处的函数值. 当 x 取遍 D 中的一切值时,对应的函数值构成的集合

$$W=\{y\,|\,y=f(x),x\in D\}$$

称为函数的值域. 目前我们的研究对象仅限于定义域和值域均为实数集合的实函数.

函数 $y=f(x)$中表示对应规则的记号 f 也常用其他字母,如 F,g,G 等.

在实际问题中,函数的定义域由实际意义确定,在例 1 中定义域为开区间$(0,+\infty)$,在例 2 中定义域为闭区间$[0, T]$,而在例 3 中函数的定义域为不小于 3 的自然数集$\{n\,|\,n\geqslant 3 \text{ 且 } n\in\mathbf{N}\}$.

在不需要考虑实际意义的函数中,我们约定:函数的定义域就是使函数表达式有意义的自变量的取值范围. 例如,函数 $y=x$ 的定义域是实数集合$(-\infty,+\infty)$;函数 $y=\sqrt{1-x^2}$的定义域为闭区间$[-1,1]$;函数 $y=\frac{1}{x-1}$的定义域为$\{x\,|\,x\neq 1\}$. 这种定义域叫作函数的自然定义域.

设函数 $y=f(x)$的定义域为 D,在平面直角坐标系中,自变量 x 在横轴上变化,因变量 y 在纵轴上变化,则平面点集

$$C=\{(x,y)\,|\,y=f(x),x\in D\}$$

称为函数 $y=f(x)$ 的图形.

下面看几个函数及其图形的例子.

例 4　常值函数 $y=c$ 中，c 是一常数，其定义域为实数集，对任意实数 x，y 都取唯一确定的值 c 与之对应，因此，函数的图形为一条水平直线，当 $c>0$ 时，函数 $y=c$ 的图形如图 1-2 所示.

例 5　绝对值函数

$$y=|x|=\begin{cases} x & x\geqslant 0 \\ -x & x<0 \end{cases},$$

定义域 $D=(-\infty,+\infty)$，值域 $W=[0,+\infty)$，其图形如图 1-3 所示.

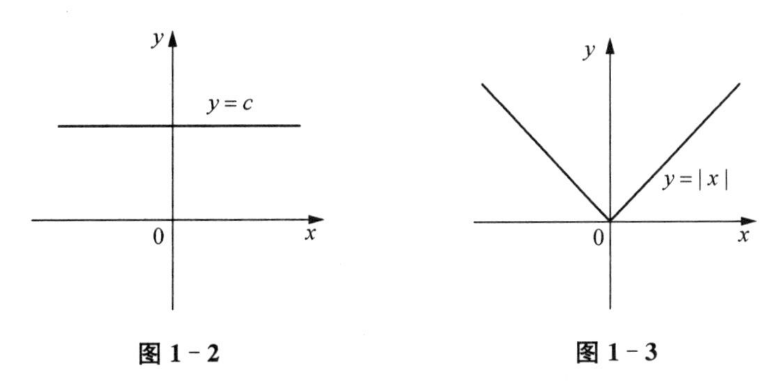

图 1-2　　　　**图 1-3**

例 6　符号函数

$$y=\operatorname{sgn}x=\begin{cases} -1 & x<0 \\ 0 & x=0 \\ 1 & x>0 \end{cases},$$

定义域 $D=(-\infty,+\infty)$，值域 $W=\{-1,0,1\}$，其图形如图 1-4 所示，对于任意 x，总有 $|x|=x\cdot\operatorname{sgn}x$.

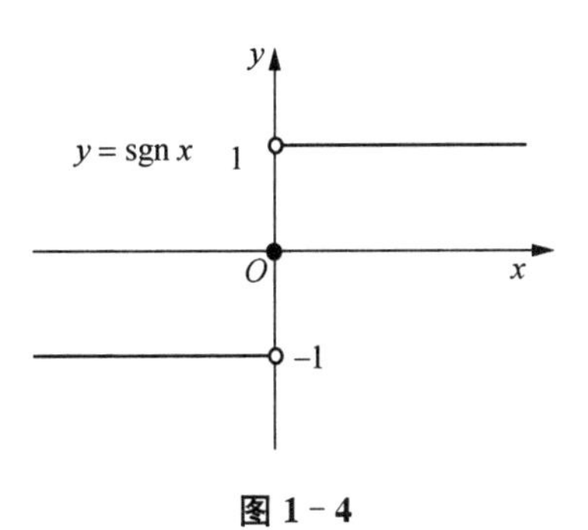

图 1-4

例 7　取整函数 $y=[x]$，表示 y 取不超过 x 的最大整数. 如 $[-3.5]=-4$，$[-1]=-1$，$\left[\dfrac{1}{2}\right]=0$，$[\pi]=3$，其定义域 $D=(-\infty,+\infty)$，值域 $W=\mathbf{Z}$，它的图形如图 1-5 所示.

例 8　函数

$$y=\begin{cases}2x^2 & 0\leqslant x\leqslant 1\\ x+1 & 1<x\leqslant 2\end{cases}$$

的定义域 $D=[0,2]$,值域 $W=[0,3]$,其图形如图 1-6 所示.

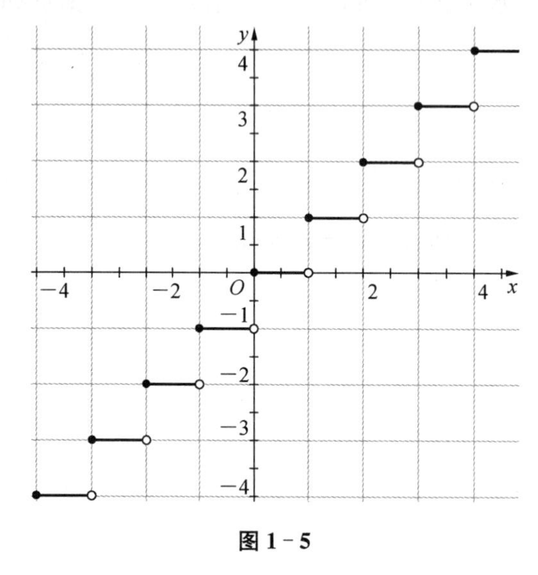

图 1-5

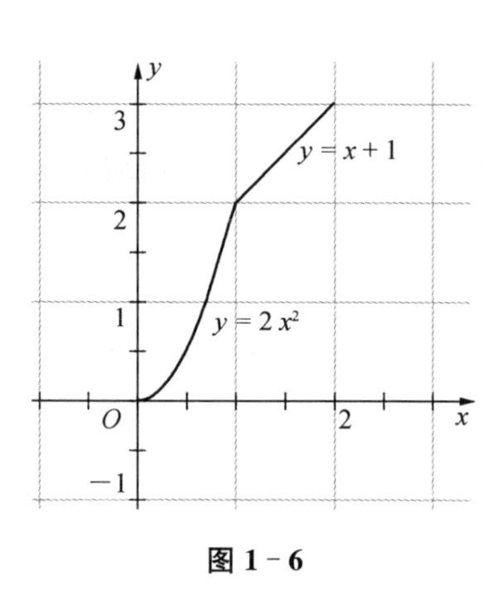

图 1-6

当然,并非所有函数都可以作出对应的图形.

例 9 狄利克雷(Dirichlet)函数

$$D(x)=\begin{cases}1 & x\in\mathbf{Q}\\ 0 & x\in\mathbf{Q}^C\end{cases}$$

定义域 $D=(-\infty,+\infty)$,值域 $W=\{0,1\}$,显然这个函数不能用几何图形表示出来.

从以上几个例子中看到,有些函数在自变量的不同变化范围内对应法则是不一样的.因此,一个函数需要用几个表达式表示,但在自变量的各个不同变化范围内,函数值是唯一确定的,通常称这样的函数为分段函数.

根据函数的定义,当自变量在定义内任取一个值时,对应的函数值只有一个,习惯上将这种函数称为单值函数,但有时由于研究问题的需要,可能对于给定的对应法则,对应自变量的函数值并不总是唯一的,这样的对应法则并不符合函数的定义.为讨论问题方便起见,称这种法则确定了一个多值函数,下面看一个多值函数的例子.

例 10 方程 $x^2+y^2=R^2$,当 $R>0$ 时,在直角坐标系中表示一个圆心在原点,半径为 R 的圆.由这个方程所确定的对应法则,对每个 $x\in[-R,R]$,可以确定对应的 y 值,当 $x=R$ 或 $-R$ 时,y 有唯一确定的值 $y=0$ 与之对应,但对 $(-R,R)$ 内任一值 x,对应的 y 值有两个,因此,这个方程确定了一个多值函数.

多值函数通常分为若干个单值函数,如在例 10 中的多值函数在附加一定条件后即以"$x^2+y^2=R^2$ 且 $y\geqslant 0$"作为对应法则,就可得到单值函数 $y=\sqrt{R^2-x^2}$;以"$x^2+y^2=R^2$,且 $y\leqslant 0$"作为对应法则,就可得到另一个单值函数 $y=-\sqrt{R^2-x^2}$.我们称这样得到的函数为多值函数的单值分支.

以后凡是没有特别说明时,函数都是指单值函数.

2. 函数的几种特性

(1) 函数的单调性,设函数 $f(x)$在区间 I 上有定义,如果对于区间 I 上任意两点 x_1 与 x_2,当点 $x_1<x_2$ 时,总有

$$f(x_1)<f(x_2)(\text{或 } f(x_1)>f(x_2)),$$

则称函数 $f(x)$在区间 I 上是单调增加(或单调减少)的,单调增加和单调减少的函数统称为单调函数.

函数的单调性会随区间的变化而改变,例如函数 $y=x^2$ 在区间$[0,+\infty)$内是单调增加的函数,但在$(-\infty,+\infty)$内不是单调函数.

(2) 函数的奇偶性. 设函数 $f(x)$的定义域 D 关于原点对称,如果对于任一 $x\in D$,总有

$$f(-x)=f(x)\ (\text{或 } f(-x)=-f(x))$$

成立,则称 $f(x)$为偶函数(或奇函数)

几何上偶函数的图形关于纵轴对称,奇函数的图形关于原点对称.

函数 $y=x^2+1, y=\cos x, y=\frac{e^x+e^{-x}}{2}$等皆为偶函数;

函数 $y=x^2\sin x, y=\frac{x}{1+x^2}, y=\frac{e^x-e^{-x}}{2}$等皆为奇函数;

函数 $y=\sin x+\cos x$ 及 $y=x+x^2$ 既非奇函数,也非偶函数.

(3) 函数的周期性. 设函数 $f(x)$的定义域为 D,如果存在一个正数 l,使得对任一 $x\in D$,有$(x\pm l)\in D$,且有

$$f(x\pm l)=f(x)$$

成立,则称 $f(x)$为周期函数,l 为 $f(x)$的一个周期,通常我们所说周期函数的周期是指最小正周期. 例如,函数 $y=\sin x, y=\cos x$ 都是以 2π 为周期的周期函数;$y=\sin\omega t(w\neq 0)$是以$\frac{2\pi}{\omega}$为周期的函数.

几何上看,一个周期为 l 的周期函数,在每个长度为 l 的区间上,函数图形有相同的形状.

事实上,并不是每个周期函数都有最小正周期,狄利克雷函数就属于这种情形,由

$$D(x)=\begin{cases}1 & x\in\mathbf{Q}\\ 0 & x\in\mathbf{Q}^C\end{cases}$$

不难验证,任何有理数均是 $D(x)$的周期,所以狄利克雷函数是一个以所有有理数为周期的周期函数,因为不存在最小的正有理数,所以它没有最小正周期.

(4) 函数的有界性. 设函数 $f(x)$在数集 X 上有定义,如果存在常数 k,使得对任一 $x\in X$,总有

$$f(x)\leqslant k\quad (\text{或 } f(x)\geqslant k)$$

成立,则称函数 $f(x)$在 X 上有上界(或下界),k 为 $f(x)$的一个上界(或下界).

例如,函数 $y=\sin x$ 在$(-\infty,+\infty)$内既有上界也有下界,显然 1 就是它的一个上界,当然大于 1 的常数也是它的上界;类似地,-1 以及小于 -1 的常数都是它的下界. 又例如,函

数 $y=\frac{1}{x}$在区间(0,1)内有下界但没有上界.事实上,不难看出,1 以及小于 1 的常数均可以作为 $y=\frac{1}{x}$在区间(0,1)内的下界,而当 x 接近于 0 时,不存在常数 k,使$\frac{1}{x}\leqslant k$ 成立.

如果存在正的常数 M,使得对任一 $x\in X$,总有

$$|f(x)|\leqslant M,$$

则称函数 $f(x)$在 X 上有界,如果不存在这样的常数 M,就称函数 $f(x)$在 X 上无界,也就是说,如果对于任何正数 M,总存在 $x_0\in X$,使得$|f(x_0)|>M$,那么函数 $f(x)$在 X 上无界.

例如,函数 $y=\sin x$, $y=\frac{x}{1+x^2}$在定义域$(-\infty,+\infty)$是有界的,因为对任一 $x\in \mathbf{R}$,总有$|\sin x|\leqslant 1$, $\left|\frac{x}{1+x^2}\right|\leqslant\frac{1}{2}$;函数 $y=\frac{1}{x}$在区间$(1,+\infty)$内是有界的,而在区间(0,1)内则是无界的.

容易证明,函数 $f(x)$在其定义域上有界的充分必要条件是它在其定义域上既有上界又有下界.

此外,在几何上,在其定义域上有界的函数 $y=f(x)$的图形会夹在关于 x 轴对称的带形区域内.

3. 反函数和复合函数

在同一变化过程中存在函数关系的两个变量之间,究竟哪一个是自变量,哪一个是因变量,并不是绝对的,这要视具体问题而定.

一般地,设 $y=f(x)$为给定的一个函数,D 为其定义域,W 为值域.如果对其值域 W 中的任何一值 y,有唯一的 $x\in D$,使 $f(x)=y$,于是可得到一个定义在 W 上的以 y 作为自变量,x 作为因变量的函数,称之为 $y=f(x)$的反函数,记为

$$x=f^{-1}(y),$$

也就是说,反函数 f^{-1}的对应法则完全由函数 f 所确定,所以反函数 $x=f^{-1}(y)$的定义域为 W,值域为 D.相对于反函数 $x=f^{-1}(y)$而言,原来的函数 $y=f(x)$称为原函数.

若函数 $y=f(x)$是单调函数,那么其反函数 $x=f^{-1}(y)$必定存在,且也是单调函数.事实上,若 $y=f(x)$是单调函数,则任取其定义域 D 上两个不同的值 $x_1\neq x_2$,必有 $y_1=f(x_1)$, $y_2=f(x_2)$且 $y_1\neq y_2$,所以在其值域 W 上任取一值 y_0 时,D 上不可能有两个不同的值 x_1 及 x_2,使得 $f(x_1)=f(x_2)=y_0$,所以此时反函数 $x=f^{-1}(y)$必定存在,容易证明 $x=f^{-1}(y)$也是单调的.

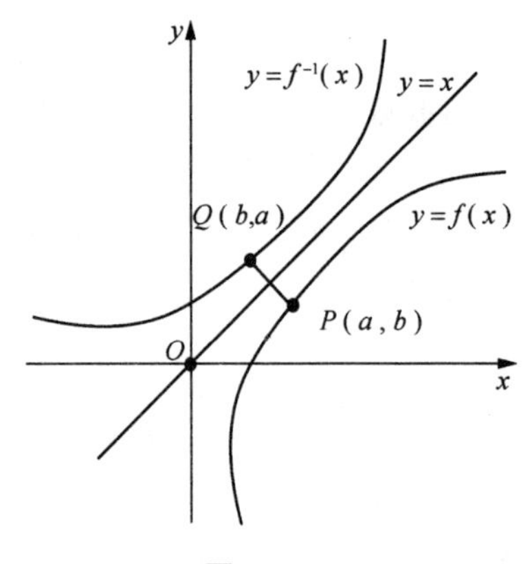

图 1-7

由于习惯上自变量用 x 表示,因变量用 y 表示,于是函数 $y=f(x)$, $x\in D$ 的反函数通常写成 $y=f^{-1}(x)$, $x\in W$.当把原函数 $y=f(x)$和它的反函数 $y=f^{-1}(x)$的图形放在同一个坐标系中,这两个图形关于直线 $y=x$ 对称,如图 1-7 所示.

一般地,若函数 $y=f(u)$的定义域为 D_1, $u=\varphi(x)$的定

义域为 D_2，值域为 W_2，当 $W_2 \subset D_1$ 时，对每个 $x \in D_2$，有变量 $u \in W_2$ 与之对应，又由于 $W_2 \subset D_1$，因此，对于这个 u 又有变量 y 与之对应，这样，对每一个 $x \in D_2$，通过 u 有唯一确定的 y 与之对应，因此，得到一个以 x 为自变量，y 为因变量的函数，这个函数称为函数 $y=f(u)$ 及 $u=\varphi(x)$ 复合而成的复合函数，记为 $y=f[\varphi(x)]$，u 称为中间变量.

例如，函数 $y=\sin^2 x$ 就是由函数 $y=u^2$ 及 $u=\sin x$ 复合而成的，这个复合函数的定义域为 $(-\infty,+\infty)$，这也正是函数 $u=\sin x$ 的定义域.

但复合函数 $y=f[\varphi(x)]$ 的定义域在很多情况下并不与函数 $u=\varphi(x)$ 的定义域完全相同. 例如，函数 $y=\sqrt{u}$ 的定义域 $D_1=[0,+\infty)$，而 $u=1-x^2$ 的定义域 $D_2=[-\infty,+\infty)$，值域 $W_2=[-\infty,1)$，显然 W_2 并不符合 $W_2 \subset D_1$ 的要求，但由于 $W_2 \cap D_1 \neq \varnothing$，所以限制 x 的取值范围为 $[-1,1]$，函数 $y=\sqrt{u}$ 与 $u=1-x^2$ 才能复合成一个复合函数 $y=\sqrt{1-x^2}$，$x \in [-1,1]$.

另外，不是任何两个函数都可以复合成一个复合函数的. 例如函数 $y=\arcsin u$ 及 $u=2+x^2$ 是不能进行复合的，因为对于 $u=2+x^2$，对任一 x 总有 $u \geqslant 2$，因而不能使 $y=\arcsin u$ 有意义.

复合函数也可以由两个以上的函数经过复合构成. 例如函数 $y=\ln\sqrt{1+x^2}$，就是由 $y=\ln u$，$u=\sqrt{v}$，$v=1+x^2$ 三个函数复合而成的，其中 u 和 v 都是中间变量.

4. 初等函数

下列五类函数统称为基本的初等函数.

幂函数：$y=x^\mu$（$\mu \in \mathbf{R}$ 是常数）；

指数函数：$y=a^x$（$a>0$ 且 $a \neq 1$）；

对数函数：$y=\log_a x$（$a>0$ 且 $a \neq 1$），当 $a=\mathrm{e}$ 时，记 $y=\ln x$；

三角函数：$y=\sin x$，$y=\cos x$，$y=\tan x$，$y=\cot x$ 等；

反三角函数：$y=\arcsin x$，$y=\arccos x$，$y=\arctan x$ 等.

由常数和基本初等函数经过有限次的四则运算和有限次的函数复合而构成的并可以用一个式子表示的函数，称为初等函数.

例如，$y=\ln\sqrt{1+x^2}$，$y=\sin^2 x$ 等都是初等函数，在本课程中所讨论的函数绝大多数都是初等函数，而诸如

$$f(x)=\begin{cases}\sqrt{1-x^2} & |x|<1 \\ x^2-1 & 1<|x|\leqslant 2\end{cases}$$

这种在自变量的不同变化范围中，对应法则用不同式子来表示的函数，通常称为分段函数.

分段函数往往不是初等函数.

习题 1-1

(A)

一、是非题

1. $y=\sqrt{x^2}$ 与 $y=x$ 相同.　　（　　）

2. $y=(2^x+2^{-x})\ln(x+\sqrt{1+x^2})$ 是奇函数. ( )

3. 凡是分段表示的函数都不是初等函数. ( )

4. $y=x^2(x>0)$是偶函数. ( )

5. 两个单调增函数之和仍是单调增函数. ( )

6. 复合函数 $f[g(x)]$ 的定义域即 $g(x)$的定义域. ( )

7. $y=f(x)$在(a,b)内处处有定义,则 $f(x)$在(a,b) 内一定有界. ( )

二、填空题

1. 函数 $y=f(x)$ 与其反函数 $y=\varphi(x)$的图形关于________对称.

2. 若 $f(x)$的定义域是$[0,1]$,则 $f(x^2+1)$ 的定义域是________.

3. $y=\dfrac{2^x}{2^x+1}$ 的反函数为________.

4. 若 $f(x)$是以 2 为周期的周期函数,且在闭区间$[0,2]$上 $f(x)=2x-x^2$,则在闭区间$[2,4]$上,$f(x)=$____________.

5. $f(x)=x+1$, $\varphi(x)=\dfrac{1}{1+x^2}$,则 $f[\varphi(x)+1]=$ ________,$\varphi[f(x)+1]=$________.

6. $y=\log_2 u$ 与 $u=1+x^2$所构成的复合函数为 $y=$ ________.

7. $y=\sin^2 e^x$是由简单函数________,________和________复合而成.

三、选择题

1. 下列函数中既是奇函数又是单调增加的函数是( ).

A. $\sin^3 x$ B. x^3+1 C. x^3+x D. x^3-x

2. 设 $f(x)=4x^2+bx+5$,若 $f(x+1)-f(x)=8x+3$,则 b 应为( ).

A. 1 B. -1 C. 2 D. -2

3. $f(x)=\sin(x^2-x)$ 是( ).

A. 有界函数 B. 周期函数 C. 奇函数 D. 偶函数

(B)

1. 如果 $A=\{x|3<x<5\}$,$B=\{x|x\geqslant 4\}$,求:$A\cup B$,$A\cap B$,$A\backslash B$.

2. 证明对偶律:$(A\cup B)^C=A^C\cap B^C$,其中 A,B 是任意两个集合.

3. 用区间表示下列不等式中的 x 的范围:

(1) $|x|\leqslant 4$; (2) $x^2>9$;

(3) $|x+3|\leqslant 2$; (4) $|x+3|\geqslant 3$;

(5) $|x-a|<\varepsilon\ (\varepsilon>0)$; (6) $1\leqslant|x-2|<3$.

4. 下列各对函数是否相同?为什么?

(1) $y=\sqrt{4^x}$与$y=2^x$; (2) $y=x$ 与 $y=\sqrt{x^2}$;

(3) $y=x-1$ 与 $y=\dfrac{x^2+1}{x+1}$; (4) $y=1$ 与 $y=\sec^2 x-\tan^2 x$.

5. 求下列函数的定义域:

(1) $y=\sqrt{3x+1}$; (2) $y=\sin\sqrt{x^2-1}$;

(3) $y=\arcsin(x-1)$; (4) $y=\lg(\lg x)$;

(5) $y=\tan(x+1)$；

(6) $y=\dfrac{1}{x}-\sqrt{1-x^2}$；

(7) $y=\arctan\dfrac{1}{x}+\sqrt{2-x}$；

(8) $y=\sqrt{x-2}+\dfrac{1}{x-3}+\log_2(5-x)$.

6. 已知 $f(x)=x^2-3x+2$，求 $f\left(\dfrac{1}{x}\right)$，$f(x+1)$.

7. 设函数 $f(x)=\begin{cases}\dfrac{1}{x} & x<0\\ x^2 & 0<x\leqslant 1\\ x+1 & 1<x\leqslant 3\end{cases}$.

(1) 求函数 $f(x)$ 的定义域；

(2) 求 $f(-1)$，$f\left(\dfrac{1}{2}\right)$，$f(1)$，$f(3)$，$f[f(2)]$；

(3) 画出函数 $y=f(x)$ 的图形.

8. 设 $f(x)=\begin{cases}1 & |x|\leqslant 1\\ 0 & |x|>1\end{cases}$，求 $f[f(x)]$.

9. 讨论下列函数的奇偶数：

(1) $y=x^2\cos x-1$；

(2) $y=\dfrac{a^x-a^{-x}}{2}$；

(3) $y=\sin x+\cos+1$；

(4) $y=\dfrac{a^x-1}{a^x+1}$.

10. 讨论下列函数的周期性：

(1) $y=\cos(x-2)$；

(2) $y=\cos 4x$；

(3) $y=1+\sin\pi x$；

(4) $y=\sin^2 x$.

11. 设函数 $f(x)$ 在数集 X 上有定义，试证：函数 $f(x)$ 在 X 上有界的充分必要条件是它在 X 上既有上界又有下界.

12. 求下列函数的反函数：

(1) $y=\dfrac{x+2}{x-2}$；

(2) $y=2^{x+5}$；

(3) $y=\sqrt[3]{x-1}$；

(4) $y=\lg(x+2)$.

13. 指出下列函数是怎样复合而成的：

(1) $y=\sqrt{2x+1}$；

(2) $y=(1+\ln x)^3$；

(3) $y=2^{\sin 3x}$；

(4) $y=\sqrt{\ln\sqrt{x}}$；

(5) $y=[\sin(2x^2+1)]^3$；

(6) $y=(\arcsin\sqrt{1-x})^2$.

14. 设函数 $f(x)$ 的定义域是 $[0,1]$，求下列复合函数的定义域：

(1) $f(x^2-1)$；

(2) $f\left(\dfrac{1}{1+x}\right)$；

(3) $f(\sin x)$；

(4) $f(x+a)+f(x-a)\ (a>0)$.

15. 用铁皮做一个容积为 V 的圆柱形闭容器，试将它的表面积表示为底面半径 r 的函数.

16. 某化肥厂生产某产品 1 000 吨，每吨定价为 130 元，销售量在 700 吨以内时，按原价出售，超过 700 吨时，超出部分打 9 折出售，试将销售总收益与总销售量的函数关系表示出来.

第二节　数列极限

一、数列极限的定义

我国古代数学家刘徽(公元 263 年)用圆内接正多边形逼近推算圆的面积的方法——割圆术，就是极限思想方法的朴素的、直观的应用.

设有一圆，首先作圆内接正六边形，并用 A_1 表示其面积；接下来作内接正十二边形，用 A_2 表示其面积；再作内接正二十四边形，用 A_3 表示其面积；如此循环，每次边数加倍，一般地将内接正 3×2^n 边形的面积记为 A_n，就得到一系列内接正多边形的面积：

$$A_1, A_2, A_3, \cdots, A_n, \cdots.$$

随着 n 的增大，内接正多边形与圆就越接近，所以正多边形的面积 A_n 作为圆的面积的近似值就越精确，因此，设想 n 无限增大，即 n 趋于无穷大(记为 $n\to\infty$)，内接正多边形边数无限增加，其面积无限接近圆的面积，这时 A_n 无限接近某确定的数值，这个数值就看成圆的面积.

在这个过程中，得到了一列有次序的数，对这一列数的变化趋势的研究，就是本节所要讨论的数列极限.

一般地，如果对每个 $n\in\mathbf{N}_+$，按某一对应法则，存在一个确定的实数 x_n，按下标从小到大排列得到一有序实数列

$$x_1, x_2, x_3, \cdots, x_n, \cdots$$

就称为数列，简记为数列 $\{x_n\}$.

数列中的每一个数称为数列的项，第 n 项 x_n 叫作数列的一般项.

以下是几个常见数列：

摆动数列 $\{(-1)^{n+1}\}$：$1,-1,1,-1,\cdots,(-1)^{n+1},\cdots$；

常数列 $\{C\}$：$C,C,C,\cdots,C,\cdots$；

等比数列 $\{aq^{n-1}\}$：$a,aq,aq^2,\cdots,aq^{n-1},\cdots(a\neq 0)$；

调和数列 $\left\{\frac{1}{n}\right\}$：$1,\frac{1}{2},\frac{1}{3},\cdots,\frac{1}{n},\cdots$.

若对每个 $n\in\mathbf{N}_+$，定义 $x_n=f(n)$，那么数列 $\{x_n\}$ 可看作自变量为正整数 n 的函数，因此，类似于函数，可以定义数列的单调性和有界性.

对于数列 $\{x_n\}$ 重点要讨论的是：当 n 无限增大时，即 $n\to\infty$ 时，对应的 $x_n=f(n)$ 是否无限接近于某个确定的数值 a？如果可以时，这个数值 a 等于多少？

观察上述几个数列可以发现，当 n 无限增大时，有些数列无限地接近一个常数. 例如，当 n 无限增大时，数列 $\left\{\frac{1}{n}\right\}$ 无限地接近于常数 0.

为了从数学上描述当 n 无限增大时，有些数列无限地接近一个常数的共同性质，下面给出数列极限的定义.

定义　设$\{x_n\}$为一数列，如果当n无限增大时（即$n\to\infty$时），x_n无限地趋近于某个确定的常数a，那么称常数a为数列$\{x_n\}$的极限，或者称数列$\{x_n\}$收敛于a，记为

$$\lim_{n\to\infty}x_n=a \text{ 或 } x_n\to a(n\to\infty).$$

如果不存在这样的常数a，就称数列$\{x_n\}$极限不存在，或者说数列$\{x_n\}$是发散的，也可以说$\lim\limits_{n\to\infty}x_n$不存在.

例1　利用极限的定义，讨论数列$\left\{\frac{1+n}{n}\right\}$的极限.

解　数列的通项$x_n=\frac{n+1}{n}=1+\frac{1}{n}$，当$n$无限增大时，$\frac{1}{n}$无限地趋近于0，从而$x_n=1+\frac{1}{n}$无限地接近于1，因此，数列$\left\{\frac{1+n}{n}\right\}$的极限为1，即$\lim\limits_{n\to\infty}\frac{n+1}{n}=1$.

例2　已知$x_n=\frac{(-1)^n}{(n+1)^2}$，利用极限的定义，讨论数列$\{x_n\}$的极限.

解　当n无限增大时，$(n+1)^2$也无限地增大，故$\frac{(-1)^n}{(n+1)^2}$无限地趋近于0，所以数列$\{x_n\}$的极限为0，即$\lim\limits_{n\to\infty}\frac{(-1)^n}{(n+1)^2}=0$.

例3　设$|q|<1$，说明等比数列$1,q,q^2,\cdots,q^{n-1},\cdots$的极限为0.

解　当n无限增大时，由于$|q|<1$，q^n无限趋近于0，从而q^{n-1}无限地趋近于0，所以等比数列$1,q,q^2,\cdots,q^{n-1},\cdots$的极限为0，即$\lim\limits_{n\to\infty}q^{n-1}=0$.

二、收敛数列的性质

收敛数列有以下重要性质.

性质1（极限的唯一性）　如果数列$\{x_n\}$收敛，那么它的极限是唯一的.

例4　利用极限的唯一性，考察摆动数列$1,-1,1,-1,\cdots,(-1)^{n+1},\cdots$的收敛性.

解　假设摆动数列$x_n=(-1)^{n+1}$是收敛的，根据性质1，极限是唯一确定的.

根据数列极限的定义，对摆动数列，当n取奇数时，得常数数列$1,1,\cdots,1,\cdots$，其极限为1；当n取偶数时，得常数数列$-1,-1,\cdots,-1,\cdots$，其极限为-1，由极限的唯一性，知假设不成立，因此该数列是发散的.

数列作为一类特殊的函数，也可定义其有界性的概念，对数列$\{x_n\}$，如果存在正数M，使对一切x_n都满足不等式

$$|x_n|\leqslant M,$$

则称数列$\{x_n\}$是有界的；如果这样的正整数M不存在，就说数列$\{x_n\}$是无界的.

比如，数列$x_n=\frac{n+1}{n}$是有界的，不难看出，当$M=2$时，对数列中各项x_n，总有$\left|\frac{n+1}{n}\right|<2$；而当$|q|>1$时数列$x_n=q^{n-1}$是无界的，因为当$n$无限增大时，$|q^{n-1}|$大于任何正的常数.

有界数列的所有项在数轴上都落在区间$[-M,M]$上.

性质2（收敛数列的有界性）　收敛数列一定是有界的.

由性质2可知，数列$\{x_n\}$收敛的必要条件是该数列是有界的，如果数列无界，那么它就

一定发散.但是,如果数列有界,却不能断定它一定收敛,例如摆动数列 $1,-1,1,-1,\cdots,(-1)^{n+1},\cdots$ 有界,但在例 4 中已经看到这个数列是发散的,所以数列有界是数列收敛的必要而非充分条件.

性质 3(收敛数列的保号性) 如果 $\lim\limits_{n\to\infty}x_n=a$ 且 $a>0$(或 $a<0$),那么存在正整数 N,当 $n>N$ 时,都有 $x_n>0$(或 $x_n<0$).

推论 如果数列 $\{x_n\}$ 从某项起有 $x_n\geqslant0$(或 $x_n\leqslant0$),且 $\lim\limits_{n\to\infty}x_n=a$,那么 $a\geqslant0$(或 $a\leqslant0$).

习题 1-2

(A)

一、是非题

1. 在无穷数列 $\{a_n\}$ 中任意去掉或增加有限项,不影响 $\{a_n\}$ 的收敛性. ( )

2. 若极限 $\lim\limits_{n\to\infty}|u_n|$ 存在,则极限 $\lim\limits_{n\to\infty}u_n$ 也存在. ( )

3. 若数列 $\{u_n\}$ 发散,则它必无界. ( )

二、填空题

1. $\lim\limits_{n\to\infty}\dfrac{1}{2^n}=$ ________.

2. $\lim\limits_{n\to\infty}\dfrac{\sin\frac{n\pi}{2}}{n}=$ ________.

3. $\lim\limits_{n\to\infty}\left[4+\dfrac{(-1)^n}{n^2}\right]=$ ________.

4. $\lim\limits_{n\to\infty}(\sqrt{n+1}-\sqrt{n})=$ ________.

三、选择题

1. 已知下列四个数列:

① $x_n=2$;② $x_n=\dfrac{2}{3n+1}$;③ $x_n=(-1)^{n+1}\dfrac{2}{3n+1}$;④ $x_n=(-1)^{n-1}\dfrac{3n-1}{3n+1}$.

则其中收敛的数列为( ).

A. ① B. ①② C. ①④ D. ①②③

2. 已知下列四个数列:

① $1,-1,1,-1,\cdots,(-1)^{n+1},\cdots$;

② $0,\dfrac{1}{2},0,\dfrac{1}{2^2},0,\dfrac{1}{2^3},\cdots,0,\dfrac{1}{2^n},\cdots$;

③ $\dfrac{1}{2},\dfrac{3}{2},\dfrac{1}{3},\dfrac{4}{3},\cdots,\dfrac{1}{n+1},\dfrac{n+2}{n+1},\cdots$;

④ $1,2,\cdots,n,\cdots$.

则其中发散的数列为( ).

A. ① B. ①④ C. ①③④ D. ②④

3. 设 $x_n=\begin{cases}\dfrac{1}{n} & n\text{ 为奇数}\\ 10^{-7} & n\text{ 为偶数}\end{cases}$,则必有:( ).

A. $\lim\limits_{n\to\infty}x_n=0$

B. $\lim\limits_{n\to\infty}x_n=10^{-7}$

C. $\lim\limits_{n\to\infty}x_n=\begin{cases}0 & n\text{ 为奇数}\\ 10^{-7} & n\text{ 为偶数}\end{cases}$

D. $\lim\limits_{n\to\infty}x_n$ 不存在

(B)

1. 根据数列极限的定义,讨论下列数列的极限:

(1) $x_n=\left(-\frac{1}{3}\right)^n$;

(2) $x_n=\frac{n+(-1)^n}{n}$;

(3) $x_n=1-\frac{1}{\sqrt{n}}$;

(4) $x_n=n+\frac{1}{n}$;

(5) $x_n=\frac{2^n+(-1)^n}{3^n}$;

(6) $x_n=[(-1)^n+1]\frac{n}{n+1}$.

2. 根据数列极限定义,说明:

(1) $\lim\limits_{n\to\infty}\frac{1}{\sqrt{n}}=0$;

(2) $\lim\limits_{n\to\infty}\frac{n+(-1)^n}{n}=1$;

(3) $\lim\limits_{n\to\infty}\frac{5n+2}{3n+1}=\frac{5}{3}$;

(4) $\lim\limits_{n\to\infty}\frac{\sqrt{n^2+a^2}}{n}=1$.

第三节 函数的极限

数列$\{x_n\}$的极限实际是函数$x_n=f(n)$当自变量依正整数顺序无限增大时的极限,这里,若将自变量的变化方式推广到连续变化的实数,那么需要考虑的问题就是:函数$y=f(x)$在自变量的某个变化过程中(当$x\to\infty$或$x\to x_0$),是否能无限接近于某个确定的常数,此时函数又有怎样的特性.

一、函数极限的概念

1. 自变量趋向无穷大时函数的极限

因为自变量既可取正值,也可取负值,所以自变量趋向无穷大时会有几种不同情形.

定义 1 设函数$f(x)$当$|x|$大于某一正数时有定义,如果当$|x|\to+\infty$时(记为$x\to\infty$),对应的函数值$f(x)$无限地趋近于一个确定的常数A,那么称常数A为函数$f(x)$当$x\to\infty$时的极限,记作

$$\lim_{x\to\infty}f(x)=A \text{ 或 } f(x)\to A(x\to\infty).$$

如果自变量x只取正值且无限增大(记作$x\to+\infty$),此时对应函数值无限地趋近于某个常数A,可以得到$\lim\limits_{x\to+\infty}f(x)=A$的定义;类似,当$x$只取负值且$|x|$无限增大(记作$x\to-\infty$),对应函数值无限地趋近于一个常数$A$,则可以得到$\lim\limits_{x\to-\infty}f(x)=A$的定义.

容易证明:函数$f(x)$当$x\to\infty$时极限存在充分必要条件是函数$f(x)$当$x\to+\infty$及$x\to-\infty$时极限都存在且相等,即

$$\lim_{x\to+\infty}f(x)=\lim_{x\to-\infty}f(x)=A.$$

例 1 求极限$\lim\limits_{x\to\infty}\frac{1}{x}$.

解 当 $x\to+\infty$ 时，$\frac{1}{x}$ 无限地趋近于常数 0，即 $\lim\limits_{x\to+\infty}\frac{1}{x}=0$；当 $x\to-\infty$ 时，$\frac{1}{x}$ 也无限地趋近于常数 0，即 $\lim\limits_{x\to-\infty}\frac{1}{x}=0$(如图 1-8)，所以

$$\lim_{x\to\infty}\frac{1}{x}=0.$$

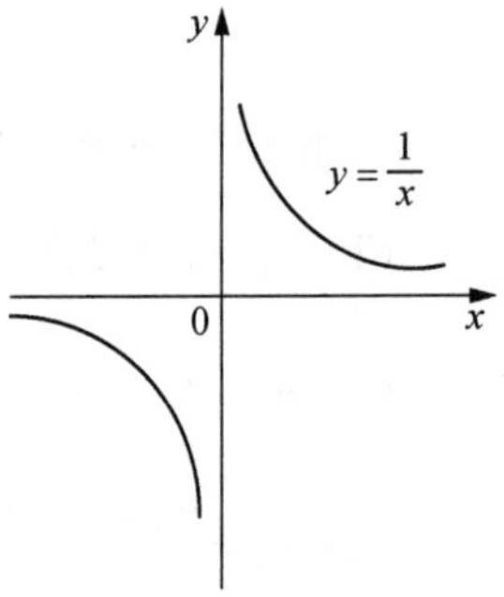

一般地，如果 $\lim\limits_{x\to\infty}f(x)=A$，则称直线 $y=A$ 为函数 $y=f(x)$ 的图形的水平渐近线，所以直线 $y=0$ 是函数曲线 $y=\frac{1}{x}$ 的水平渐近线.

图 1-8

2. 自变量趋向有限值时的极限

定义 2 设函数 $f(x)$ 在点 x_0 的某个去心邻域内有定义，如果当 $x\to x_0$(但 $x\neq x_0$)时，对应的函数值 $f(x)$ 无限地趋近于一个确定的常数 A，那么常数 A 就叫作函数 $f(x)$ 当 $x\to x_0$ 时的极限，记作

$$\lim_{x\to x_0}f(x)=A \quad 或 \quad f(x)\to A(x\to x_0).$$

由于上述定义中 $x\neq x_0$，所以 $x\to x_0$ 时 $f(x)$ 有没有极限，与 $f(x)$ 在点 x_0 是否有定义无关.

例 2 根据极限定义说明 $\lim\limits_{x\to x_0}C=C$，这里 C 为一常数.

解 无论自变量 x 取任何值，函数都取相同的常数 C，那么当 $x\to x_0$ 时，函数当然趋近于常数 C，所以由定义有 $\lim\limits_{x\to x_0}C=C$.

例 3 根据极限定义说明 $\lim\limits_{x\to 2}(3x+9)=15$.

解 当自变量 x 趋近于 2 时，函数 $3x+9$ 无限接近于 15，所以根据极限定义有 $\lim\limits_{x\to 2}(3x+9)=15$.

与例 3 类似，可得更一般的结论：

$$\lim_{x\to x_0}(ax+b)=ax_0+b.$$

当 $a=1$ 及 $b=0$ 时，可得到一个比较特殊的极限：

$$\lim_{x\to x_0}x=x_0.$$

当 $a=0$ 时，就可以得到例 2 中的结果.

例 4 利用极限定义说明 $\lim\limits_{x\to 2}\frac{x^2-4}{x-2}=4$.

解 这里，函数在点 $x=2$ 没有定义，根据极限定义 2 可知，函数 $x\to 2$ 时的极限存在与否和它在 $x=2$ 处有无定义无关. 当自变量 x 无限趋近于 2 时，但 x 始终不取 2，故此时 $f(x)=\frac{x^2-4}{x-2}=x+2$(因 $x-2\neq 0$)，当 $x\to 2$ 时，$x+2$ 无限地趋近于 4，所以

$$\lim_{x\to 2}\frac{x^2-4}{x-2}=4.$$

在定义 2 中，自变量 x 的变化过程 $x\to x_0$ 是既从 x_0 的左侧也是从 x_0 的右侧趋向于 x_0 的，但有时只需要或只能考虑其中某一侧的变化过程. 当 x 仅从 x_0 的左侧趋向于 x_0 时（记作 $x\to x_0^-$），此时若函数值无限地接近于某个确定的常数 A，那么 A 就叫作函数 $f(x)$ 当 $x\to x_0$ 时的左极限，记为

$$\lim_{x\to x_0^-}f(x)=A \quad 或 \quad f(x_0^-)=A.$$

类似地，当 x 仅从 x_0 的右侧趋向于 x_0 时（记作 $x\to x_0^+$），此时若函数值无限地接近于一个常数 A，那么 A 就叫作函数 $f(x)$ 当 $x\to x_0$ 时的右极限，记为

$$\lim_{x\to x_0^+}f(x)=A \quad 或 \quad f(x_0^+)=A.$$

左极限与右极限统称为单侧极限.

根据 $x\to x_0$ 时函数 $f(x)$ 极限的定义以及左极限和右极限的定义，容易证明以下结论：函数 $f(x)$ 当 $x\to x_0$ 时极限存在的充分必要条件是其左极限和右极限都存在并且相等，即

$$f(x_0^-)=f(x_0^+)=A.$$

例 5 讨论符号函数

$$f(x)=\begin{cases}-1 & x<0\\ 0 & x=0\\ 1 & x>0\end{cases}$$

当 $x\to 0$ 时极限是否存在.

解 根据例 2 的结论，可得到

$$f(0^-)=\lim_{x\to 0^-}f(x)=\lim_{x\to 0^-}(-1)=-1,$$
$$f(0^+)=\lim_{x\to 0^+}f(x)=\lim_{x\to 0^+}1=1.$$

由于左极限和右极限存在但不相等，所以$\lim\limits_{x\to 0}f(x)$不存在，在图 1-4 中，这种情形表现为图形在原点左侧到右侧是断开的.

利用例 3 中给出的一般形式的结论，不难看到，绝对值函数

$$f(x)=|x|=\begin{cases}x & x\geqslant 0\\ -x & x<0\end{cases}$$

当 $x\to 0$ 时，左极限和右极限都存在且相等.

$$f(0^-)=f(0^+)=0,$$

所以 $\lim\limits_{x\to 0}|x|=0$，在图 1-3 中，这一情形则表现为函数图形在原点左侧和右侧的直线在原点连接在一起了.

二、函数极限的性质

与收敛数列的性质相似,可得到函数极限的一些相应的性质.下面仅就“$\lim\limits_{x\to x_0} f(x)$”的情形给出关于函数极限的几个性质,至于其他情形,诸如“$\lim\limits_{x\to\infty} f(x)$”或各种单侧极限,读者可依照下面所给出的性质,相应地进行一些修改即可得到有关结论.

性质 1(**函数极限的唯一性**) 如果$\lim\limits_{x\to x_0} f(x)$存在,那么这个极限是唯一的.

性质 2(**函数极限的局部有界性**) 如果$\lim\limits_{x\to x_0} f(x)=A$,那么存在常数$M>0$和相应的$\delta>0$,使得当$0<|x-x_0|<\delta$时,有$|f(x)|\leqslant M$.

性质 3(**函数极限的局部保号性**) 如果$\lim\limits_{x\to x_0} f(x)=A$且$A>0$(或$A<0$),那么存在常数$\delta>0$,使得当$0<|x-x_0|<\delta$时,有$f(x)>0$(或$f(x)<0$).

由性质 3,可以得到如下结论:

如果在x_0的某个去心邻域内$f(x)\geqslant 0$(或$f(x)\leqslant 0$),而且$\lim\limits_{x\to x_0} f(x)=A$,那么$A\geqslant 0$(或$A\leqslant 0$).

性质 4 如果极限$\lim\limits_{x\to x_0} f(x)$存在,$\{x_n\}$为函数$f(x)$的定义域内任一收敛于$x_0$的数列,且$x_n\neq x_0(n\in\mathbf{N}_+)$,那么相应的函数值数列$\{f(x_n)\}$收敛,且$\lim\limits_{n\to\infty} f(x_n)=\lim\limits_{x\to x_0} f(x)$.

性质 4 给出了数列极限与函数极限之间的一种关系.

三、函数极限的运算法则

利用极限的定义可以验证和计算一些简单函数的极限,这里将要讨论的是极限的计算方法,主要是建立极限的运算法则和复合函数的极限运算法则,在此基础上,结合由极限定义推出的常用结论,可以求部分函数的极限,以后我们还将陆续介绍极限计算的其他方法.下面不加证明地给出关于极限运算法则的相关定理及推论.

由于以下定理对$x\to x_0$及$x\to\infty$都是成立的,为了方便起见,极限记号“lim”下面不标注自变量的变化过程.

定理 1 设$\lim f(x)=A$,$\lim g(x)=B$,那么

(1) $\lim[f(x)\pm g(x)]=\lim f(x)\pm\lim g(x)=A\pm B$;

(2) $\lim[f(x)\cdot g(x)]=\lim f(x)\cdot\lim g(x)=AB$;

(3) 当$B\neq 0$时,$\lim\dfrac{f(x)}{g(x)}=\dfrac{\lim f(x)}{\lim g(x)}=\dfrac{A}{B}$.

应当说明的是,定理 1 的结论是当参与运算的每个函数极限都存在时成立,商的情形分母应不为零.定理 1 的结论(1)和(2)可以推广到有限个极限存在的函数和、差或乘积运算的情形,结论(2)还有以下推论.

推论 1 如果$\lim f(x)$存在,则

$$\lim[cf(x)]=c\lim f(x),$$

其中c为一个常数,也就是说,常数因子可以提到极限符号外面.

推论 2 如果$\lim f(x)$存在,则

$$\lim[f(x)]^n=[\lim f(x)]^n,$$

其中 n 为正整数.

定理 1 及其推论对于数列极限也是成立的,这就是下面的定理.

定理 2 设有数列 $\{x_n\}$, $\{y_n\}$,若

$$\lim_{n\to\infty}x_n=A,\lim_{n\to\infty}y_n=B,$$

那么(1) $\lim\limits_{n\to\infty}(x_n\pm y_n)=A\pm B$;

(2) $\lim\limits_{n\to\infty}(x_n\cdot y_n)=A\cdot B$;

(3) 当 $y_n\neq 0$,且 $B\neq 0$ 时,$\lim\limits_{n\to\infty}\dfrac{x_n}{y_n}=\dfrac{A}{B}$.

结论(1)和(2)可以推广到有限个收敛数列的和、差或乘积运算的情形;结论(1)和(2)对应的推论请读者依照定理 1 的推论给出,这里不再详述.

利用极限的四则运算法则可简化极限计算.

例 6 求 $\lim\limits_{x\to 1}(3x^2-2x+1)$.

解
$$\begin{aligned}\lim_{x\to 1}(3x^2-2x+1)&=\lim_{x\to 1}3x^2-\lim_{x\to 1}2x+\lim_{x\to 1}1\\&=3\ (\lim_{x\to 1}x)^2-2\lim_{x\to 1}x+1\\&=3\times 1^2-2\times 1+1=2.\end{aligned}$$

事实上,设多项式

$$P(x)=a_0x^n+a_1x^{n-1}+\cdots+a_n,$$

则
$$\begin{aligned}\lim_{x\to x_0}P(x)&=\lim_{x\to x_0}(a_0x^n+a_1x^{n-1}+\cdots+a_n)\\&=a_0\ (\lim_{x\to x_0}x)^n+a_1\ (\lim_{x\to x_0}x)^{n-1}+\cdots+\lim_{x\to x_0}a_n\\&=a_0x_0^n+a_1x_0^{n-1}+\cdots+a_n=P(x_0).\end{aligned}$$

这说明,多项式 $P(x)$ 当 $x\to x_0$ 时的极限为多项式的函数值 $P(x_0)$.

例 7 求 $\lim\limits_{x\to 2}\dfrac{2x-1}{x^2-5x+3}$.

解 这里分母的极限不为零,所以由定理 3 得

$$\lim_{x\to 2}\frac{2x-1}{x^2-5x+3}=\frac{\lim\limits_{x\to 2}(2x-1)}{\lim\limits_{x\to 2}(x^2-5x+3)}=\frac{3}{-3}=-1.$$

事实上,设有理分式函数

$$F(x)=\frac{P(x)}{Q(x)},$$

其中 $P(x)$, $Q(x)$ 都是多项式,于是

$$\lim_{x\to x_0}P(x)=P(x_0),\lim_{x\to x_0}Q(x)=Q(x_0),$$

如果 $Q(x_0)\neq 0$,则

$$\lim_{x\to x_0}F(x)=\lim_{x\to x_0}\frac{P(x)}{Q(x)}=\frac{\lim\limits_{x\to x_0}P(x)}{\lim\limits_{x\to x_0}Q(x)}=\frac{P(x_0)}{Q(x_0)}=F(x_0).$$

但必须注意，若 $Q(x_0)=0$，则关于商的极限运算法则是不能直接使用的，此时，需对函数进行适当处理，以下两个例题就属于这种情形.

例 8 求 $\lim\limits_{x\to 1}\frac{x^2+x-2}{x^2-1}$.

解 当 $x\to 1$ 时，分母 $x^2-1\to 0$，所以不能直接使用本节定理 1，注意函数分子极限也是零，即 $x^2+x-2\to 0$，说明分子和分母有公因子 $x-1$，而 $x\to 1$ 时，$x\neq 1$，所以可以约去这个不为零的因子，故

$$\lim_{x\to 1}\frac{x^2+x-2}{x^2-1}=\lim_{x\to 1}\frac{(x-1)(x+2)}{(x-1)(x+1)}=\lim_{x\to 1}\frac{x+2}{x+1}=\frac{3}{2}.$$

例 9 求 $\lim\limits_{x\to 1}\left(\frac{1}{1-x}-\frac{3}{1-x^3}\right)$.

解 容易看到，当 $x\to 1$ 时，函数中的两项 $\frac{1}{1-x}$ 及 $\frac{1}{1-x^3}$ 分母均趋于零，所以不能直接使用极限运算法则，这时应先通分，化简后再求极限，即

$$\lim_{x\to 1}\left(\frac{1}{1-x}-\frac{3}{1-x^3}\right)=\lim_{x\to 1}\frac{1+x+x^2-3}{1-x^3}=\lim_{x\to 1}\frac{(x-1)(x+2)}{(1-x)(1+x+x^2)}$$
$$=-\lim_{x\to 1}\frac{x+2}{1+x+x^2}=-1.$$

例 10 求 $\lim\limits_{x\to\infty}\frac{7x^3-2x+1}{2x^3+x^2+3}$.

解 先将分子及分母除以最高次幂 x^3，则

$$\lim_{x\to\infty}\frac{7x^3-2x+1}{2x^3+x^2+3}=\lim_{x\to\infty}\frac{7-\frac{2}{x^2}+\frac{1}{x^3}}{2+\frac{1}{x}+\frac{3}{x^3}}=\frac{7}{2}.$$

例 11 求 $\lim\limits_{x\to\infty}\frac{2x^2-x+1}{5x^3+x^2+1}$.

解 仍然用分子和分母除以最高次幂 x^3，则

$$\lim_{x\to\infty}\frac{2x^2-x+1}{5x^3+x^2+1}=\lim_{x\to\infty}\frac{\frac{2}{x}-\frac{1}{x^2}+\frac{1}{x^3}}{5+\frac{1}{x}+\frac{1}{x^3}}=\frac{0}{5}=0.$$

在例 10 和例 11 中讨论了 $x\to\infty$ 时有理分式函数分子最高次幂等于或小于分母最高次幂的情况，对于分子最高次幂大于分母最高次幂的情况将在后面第五节定理 4 中给出结论，结合例 11 就有

$$\lim_{x\to\infty}\frac{5x^3+x^2+1}{2x^2-x+1}=\infty.$$

事实上,有一般性的结果

$$\lim_{x\to\infty}\frac{a_0x^n+a_1x^{n-1}+\cdots+a_n}{b_0x^m+b_1x^{m-1}+\cdots+b_m}=\begin{cases}\dfrac{a_0}{b_0} & \text{当 } n=m\\ 0 & \text{当 } n<m\\ \infty & \text{当 } n>m\end{cases},$$

其中 $a_0\neq0$,$b_0\neq0$,m 和 n 为非负整数.

最后,不加证明地给出两个定理.

定理 3 如果在点 x_0 的某个去心邻域内,有 $f(x)\leqslant g(x)$,而且 $\lim\limits_{x\to x_0}f(x)=A$,$\lim\limits_{x\to x_0}g(x)=B$,那么 $A\leqslant B$.

定理 4(复合函数的极限运算法则) 设函数 $y=f[\varphi(x)]$ 是由函数 $u=\varphi(x)$ 与函数 $y=f(u)$ 复合而成,$f[\varphi(x)]$ 在点 x_0 的某去心邻域内有定义,若 $\lim\limits_{x\to x_0}\varphi(x)=u_0$,$\lim\limits_{u\to u_0}f(u)=A$,且存在 $\delta>0$,当 $x\in\mathring{U}(x_0,\delta)$ 时,$\varphi(x)\neq u_0$,则

$$\lim_{x\to x_0}f[\varphi(x)]=\lim_{u\to u_0}f(u)=A.$$

在定理 4 中,将 $\lim\limits_{x\to x_0}\varphi(x)=u_0$ 换成 $\lim\limits_{x\to x_0}\varphi(x)=\infty$ 或 $\lim\limits_{x\to\infty}\varphi(x)=\infty$,而把 $\lim\limits_{u\to u_0}f(u)=A$ 换成 $\lim\limits_{u\to\infty}f(u)=A$,可得类似的定理.

在极限计算过程中,如果复合函数满足定理条件,那么可通过代换 $u=\varphi(x)$,把求 $\lim\limits_{x\to x_0}f[\varphi(x)]$ 化为求 $\lim\limits_{u\to u_0}f(u)$ 或 $\lim\limits_{u\to\infty}f(u)$.

例 12 求 $\lim\limits_{x\to0}\dfrac{\sqrt{1+x}-1}{x}$.

解 作代换 $u=1+x$,则当 $x\to0$ 时,$u\to1$,则有

$$\lim_{x\to0}\frac{\sqrt{1+x}-1}{x}=\lim_{x\to0}\frac{x}{x(\sqrt{1+x}+1)}=\lim_{u\to1}\frac{1}{\sqrt{u}+1}=\frac{1}{2}.$$

习题 1-3

(A)

一、是非题

1. 若 $\lim\limits_{x\to x_0}f(x)=A$,则 $f(x_0)=A$. ( )
2. 已知 $f(x_0)$ 不存在,但 $\lim\limits_{x\to x_0}f(x)$ 有可能存在. ( )
3. 若 $\lim\limits_{x\to x_0^+}f(x)$ 与 $\lim\limits_{x\to x_0^-}f(x)$ 都存在,则 $\lim\limits_{x\to x_0}f(x)$ 必存在. ( )
4. $\lim\limits_{x\to\infty}\arctan x=\dfrac{\pi}{2}$. ( )
5. $\lim\limits_{x\to-\infty}\mathrm{e}^x=0$. ( )
6. 在某过程中,若 $f(x)$ 有极限,$g(x)$ 无极限,则 $f(x)+g(x)$ 无极限. ( )

7. 在某过程中,若 $f(x)$,$g(x)$ 均无极限,则 $f(x)+g(x)$ 无极限. ( )

8. 在某过程中,若 $f(x)$ 有极限,$g(x)$ 无极限,则 $f(x)g(x)$ 无极限. ( )

9. 在某过程中,若 $f(x)$,$g(x)$ 均无极限,则 $f(x)g(x)$ 无极限. ( )

10. 若$\lim\limits_{x\to x_0}f(x)=A$,$\lim\limits_{x\to x_0}g(x)=0$,则$\lim\limits_{x\to x_0}\dfrac{f(x)}{g(x)}$ 必不存在. ( )

11. $\lim\limits_{n\to\infty}\dfrac{1+2+3+\cdots+n}{n^2}=\lim\limits_{n\to\infty}\dfrac{1}{n^2}+\lim\limits_{n\to\infty}\dfrac{2}{n^2}+\cdots+\lim\limits_{n\to\infty}\dfrac{n}{n^2}=0$. ( )

12. $\lim\limits_{x\to 0}x\sin\dfrac{1}{x}=\lim\limits_{x\to 0}x\cdot\lim\limits_{x\to 0}\sin\dfrac{1}{x}=0$. ( )

13. $\lim\limits_{x\to+\infty}(x^2-3x)=\lim\limits_{x\to+\infty}x^2-3\lim\limits_{x\to+\infty}x=(+\infty)-(+\infty)=0$. ( )

14. 若$\lim\limits_{x\to x_0}\dfrac{f(x)}{g(x)}$存在,且$\lim\limits_{x\to x_0}g(x)=0$,则$\lim\limits_{x\to x_0}f(x)=0$. ( )

二、填空题

1. $\lim\limits_{x\to 1}(2x-1)=$ ________.

2. $\lim\limits_{x\to\infty}\dfrac{1}{1+x^2}=$ ________.

3. $\lim\limits_{x\to 0}\cos x=$ ________,$\lim\limits_{x\to\infty}\cos x=$________.

4. 设 $f(x)=\begin{cases}e^x & x\leqslant 0\\ ax+b & x>0\end{cases}$,则 $\lim\limits_{x\to 0^+}f(x)=$________,$\lim\limits_{x\to 0^-}f(x)=$________,当 $b=$ ________时,$\lim\limits_{x\to 0}f(x)=1$.

三、选择题

1. 从$\lim\limits_{x\to x_0}f(x)=1$ 不能推出( ).

A. $\lim\limits_{x\to x_0^-}f(x)=1$　　B. $\lim\limits_{x\to x_0^+}f(x)=1$

C. $f(x_0)=1$　　D. $\lim\limits_{x\to x_0}[f(x)-1]=0$

2. 设 $f(x)=\begin{cases}|x|+1 & x\neq 0\\ 2 & x=0\end{cases}$,则$\lim\limits_{x\to 0}f(x)$的值为( ).

A. 0　　B. 1　　C. 2　　D. 不存在

3. $\lim\limits_{x\to x_0^-}f(x)$和 $\lim\limits_{x\to x_0^+}f(x)$都存在是函数 $f(x)$ 在 $x=x_0$有极限的( ).

A. 充分条件　　B. 必要条件　　C. 充分必要条件　　D. 无关条件

(B)

1. 根据函数的图形写出以下各函数的极限,并写出函数图形的水平渐近线的方程.

(1) $\lim\limits_{x\to-\infty}e^x$;　　(2) $\lim\limits_{x\to+\infty}a^x(0<a<1)$;

(3) $\lim\limits_{x\to-\infty}\arctan x$;　　(4) $\lim\limits_{x\to+\infty}\operatorname{arccot}x$.

2. 根据函数极限的定义说明:

(1) $\lim\limits_{x\to 1}(2x+1)=3$;　　(2) $\lim\limits_{x\to+\infty}\dfrac{\sin x}{\sqrt{x}}=0$;

(3) $\lim\limits_{x\to 1}\dfrac{x^2-1}{x-1}=2$；

(4) $\lim\limits_{x\to -\frac{1}{2}}\dfrac{1-4x^2}{2x+1}=2$.

3. 求 $f(x)=\dfrac{x}{x}$，$g(x)=\dfrac{|x|}{x}$ 当 $x\to 0$ 时的左、右极限，并说明它们当 $x\to 0$ 时的极限是否存在.

4. 讨论函数

$$f(x)=\begin{cases} x-1 & x<0 \\ 0 & x=0 \\ x+1 & x>0 \end{cases}$$

当 $x\to 0$ 时的极限是否存在，并作出其函数图形.

5. 计算下列极限：

(1) $\lim\limits_{x\to 0}(2x^2+5x-1)$；

(2) $\lim\limits_{x\to 2}\dfrac{x^2-2}{x-3}$；

(3) $\lim\limits_{x\to 1}\dfrac{x^2-2x+1}{x^2-1}$；

(4) $\lim\limits_{x\to 0}\dfrac{(a+x)^2-a^2}{x}$；

(5) $\lim\limits_{x\to\infty}\left(3-\dfrac{2}{x}+\dfrac{1}{x^2}\right)$；

(6) $\lim\limits_{x\to\infty}\dfrac{2x^2-1}{2x^2+x-2}$；

(7) $\lim\limits_{x\to\infty}\dfrac{2x^2+x-1}{x^4+3x^2-x}$；

(8) $\lim\limits_{x\to\infty}\left(2+\dfrac{1}{x^2}\right)\left(3-\dfrac{1}{x}\right)$；

(9) $\lim\limits_{n\to\infty}\dfrac{2n^2+n-1}{n^2+n+1}$；

(10) $\lim\limits_{n\to\infty}\left(1+\dfrac{1}{n}\right)^4$；

(11) $\lim\limits_{n\to\infty}\left(\dfrac{1}{2}+\dfrac{1}{4}+\cdots+\dfrac{1}{2^n}\right)$；

(12) $\lim\limits_{n\to\infty}\dfrac{1+2+\cdots+n}{n^2}$；

(13) $\lim\limits_{n\to\infty}\dfrac{2^{n+1}+3^{n+1}}{2^n+3^n}$；

(14) $\lim\limits_{x\to 1}\left(\dfrac{x}{x-1}-\dfrac{2}{x^2-1}\right)$；

(15) $\lim\limits_{x\to\infty}x^2\left(\dfrac{1}{x+1}-\dfrac{1}{x-1}\right)$；

(16) $\lim\limits_{x\to\infty}(\sqrt{x^2+x+1}-x)$；

(17) $\lim\limits_{x\to 0}\dfrac{x}{1-\sqrt{1+x}}$；

(18) $\lim\limits_{x\to\infty}\dfrac{(2x-1)^{30}(3x+2)^{20}}{(2x+1)^{50}}$.

6. 已知 $\lim\limits_{x\to 2}=\dfrac{ax+b}{x-2}=3$，求常数 a，b 的值.

7. 下列陈述中，哪些是对的，哪些是错的？如果是对的，说明理由；如果是错的，试给出一个反例.

(1) 如果 $\lim\limits_{x\to x_0}f(x)$ 存在，但 $\lim\limits_{x\to x_0}g(x)$ 不存在，那么 $\lim\limits_{x\to x_0}[f(x)+g(x)]$ 不存在；

(2) 如果 $\lim\limits_{x\to x_0}f(x)$ 和 $\lim\limits_{x\to x_0}g(x)$ 都不存在，那么 $\lim\limits_{x\to x_0}[f(x)+g(x)]$ 不存在；

(3) 如果 $\lim\limits_{x\to x_0}f(x)$ 存在，但 $\lim\limits_{x\to x_0}g(x)$ 不存在，那么 $\lim\limits_{x\to x_0}[f(x)\cdot g(x)]$ 不存在.

第四节 极限存在准则与两个重要极限

本节将介绍极限存在的两个重要准则，以及由这两个准则特别推出的两个重要极限：

$$\lim_{x\to0}\frac{\sin x}{x}=1 \text{ 及 } \lim_{x\to0}(1+x)^{\frac{1}{x}}=\mathrm{e}.$$

一、夹逼准则

准则Ⅰ 如果数列$\{x_n\}$，$\{y_n\}$及$\{z_n\}$满足下列条件：

(1) 从某项开始起，有 $y_n\leqslant x_n\leqslant z_n$；

(2) $\lim\limits_{n\to\infty}y_n=\lim\limits_{n\to\infty}z_n=a$.

那么数列$\{x_n\}$的极限存在，且$\lim\limits_{n\to\infty}x_n=a$.

证略

准则Ⅰ′ 如果函数 $f(x)$，$g(x)$，$h(x)$满足下列条件：

(1) 当 $x\in\mathring{U}(x_0,\delta)$(或$|x|>M$)时，$g(x)\leqslant f(x)\leqslant h(x)$；

(2) $\lim\limits_{\substack{x\to x_0\\(x\to\infty)}}g(x)=\lim\limits_{\substack{x\to x_0\\(x\to\infty)}}h(x)=a$.

那么 $\lim\limits_{\substack{x\to x_0\\(x\to\infty)}}f(x)$存在且等于 a.

准则Ⅰ以及准则Ⅰ′称为夹逼准则.

作为应用，下面证明一个重要极限

$$\lim_{x\to0}\frac{\sin x}{x}=1.$$

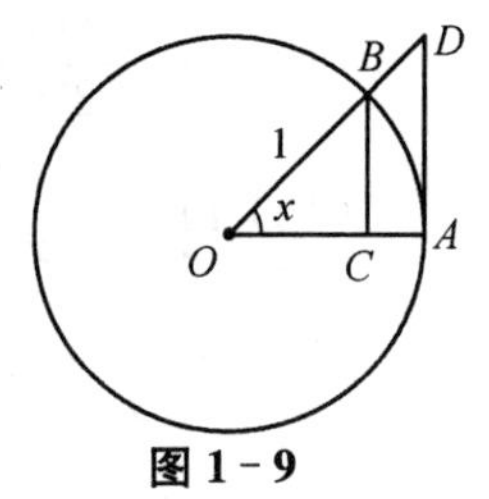

图 1-9

注意到，函数$\frac{\sin x}{x}$对于一切 $x\neq0$ 都有定义. 在图 1-9 所示的单位圆中，设圆心角$\angle AOB=x\left(0<x<\frac{\pi}{2}\right)$，点 A 处的切线与 OB 的延长线相交于D，且 $BC\perp OA$，则

$$\sin x=CB, x=\overset{\frown}{AB}, \tan x=AD.$$

因为$\triangle AOB$ 的面积<扇形 AOB 的面积<$\triangle AOD$ 的面积，所以

$$\frac{1}{2}\sin x<\frac{1}{2}x<\frac{1}{2}\tan x,$$

即
$$\sin x<x<\tan x, \tag{1}$$

不等式两边都除以 $\sin x$，就有

$$1<\frac{x}{\sin x}<\frac{1}{\cos x},$$

或
$$\cos x<\frac{\sin x}{x}<1. \tag{2}$$

由于(2)式对$\left(-\frac{\pi}{2},0\right)$内的一切 x 也成立，所以下面只需证明$\lim\limits_{x\to 0}\cos x=1$，即可以对(2)式应用准则 Ⅰ′，得到最后的结果.

事实上，当 $0<|x|<\frac{\pi}{2}$时，利用(1)式有

$$0\leqslant 1-\cos x=2\sin^2\frac{x}{2}<2\left(\frac{x}{2}\right)^2=\frac{x^2}{2},$$

当 $x\to 0$ 时，$\frac{x^2}{2}\to 0$，由准则 Ⅰ′，有$\lim\limits_{x\to 0}(1-\cos x)=0$，故

$$\lim_{x\to 0}\cos x=1,$$

对(2)式使用准则 Ⅰ′，即得

$$\lim_{x\to 0}\frac{\sin x}{x}=1.$$

证明过程中的(1)式在一般情况下可以写成以下两个常用不等式：

$$|\sin x|\leqslant|x|,x\in(-\infty,+\infty),$$

$$|x|\leqslant|\tan x|,\ x\in\left(-\frac{\pi}{2},\frac{\pi}{2}\right),$$

其实当 $x=0$ 时等号成立.

例 1 求$\lim\limits_{x\to 0}\frac{\tan x}{x}$.

解 $$\lim_{x\to 0}\frac{\tan x}{x}=\lim_{x\to 0}\left(\frac{\sin x}{x}.\frac{1}{\cos x}\right)$$
$$=\lim_{x\to 0}\frac{\sin x}{x}\cdot\lim_{x\to 0}\frac{1}{\cos x}=1.$$

例 2 求$\lim\limits_{x\to 0}\frac{\sin 3x}{\tan 4x}$.

解 利用例 1 的结果及上一节的定理 1.

$$\lim_{x\to 0}\frac{\sin 3x}{\tan 4x}=\lim_{x\to 0}\left(\frac{\sin 3x}{3x}\cdot\frac{3x}{4x}\cdot\frac{4x}{\tan 4x}\right)$$
$$=\frac{3}{4}\lim_{x\to 0}\frac{\sin 3x}{3x}\cdot\lim_{x\to 0}\frac{4x}{\tan 4x}=\frac{3}{4}.$$

例 3 求$\lim\limits_{x\to 0}\frac{1-\cos x}{x^2}$.

解 $$\lim_{x\to 0}\frac{1-\cos x}{x^2}=\lim_{x\to 0}\frac{2\sin^2\frac{x}{2}}{x^2}=\frac{1}{2}\lim_{x\to 0}\frac{\sin^2\frac{x}{2}}{\left(\frac{x}{2}\right)^2}$$
$$=\frac{1}{2}\lim_{x\to 0}\left(\frac{\sin\frac{x}{2}}{\frac{x}{2}}\right)^2=\frac{1}{2}.$$

例 4 求$\lim\limits_{x\to\infty}\dfrac{2x-1}{x^2\sin(2/x)}$.

解 令$t=\dfrac{2}{x}$,则当$x\to\infty$时,$t\to 0$,于是

$$\lim_{x\to\infty}\frac{2x-1}{x^2\sin(2/x)}=\frac{1}{2}\lim_{x\to\infty}\left(2-\frac{1}{x}\right)\cdot\frac{\frac{2}{x}}{\sin\frac{2}{x}}$$

$$=\frac{1}{2}\lim_{t\to 0}\left(2-\frac{t}{2}\right)\cdot\frac{t}{\sin t}=1.$$

下面看一个应用夹逼准则的例子.

例 5 设数列$x_n=\dfrac{n}{n^2+1}+\dfrac{n}{n^2+2}+\cdots+\dfrac{n}{n^2+n}$,证明:数列$\{x_n\}$收敛并求其极限.

证明 将x_n进行适当的放缩,得

$$\frac{n^2}{n^2+n}<x_n=\frac{n}{n^2+1}+\frac{n}{n^2+2}+\cdots+\frac{n}{n^2+n}<\frac{n^2}{n^2+1},$$

当$n\to\infty$时,$\dfrac{n^2}{n^2+n}\to 1$,$\dfrac{n^2}{n^2+1}\to 1$,故由数列的夹逼准则Ⅰ,有$\lim\limits_{n\to\infty}x_n=1$,即数列$\{x_n\}$收敛于1.

二、单调有界准则

如果数列$\{x_n\}$满足不等式

$$x_1\leqslant x_2\leqslant x_3\leqslant\cdots\leqslant x_n\leqslant\cdots,$$

则称数列$\{x_n\}$是单调增加的;如果数列$\{x_n\}$满足不等式

$$x_1\geqslant x_2\geqslant x_3\geqslant\cdots\geqslant x_n\geqslant\cdots,$$

则称数列$\{x_n\}$是单调减少的,这两类数列统称为单调数列.

准则Ⅱ 单调有界数列必有极限.

准则Ⅱ的证明超出大纲要求,在此略去.在第二节性质2中已经说明,收敛的数列一定有界,但也指出数列有界是其收敛的必要而非充分条件,这里准则Ⅱ表明,如果数列不仅单有界,而且还是单调的,那么这个数列就一定收敛,在应用中应注意有界和单调缺一不可.

作为准则Ⅱ的应用,下面讨论另一个重要极限

$$\lim_{n\to\infty}\left(1+\frac{1}{n}\right)^n=\mathrm{e}.$$

考查数列$\{x_n\}$,其中$x_n=\left(1+\dfrac{1}{n}\right)^n$.

设$x_n=\left(1+\dfrac{1}{n}\right)^n$,我们来证数列$x_n$单调增加并且有界,由牛顿二项式定理,有

$$x_n=\left(1+\frac{1}{n}\right)^n$$

$$
\begin{aligned}
&=1+\frac{n}{1!}\cdot\frac{1}{n}+\frac{n(n-1)}{2!}\cdot\frac{1}{n^2}+\frac{n(n-1)(n-2)}{3!}\cdot\frac{1}{n^3}+\cdots \\
&\quad+\frac{n(n-1)\cdots(n-n+1)}{n!}\cdot\frac{1}{n^n} \\
&=1+1+\frac{1}{2!}\left(1-\frac{1}{n}\right)+\frac{1}{3!}\left(1-\frac{1}{n}\right)\left(1-\frac{2}{n}\right)+\cdots \\
&\quad+\frac{1}{n!}\left(1-\frac{1}{n}\right)\left(1-\frac{2}{n}\right)\cdots\left(1-\frac{n-1}{n}\right).
\end{aligned}
$$

类似地

$$
\begin{aligned}
x_{n+1}&=1+1+\frac{1}{2!}\left(1-\frac{1}{n+1}\right)+\frac{1}{3!}\left(1-\frac{1}{n+1}\right)\left(1-\frac{2}{n+1}\right)+\cdots \\
&\quad+\frac{1}{n!}\left(1-\frac{1}{n+1}\right)\left(1-\frac{1}{n+1}\right)\cdots\left(1-\frac{n-1}{n+1}\right) \\
&\quad+\frac{1}{(n+1)!}\left(1-\frac{1}{n+1}\right)\left(1-\frac{2}{n+1}\right)\cdots\left(1-\frac{n}{n+1}\right).
\end{aligned}
$$

比较 x_n,x_{n+1}的展开式,可以看到除前两项外,x_n 的每一项都小于 x_{n+1}的对应项,并且 x_{n+1}还多了最后的一项,其值大于 0,因此

$$x_n<x_{n+1}.$$

这说明数列$\{x_n\}$是单调增加的,这个数列同时还是有界的,因为

$$x_n<1+1+\frac{1}{2!}+\frac{1}{3!}+\cdots+\frac{1}{n!}<1+1+\frac{1}{2}+\frac{1}{2^2}+\cdots+\frac{1}{2^{n-1}}=1+\frac{1-\frac{1}{2^n}}{1-\frac{1}{2}}=3-\frac{1}{2^{n-1}}<3.$$

这就说明数列$\{x_n\}$是有界的,根据极限存在准则Ⅱ,这个数列 x_n 的极限存在,通常用字母 e 来表示它,即

$$\lim_{n\to\infty}\left(1+\frac{1}{n}\right)^n=\mathrm{e}.$$

再利用夹逼准则,可以证明(这里略去证明过程),当 x 取实数且趋近于$+\infty$及$-\infty$时,函数$\left(1+\frac{1}{x}\right)^x$ 的极限都存在且等于 e,因此

$$\lim_{x\to\infty}\left(1+\frac{1}{x}\right)^x=\mathrm{e}. \tag{3}$$

这里 e 是一个无理数,它的值是

$$\mathrm{e}=2.718281828459045\cdots.$$

在第一节中给出的自然对数 $y=\ln x$,其底数就是这个无理数.

如果作代换 $t=\frac{1}{x}$,利用复合函数极限运算法则,(3)式就成为

$$\lim_{t\to 0}(1+t)^{\frac{1}{t}}=\mathrm{e}.$$

例 6 求$\lim\limits_{x\to\infty}\left(1+\frac{1}{x}\right)^{2x}$.

解 $\lim\limits_{x\to\infty}\left(1+\frac{1}{x}\right)^{2x}=\lim\limits_{x\to\infty}\left[\left(1+\frac{1}{x}\right)^{x}\right]^{2}=\lim\limits_{x\to\infty}\left[\left(1+\frac{1}{x}\right)^{x}\right]^{2}=\mathrm{e}^{2}$.

例 7 求$\lim\limits_{x\to\infty}\left(\frac{x+4}{x+2}\right)^{x}$.

解 $$\lim_{x\to\infty}\left(\frac{x+4}{x+2}\right)^{x}=\lim_{x\to\infty}\left(\frac{1+\frac{4}{x}}{1+\frac{2}{x}}\right)^{x}=\frac{\lim\limits_{x\to\infty}\left(1+\frac{4}{x}\right)^{x}}{\lim\limits_{x\to\infty}\left(1+\frac{2}{x}\right)^{x}}$$

$$=\frac{\lim\limits_{x\to\infty}\left[\left(1+\frac{4}{x}\right)^{\frac{x}{4}}\right]^{4}}{\lim\limits_{x\to\infty}\left[\left(1+\frac{2}{x}\right)^{\frac{x}{2}}\right]^{2}}=\frac{\mathrm{e}^{4}}{\mathrm{e}^{2}}=\mathrm{e}^{2}.$$

例 8 求$\lim\limits_{x\to 0}(1+2x)^{\frac{1}{x}}$.

解 $\lim\limits_{x\to 0}(1+2x)^{\frac{1}{x}}=\lim\limits_{x\to 0}[(1+2x)^{\frac{1}{2x}}]^{2}=\mathrm{e}^{2}$.

在例 7 和例 8 的计算过程中,也都用到了复合函数极限运算法则.

一般地,设函数$u(x)$,$v(x)$不是常值函数,通常称形如$u(x)^{v(x)}$的函数为幂指函数,在同一个自变量过程中,如果$\lim u(x)=a>0$,$\lim v(x)=b$,那么

$$\lim u(x)^{v(x)}=a^{b}.$$

最后看一个单调有界准则应用的例子.

例 9 设$x_n=1+\frac{1}{2^{\alpha}}+\frac{1}{3^{\alpha}}+\cdots+\frac{1}{n^{\alpha}}$,其中常数$\alpha\geqslant 2$,证明:数列$\{x_n\}$收敛.

证明 显然数列$\{x_n\}$是单调增加的,下面只需证明$\{x_n\}$有上界,事实上因$\alpha\geqslant 2$,所以

$$\begin{aligned}x_n&\leqslant 1+\frac{1}{2^2}+\frac{1}{3^2}+\cdots+\frac{1}{n^2}\\&\leqslant 1+\frac{1}{1\times 2}+\frac{1}{2\times 3}+\cdots+\frac{1}{(n-1)n}\\&=1+\left(1-\frac{1}{2}\right)+\left(\frac{1}{2}-\frac{1}{3}\right)+\cdots+\left(\frac{1}{n-1}-\frac{1}{n}\right)\\&=2-\frac{1}{n}<2.\end{aligned}$$

于是数列$\{x_n\}$是收敛的.

习题　1－4

（A）

是非题

1. $\lim\limits_{x\to\infty}\dfrac{\sin x}{x}=1.$　（　）

2. $\lim\limits_{x\to\infty}\left(1-\dfrac{1}{x}\right)^x=\mathrm{e}.$　（　）

（B）

1. 计算下列极限：

（1）$\lim\limits_{x\to0}\dfrac{\tan5x}{x}$；

（2）$\lim\limits_{x\to0}\dfrac{\sin3x}{\tan2x}$；

（3）$\lim\limits_{x\to0}x\cot x$；

（4）$\lim\limits_{x\to0}\dfrac{1-\cos2x}{x\sin3x}$；

（5）$\lim\limits_{n\to\infty}2^n\sin\dfrac{x}{2^n}$（$x$ 为不等于零的常数）；

（6）$\lim\limits_{x\to1}\dfrac{1-x^2}{\sin\pi x}$.

2. 计算下列极限：

（1）$\lim\limits_{x\to0}(1-2x)^{\frac{1}{x}}$；

（2）$\lim\limits_{x\to\infty}\left(1-\dfrac{2}{x}\right)^{3x}$；

（3）$\lim\limits_{x\to\infty}\left(\dfrac{x}{1+x}\right)^x$；

（4）$\lim\limits_{n\to\infty}\left(\dfrac{2n+1}{2n-1}\right)^{n-\frac{1}{2}}$；

（5）$\lim\limits_{x\to0}(1+\tan x)^{\cot x}$；

（6）$\lim\limits_{x\to1}(1+\tan x)^{\frac{2}{\tan x}}$.

3. 已知$\lim\limits_{x\to\infty}\left(\dfrac{x-2}{x}\right)^{kx}=\dfrac{1}{\mathrm{e}}$，求常数 k.

4. 利用极限存在准则证明：

（1）$\lim\limits_{n\to\infty}\left(\dfrac{1}{\sqrt{n^2+1}}+\dfrac{1}{\sqrt{n^2+2}}+\cdots+\dfrac{1}{\sqrt{n^2+n}}\right)=1$；

（2）$\lim\limits_{x\to0}x\left[\dfrac{1}{x}\right]=1$；

（3）数列$\sqrt{2},\sqrt{2\sqrt{2}},\sqrt{2\sqrt{2\sqrt{2}}},\cdots$的极限存在；

（4）设 $x_n=\dfrac{1}{3+1}+\dfrac{1}{3^2+1}+\cdots+\dfrac{1}{3^n+1}$，则数列$\{x_n\}$收敛.

第五节　无穷小与无穷大

一、无穷小

我国古时即有“一尺之棰，日取其半，万世不竭”之说，这实际上就是对无穷小的一个准确形象的描述.

定义 1 如果函数 $f(x)$满足

$$f(x)\to 0(当\ x\to x_0\ 或\ x\to\infty),$$

就称函数 $f(x)$为当 $x\to x_0$(或 $x\to\infty$)时的无穷小.

特别地,当一个数列收敛于零时,则称其为 $n\to\infty$时的无穷小.

例如,当 $n\to\infty$时,数列$\left\{\dfrac{1}{n}\right\}$是无穷小;当 $x\to 2$ 时,函数 $f(x)=2x-4$ 是无穷小;$x\to\infty$时,函数 $f(x)=\dfrac{1}{x^2}$是无穷小.

在讨论具体的无穷小量时,应当指明其极限过程,否则会使含义不清晰. 例如,$f(x)=2x-4$ 当 $x\to 2$ 时是无穷小,但是自变量的其他变化过程中便不是无穷小. 另外,不可把无穷小与“很小的数”(例如千万分之一)混为一谈,因为无穷小是这样的函数,在 $x\to x_0$(或 $x\to\infty$)的过程中,这个函数的绝对值小于任意给定的正数 ε,但“很小的数”则不可能使其绝对值任意地小,事实上,非零的常数均不是无穷小,而零是可以作为无穷小的唯一的常数.

函数极限与无穷小有如下关系:

定理 1 在自变量的变化过程 $x\to x_0$(或 $x\to\infty$)中,函数 $f(x)$具有极限 A 的充分必要条件是 $f(x)=A+\alpha(x)$,其中 $\alpha(x)$是在自变量的同一变化过程中的无穷小.

根据第三节给出的极限运算法则,在自变量的同一变化过程中,无穷小的运算有如下结论.

定理 2 有限个无穷小的和、差、积仍是无穷小.

定理 3 有界函数与无穷小的乘积是无穷小.

例如,由 $x\to\infty$时,函数$\dfrac{1}{x}$为无穷小,那么极限$\lim\limits_{x\to\infty}\dfrac{1}{x}=0$,进而$\lim\limits_{x\to\infty}\dfrac{1}{x^n}=0$,其中 n 为正整数;又因为函数 $\sin x$ 为有界函数,所以极限$\lim\limits_{x\to\infty}\dfrac{\sin x}{x}=0$.

二、无穷大

定义 2 设函数 $f(x)$在 x_0 的某一去心邻域内(或在$|x|$大于某一正数时)有定义,如果当$x\to x_0$(或 $x\to\infty$)时,$|f(x)|$无限地增大,则称函数 $f(x)$为当 $x\to x_0$(或 $x\to\infty$)时的无穷大.

定义 2 所描述的性态,按函数极限的定义来看,极限是不存在的,但为了便于叙述、使用函数的这一性态,通常也说“函数的极限是无穷大”并记为

$$\lim_{x\to x_0}f(x)=\infty(或\lim_{x\to\infty}f(x)=\infty).$$

如果把定义 2 中的“$|f(x)|$无限地增大”,改写成“$f(x)$无限地增大”(或“$-f(x)$无限地增大”),就记为

$$\lim_{\substack{x\to x_0\\(x\to\infty)}}f(x)=+\infty\ (或\lim_{\substack{x\to x_0\\(x\to\infty)}}f(x)=-\infty).$$

同样,在论及无穷大时要指明极限过程,并且不要把无穷大与“很大的数”(如一亿等)混

为一谈.

例 1 利用极限定义说明 $\lim\limits_{x\to 0}\frac{1}{x}=\infty$.

解 当 $x\to 0$ 时，$\left|\frac{1}{x}\right|=\frac{1}{|x|}$ 无限地增大，所以 $\lim\limits_{x\to 0}\frac{1}{x}=\infty$.

结合第三节例 1，可以看到对同一函数 $f(x)=\frac{1}{x}$，当 $x\to 0$ 时为无穷大，当 $x\to\infty$ 时为无穷小，所以描述函数的形状必须指明极限过程.

一般地，如果 $\lim\limits_{x\to x_0}f(x)=\infty$，则直线 $x=x_0$ 为函数 $y=f(x)$ 的图形的铅直渐近线，所以 $x=0$ 是函数 $y=\frac{1}{x^2}$ 图形的铅直渐近线.

无穷大与无穷小有着紧密的关系.

定理 4 在自变量的同一变化过程中，如果 $f(x)$ 为无穷大，则 $\frac{1}{f(x)}$ 为无穷小；反之，如果 $f(x)$ 为无穷小，且 $f(x)\neq 0$，则 $\frac{1}{f(x)}$ 为无穷大.

本节所有定理都适用于数列情形，这里不再一一详述.

例 2 求 $\lim\limits_{x\to 1}\frac{2x+1}{x^2-5x+4}$.

解 当 $x\to 1$ 时，分母 $x^2-5x+4\to 0$，而分子 $2x+1\to 3$，所以这时其倒函数的极限

$$\lim_{x\to 1}\frac{x^2-5x+4}{2x+1}=0,$$

根据定理 4，所求极限

$$\lim_{x\to 1}\frac{2x+1}{x^2-5x+4}=\infty.$$

三、无穷小的比较

从本节的定理 2 已经知道两个无穷小的和以及乘积仍是无穷小，但一直没有讨论两个无穷小的商，实际上，两个无穷小的商会出现几种不同的状态，例如，当 $x\to 0$ 时，$2x,x^2,\sin x$ 都是无穷小，但是

$$\lim_{x\to 0}\frac{x^2}{2x}=0,\lim_{x\to 0}\frac{2x}{x^2}=\infty,\lim_{x\to 0}\frac{\sin x}{2x}=\frac{1}{2}.$$

客观上，这几个不同的极限值形象地反映出不同的无穷小趋于零的“快慢”程度，为了能够比较两个无穷小趋于零的“快慢”，我们建立一个比较体系，具体就是：

定义 3 设 $\alpha(x),\beta(x)$ 为同一自变量变化过程中的无穷小.

如果 $\lim\frac{\alpha(x)}{\beta(x)}=0$，就称 $\alpha(x)$ 是比 $\beta(x)$ 高阶的无穷小，记为 $\alpha=o(\beta)$；

如果 $\lim\frac{\alpha(x)}{\beta(x)}=\infty$，就称 $\alpha(x)$ 是比 $\beta(x)$ 低阶的无穷小；

如果 $\lim\frac{\alpha(x)}{\beta(x)}=c\neq0$,就称 $\alpha(x)$ 与 $\beta(x)$ 是同阶无穷小,特别地,如果 $c=1$,则称 $\alpha(x)$ 与 $\beta(x)$ 是等价无穷小,记为 $\alpha\sim\beta$;

如果 $\lim\frac{\alpha(x)}{\beta^k(x)}=c\neq0,k>0$,就称 $\alpha(x)$ 是关于 $\beta(x)$ 的 k 阶无穷小.

据此定义,可以得到以下无穷小之间的关系:

因为 $\lim\limits_{x\to0}\frac{\sin x}{x}=1$,所以当 $x\to0$ 时,$\sin x$ 与 x 是等价无穷小;

因为 $\lim\limits_{x\to0}\frac{\tan x}{x}=1$,所以当 $x\to0$ 时,$\tan x$ 与 x 是等价无穷小;

因为 $\lim\limits_{x\to0}\frac{\frac{1}{n^2}}{\frac{1}{n}}=0$,所以当 $n\to\infty$ 时,$\frac{1}{n^2}$ 是比 $\frac{1}{n}$ 高阶的无穷小,反之,也可以说此时 $\frac{1}{n}$ 是比 $\frac{1}{n^2}$ 低阶的无穷小;

因为 $\lim\limits_{x\to0}\frac{1-\cos x}{x^2}=\frac{1}{2}$,所以当 $x\to0$ 时,$1-\cos x$ 与 x^2 是同阶无穷小;也可以说当 $x\to0$ 时,$1-\cos x$ 是关于 x 的二阶无穷小;

因为 $\lim\limits_{x\to0}\frac{\sqrt{1+x}-1}{x}=\frac{1}{2}$,所以当 $x\to0$ 时,$\sqrt{1+x}-1$ 与 x 是同阶无穷小,这个结果的一般形式是:当 $x\to0$ 时,$\sqrt[n]{1+x}-1\sim\frac{1}{n}x$(这个结果将在第六节例 17 推导).

下面的定理是极限计算时的一个重要方法.

定理 5 设 $\alpha\sim\alpha',\beta\sim\beta'$,且 $\lim\frac{\alpha'}{\beta'}$ 存在,则

$$\lim\frac{\alpha}{\beta}=\lim\frac{\alpha'}{\beta'}.$$

证明 $\lim\frac{\alpha}{\beta}=\lim\left(\frac{\alpha}{\alpha'}\cdot\frac{\alpha'}{\beta'}\cdot\frac{\beta'}{\beta}\right)=\lim\frac{\alpha}{\alpha'}\cdot\lim\frac{\alpha'}{\beta'}\cdot\lim\frac{\beta'}{\beta}=\lim\frac{\alpha'}{\beta'}.$

也就是说,求两个无穷小之比的极限时,分子及分母都可以用其等价无穷小替换,因此使用得当时,可以极大简化计算过程.

例 3 求 $\lim\limits_{x\to0}\frac{\sqrt{1+x^2}-1}{2\sin^2x}$.

解 因为当 $x\to0$ 时,$x^2\to0$,由复合函数极限运算法则,得 $\sqrt{1+x^2}-1\to0$,于是有

$$\sqrt{1+x^2}-1\sim\frac{1}{2}x^2,\sin^2x\sim x^2,$$

所以

$$\lim_{x\to0}\frac{\sqrt{1+x^2}-1}{2\sin^2x}=\lim_{x\to0}\frac{\frac{1}{2}x^2}{2x^2}=\frac{1}{4}.$$

例 4 求 $\lim\limits_{x\to0}\frac{\sin3x}{\tan5x}$.

解 由复合函数极限运算法则可知，当 $x\to 0$ 时，$\sin 3x\sim 3x$，$\tan 5x\sim 5x$，所以

$$\lim_{x\to 0}\frac{\sin 3x}{\tan 5x}=\lim_{x\to 0}\frac{3x}{5x}=\frac{3}{5}.$$

例 5 求 $\lim\limits_{x\to 0}\dfrac{\tan x-\sin x}{x^3}$.

解 当 $x\to 0$ 时，$1-\cos x\sim\dfrac{1}{2}x^2$，所以

$$\lim_{x\to 0}\frac{\tan x-\sin x}{x^3}=\lim_{x\to 0}\frac{\sin x(1-\cos x)}{x^3\cos x}$$
$$=\lim_{x\to 0}\left(\frac{\sin x}{x}\cdot\frac{1-\cos x}{x^2}\cdot\frac{1}{\cos x}\right)=\lim_{x\to 0}\left(\frac{\sin x}{x}\cdot\frac{\frac{x^2}{2}}{x^2}\cdot\frac{1}{\cos x}\right)=\frac{1}{2}.$$

利用例 5 还可以得到，当 $x\to 0$ 时，$\tan x-\sin x\sim\dfrac{1}{2}x^3$，应当注意的是，要代换的无穷小必须是极限式中的因式，否则可能会导致错误，例如在例 5 中

$$\lim_{x\to 0}\frac{\tan x-\sin x}{x^3}=\lim_{x\to 0}\frac{x-x}{x^3}=0$$

是不对的.

例 6 求 $\lim\limits_{x\to 0}\dfrac{\tan x-\sin x}{x(\sqrt{\cos x}-1)}$.

解 当 $x\to 0$ 时，$\cos x\to 1$，根据复合函数极限运算法则，$\sqrt{\cos x}-1\to 0$，于是当 $x\to 0$ 时，$\sqrt{\cos x}-1=\sqrt{1+(\cos x-1)}-1\sim\dfrac{1}{2}(\cos x-1)\sim\dfrac{1}{2}\cdot\left(-\dfrac{x^2}{2}\right)=-\dfrac{1}{4}x^2$，$\tan x-\sin x\sim\dfrac{1}{2}x^3$，所以

$$\lim_{x\to 0}\frac{\tan x-\sin x}{x(\sqrt{\cos x}-1)}=\lim_{x\to 0}\frac{\frac{1}{2}x^3}{x\cdot\left(-\frac{1}{4}x^2\right)}=-2.$$

习题 1-5

(A)

一、是非题

1. 非常小的数是无穷小. ( )

2. 除零之外任何常数均不是无穷小. ( )

3. 10^{100} 是无穷大. ( )

4. 因 $\lim\limits_{x\to 1}\dfrac{1}{x-1}=\infty$，故该极限 $\lim\limits_{x\to 1}\dfrac{1}{x-1}$ 不存在. ( )

5. 当 $x\to\infty$时,2^{-x}为无穷小量. ( )

6. 当 $x\to 0^+$时,$2x$ 是$\sqrt{x}$ 的高阶无穷小. ( )

7. 当 $x\to 0$ 时,$\sin x$ 是 $4x$ 的等价无穷小. ( )

8. 当 $x\to 0$ 时,$3x$ 是 $1-\cos x$ 的低阶无穷小. ( )

9. 当 $x\to 0$ 时,$\sin x^2$ 和 $2x\sin x$ 是同阶无穷小. ( )

10. 因$\lim\limits_{x\to 0}\dfrac{\cos x}{1-x}=1$,故 $\cos x$ 与 $1-x$ 是等价无穷小. ( )

11. 因 $x\to 0$ 时,$\sin x\sim x$,故$\lim\limits_{x\to 0}\dfrac{\sin x-x}{x^3}=\lim\limits_{x\to 0}\dfrac{x-x}{x^3}=\lim\limits_{x\to 0}\dfrac{0}{x^3}=0$. ( )

二、填空题

1. 设 $y=\dfrac{1}{x+1}$,当 $x\to$ ________时,y 是无穷小量;当 $x\to$ __________时,y 是无穷大量.

2. 设 $\alpha(x)$ 是无穷小量,$E(x)$是有界变量,则 $\alpha(x)E(x)$为________.

3. $\lim\limits_{x\to x_0}f(x)=A$ 的充要条件是当 $x\to x_0$ 时,$f(x)-A$ 为__________.

4. $\lim\limits_{x\to 0}x\sin\dfrac{1}{x}=$ __________.

5. $\lim\limits_{x\to+\infty}\mathrm{e}^x=$__________.

6. 当 $x\to 0$ 时,$x^2+\sin x$ 是 x 的________无穷小.

7. 当 $x\to 0$ 时,$5\tan x$ 是 $1-\cos 2x$ 的________无穷小.

8. 当 $x\to\infty$ 时,$\dfrac{2}{x^3}+\dfrac{1}{x^2}$是$\dfrac{1}{x}$ 的________无穷小.

9. 当 $x\to 0$ 时,$\sqrt{1+x}-1$ 是 x 的________无穷小.

三、选择题

1. 当 $x\to 1$ 时,下列变量中是无穷小的是( ).

A. x^3-1 B. $\sin x$ C. e^x D. $\ln(x+1)$

2. 下列变量在自变量给定的变化过程中不是无穷大的是( ).

A. $\dfrac{x^2}{\sqrt{x^3+1}}(x\to+\infty)$ B. $\ln x(x\to+\infty)$

C. $\ln x(x\to 0^+)$ D. $\dfrac{1}{x}\cos\dfrac{nx}{2}(x\to\infty)$

3. 若$\lim\limits_{x\to x_0}f(x)=\infty$,$\lim\limits_{x\to x_0}g(x)=\infty$,则下列极限成立的是( ).

A. $\lim\limits_{x\to x_0}[f(x)+g(x)]=\infty$ B. $\lim\limits_{x\to x_0}[f(x)-g(x)]=0$

C. $\lim\limits_{x\to x_0}\dfrac{1}{f(x)+g(x)}=\infty$ D. $\lim\limits_{x\to x_0}f(x)g(x)=\infty$

4. 当 $x\to\infty$ 时,函数 $f(x)=x+\cos x$ 是( ).

A. 无穷小量 B. 无穷大量

C. 有极限且极限不为零 D. 有界函数

(B)

1. 两个无穷小的商是否一定是无穷小?两个无穷小的差是否一定是无穷小?试举例

说明之.

2. 观察函数的变化情况,结合函数的图形,写出下列极限及相应的铅直渐近线的方程.

(1) $\lim\limits_{x\to 0^+} e^{\frac{1}{x}}$;　　(2) $\lim\limits_{x\to 0^+} \cot x$;　　(3) $\lim\limits_{x\to \frac{\pi}{2}} \tan x$.

3. 函数 $y=x\cos x$ 在$(-\infty,+\infty)$内是否有界?当 $x\to\infty$时,这个函数是否为无穷大?为什么?

4. 求下列极限并说明理由.

(1) $\lim\limits_{x\to 0} x\cos\dfrac{1}{x^2}$;　　(2) $\lim\limits_{x\to\infty}\dfrac{\arctan x}{x}$.

5. 当 $x\to 0$ 时,$x+2x^2$ 与 x^2-x^3 相比,哪一个是高阶无穷小?

6. 当 $x\to 1$ 时,无穷小 $1-x$ 和(1) $\dfrac{1}{3}(1-x^3)$;(2) $1-x^2$ 是否同阶?是否等价?

7. 当 $x\to 0$ 时,以下函数均为无穷小,分别求出与它们等价的形如 Cx^k 的无穷小.

(1) $x+x^2$;　　(2) $x+\sin x$;

(3) $\sqrt[3]{\cos x-1}-1$;　　(4) $\sqrt[3]{x}-\sqrt[3]{\dfrac{x}{x+1}}$.

8. 利用等价无穷小计算下列极限:

(1) $\lim\limits_{x\to 0}\dfrac{\tan x}{3x}$;　　(2) $\lim\limits_{x\to 0}\dfrac{\sin(x^n)}{(\tan x)^m}$ (m,n 为正整数);

(3) $\lim\limits_{x\to 0}\dfrac{\sin 2x}{x+x^2}$;　　(4) $\lim\limits_{x\to 0}\dfrac{x-\sin 2x}{x+\sin 3x}$;

(5) $\lim\limits_{x\to 0}\dfrac{\sqrt{1+\sin x}-1}{x}$;　　(6) $\lim\limits_{x\to 0^+}\dfrac{1-\sqrt{\cos x}}{(1-\cos\sqrt{x})^2}$.

9. 设在自变量的同一变化过程中,x,β 是无穷小,证明:如果 $x\sim\beta$,则 $\beta-x=o(x)$,反之,如果 $\beta-x=o(x)$,则 $x\sim\beta$.

第六节　函数的连续性

现实世界中很多现象的变化是连续不断的,例如气温的变化、物体运动路程的变化和速度的变化等等,都是随时间变化而连续改变的,这种现象在函数关系上所反映出的性态,就是函数的连续性,这也是本课程重点要讨论的函数的一个特性.

一、函数的连续性

我们先引入自变量增量和函数增量的概念,设变量 x 从它的初值 x_1 变到终值 x_2,称终值与初值之差 x_2-x_1 为变量 x 的增量,记为 Δx,即

$$\Delta x=x_2-x_1.$$

这里“增量”实际是指变量 x 的改变量,它可以是正的,也可以是负的,当增量 $\Delta x>0$ 时,说明变量 x 从 x_1 变化到 x_2 $(x_2=x_1+\Delta x)$时是增大的;当 $\Delta x<0$ 时,变量 x 则是减小的.

设有函数 $y=f(x)$,当自变量 x 从 x_0 变化到 $x_0+\Delta x$ 时,函数 y 相应地从 $f(x_0)$变化到

$f(x_0+\Delta x)$,称 $f(x_0+\Delta x)-f(x_0)$ 为函数 $f(x)$ 的增量,记为 Δy,即

$$\Delta y=f(x_0+\Delta x)-f(x_0).$$

考察气温随时间连续变化的特点:当时间间隔很微小时,温度的变化也很微小,这个特点就是所谓的连续性,对比这个现象,我们给出这个概念的精确定义.

定义 设 $y=f(x)$ 在点 x_0 的某个邻域内有定义,如果

$$\lim_{\Delta x\to 0}\Delta y=\lim_{\Delta x\to 0}[f(x_0+\Delta x)-f(x_0)]=0, \tag{1}$$

就称函数 $y=f(x)$ 在点 x_0 连续,或称 x_0 是 $f(x)$ 的连续点.

若设 $x=x_0+\Delta x$,于是 $\Delta x=x-x_0$,与此对应,

$$\Delta y=f(x_0+\Delta x)-f(x_0)=f(x)-f(x_0),$$

由于当 $\Delta x\to 0$ 时,$x\to x_0$,于是(1)式就变化为

$$\lim_{x\to x_0}[f(x)-f(x_0)]=0,$$

即

$$\lim_{x\to x_0}f(x)=f(x_0). \tag{2}$$

从(2)式可以看到,函数 $f(x)$ 在 x_0 处连续,实际是当 $x\to x_0$ 时,$f(x)$ 不仅极限存在,而且该极限恰为 $f(x)$ 在 x_0 处的函数值 $f(x_0)$. 因此,由于 $x\to 0$ 时,$\cos x\to 1$,所以函数 $\cos x$ 在点 $x=0$ 是连续的,又由于当 $x\to 0$ 时,$\sin x\to 0$,$\tan x\to 0$,所以两个函数在点 $x=0$ 也是连续的.

在第三节的学习过程中,我们已经了解到,函数 $f(x)$ 当 $x\to x_0$ 时的极限与该函数 $f(x)$ 在点 x_0 处的函数值是没有关系的,所以函数 $f(x)$ 在点 x_0 连续,是函数当 $x\to x_0$ 时极限存在的一种特殊情况.

下面进一步考虑两个单侧极限.

如果 $\lim\limits_{x\to x_0^-}f(x)=f(x_0^-)$ 存在且 $f(x_0^-)=f(x_0)$,则称函数 $f(x)$ 在点 x_0 左连续;如果 $\lim\limits_{x\to x_0^+}f(x)=f(x_0^+)$ 存在且 $f(x_0^+)=f(x_0)$,就称函数 $f(x)$ 在点 x_0 右连续,根据第三节极限存在的充要条件,直接得到:

$f(x)$ 在点 x_0 连续的充分必要条件是 $f(x)$ 在点 x_0 既是左连续又是右连续的.

例如,从第三节的例 5 可以看到,符号函数在点 $x=0$ 是不连续的,而绝对值函数在 $x=0$ 则是连续的.

如果函数在一个开区间内每一点都连续,就称它是该区间内的连续函数;如果函数在开区间 (a,b) 连续,并且在区间的左端点 a 右连续,在右端点 b 左连续,就称这个函数是闭区间 $[a,b]$ 上的连续函数,对半开半闭区间情形,也有类似的定义,这里不再详述.

根据上述定义,由于对任意实数 x_0,多项式 $P(x)$ 满足:$\lim\limits_{x\to x_0}P(x)=P(x_0)$,所以多项式在 $(-\infty,+\infty)$ 内是连续的;对有理分式函数 $\dfrac{P(x)}{Q(x)}$,当 $Q(x_0)\neq 0$ 时,有 $\lim\limits_{x\to x_0}\dfrac{P(x)}{Q(x)}=\dfrac{P(x_0)}{Q(x_0)}$,所以有理分式函数在其定义域内是连续的.

例 1 证明函数 $y=\sin x$ 在区间 $(-\infty,+\infty)$ 内是连续的.

证明 任给实数 $x_0 \in (-\infty, +\infty)$，因为

$$0 \leqslant |\Delta y| = |\sin(x_0+\Delta x) - \sin x_0| = \left|2\sin\frac{\Delta x}{2}\cos\frac{2x_0+\Delta x}{2}\right|$$

$$\leqslant 2\left|\sin\frac{\Delta x}{2}\right| \leqslant 2\left|\frac{\Delta x}{2}\right| = |\Delta x|.$$

当 $\Delta x \to 0$ 时，$|\Delta x| \to 0$，由夹逼准则得 $\Delta y \to 0$，这就证明了 $y=\sin x$ 在点 x_0 是连续的，又由于 x_0 的任意性，就得到函数 $y=\sin x$ 在 $(-\infty, +\infty)$ 内是连续的.

可以类似证明，函数 $y=\cos x$ 在 $(-\infty, +\infty)$ 内也是连续的.

二、函数的间断点

根据函数 $f(x)$ 在 x_0 处连续的定义，如果函数 $y=f(x)$ 在点 x_0 处是连续的，那么必须同时满足下面的三个条件：

(1) 函数 $f(x)$ 在点 x_0 有定义；

(2) $\lim\limits_{x \to x_0} f(x)$ 存在；

(3) $\lim\limits_{x \to x_0} f(x) = f(x_0)$.

当三个条件中有任何一个不成立，我们就说函数 $f(x)$ 在 x_0 处不连续，而点 x_0 叫作函数 $f(x)$ 的间断点或不连续点.

也就是说，函数 $f(x)$ 在其间断点会出现下列三种情形之一：

(1) 在 $x \to x_0$ 没有定义；

(2) 虽在 $x \to x_0$ 有定义，但 $\lim\limits_{x \to x_0} f(x)$ 不存在；

(3) 虽在 $x \to x_0$ 有定义，且 $\lim\limits_{x \to x_0} f(x)$ 存在，但 $\lim\limits_{x \to x_0} f(x) \neq f(x_0)$.

通常，间断点分成两类：设 x_0 是函数 $f(x)$ 的间断点，而左极限 $f(x_0^-)$ 和右极限 $f(x_0^+)$ 都存在，那么 x_0 就是 $f(x)$ 的**第一类间断点**. 进一步考察，如果左、右极限相等，即 $f(x_0^-) = f(x_0^+)$，则称 x_0 为 $f(x)$ 的**可去间断点**，如果 $f(x_0^-) \neq f(x_0^+)$，就称 x_0 为 $f(x)$ 的**跳跃间断点**. 不属于第一类间断点的其他间断点，称为**第二类间断点**.

例 2 $x=0$ 是函数 $f(x)=\dfrac{\sin x}{x}$ 的可去间断点，这是因为 $\lim\limits_{x \to 0} f(x) = 1$，而 $f(0)$ 无定义(如图 1－10)，这时可以补充定义 $f(0)=1$，于是便得到一个连续的函数

$$f(x)=\begin{cases}\dfrac{\sin x}{x} & x \neq 0 \\ 1 & x=0\end{cases}.$$

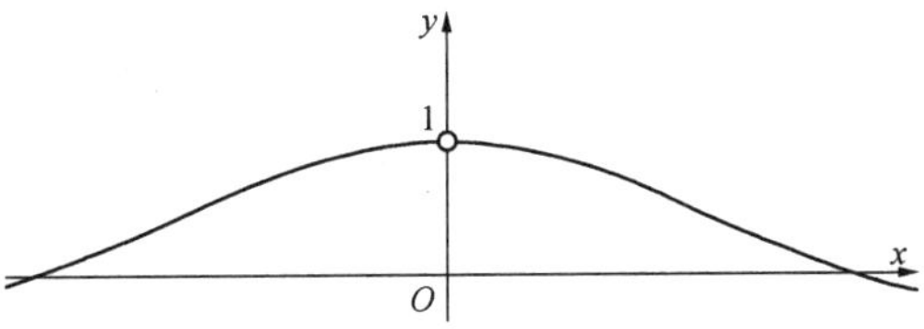

图 1－10

这样便把间断点 $x_0=0$ "去掉了".

例 3 符号函数 $f(x)=\mathrm{sgn}x$.

在第三节例 5 已经得到 $f(0^-)=-1$，$f(0^+)=1$，于是单侧极限 $f(0^+)$ 和 $f(0^-)$ 存在但 $f(0^+) \neq f(0^-)$，这时，$x=0$ 是函数的跳跃间断点，函数图形(如图 1－4)从在 $x=0$ 左侧的 -1 "跳到"了右侧的 1.

例 4 任一整数点 k 是取整函数 $f(x)=[x]$ 的跳跃间断点，这是因为

$$f(k^-)=\lim_{x\to k^-}[x]=\lim_{x\to k^-}(k-1)=k-1,$$
$$f(k^+)=\lim_{x\to k^+}[x]=\lim_{x\to k^+}k=k.$$

例 5 函数 $f(x)=\begin{cases}\dfrac{1}{x} & x\neq 0\\ 0 & x=0\end{cases}$

在点 $x=0$，$f(0)=0$，但 $\lim\limits_{x\to 0}f(x)=\lim\limits_{x\to 0}\dfrac{1}{x}=\infty$，所以 $x=0$ 是函数的第二类间断点，由于极限特征，称这样的间断点为无穷间断点.

例 6 函数 $y=\sin\dfrac{1}{x}$，在 $x=0$ 没有定义，并且 $x\to 0$ 时，$y=\sin\dfrac{1}{x}$ 的值在 -1 与 $+1$ 之间做无限次的振动(如图 1-11)，所以点 $x=0$ 是函数 $y=\sin\dfrac{1}{x}$ 的第二类间断点，由于极限特征，称这样的间断点为振荡间断点.

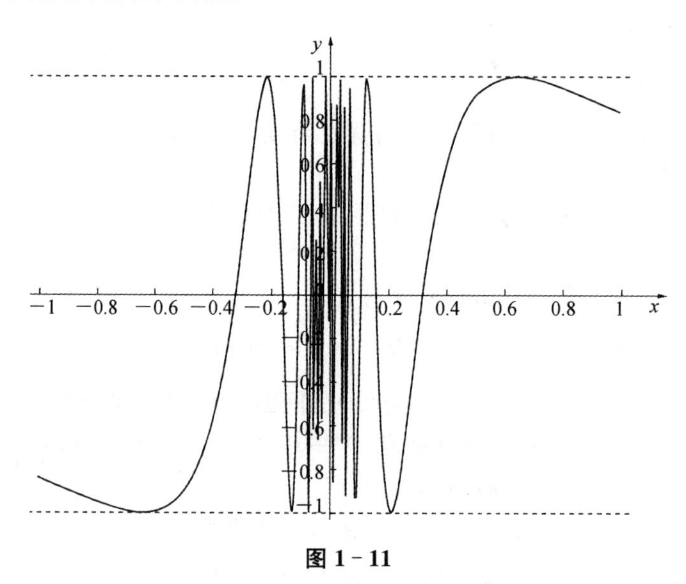

图 1-11

例 7 函数 $f(x)=\dfrac{\tan x}{x}$，当 $x=0$ 时没有定义，并且 $\lim\limits_{x\to 0}\dfrac{\tan x}{x}=1$，所以 $x=0$ 是函数的可去间断点，这时可以补充定义 $f(0)=1$，函数就能在 $x=0$ 连续，当 $x=\dfrac{\pi}{2}$ 时，函数也没有定义. 由于 $\lim\limits_{x\to\frac{\pi}{2}}\tan x=\infty$，因此 $\lim\limits_{x\to\frac{\pi}{2}}\dfrac{\tan x}{x}=\infty$，所以 $x=\dfrac{\pi}{2}$ 是函数的无穷间断点，并由 $\tan x$ 的周期可知，函数 $\dfrac{\tan x}{x}$ 的无穷间断点有 $k\pi+\dfrac{\pi}{2}$ $(k\in\mathbf{Z})$.

三、初等函数的连续性

1. 连续函数的运算

根据连续函数的定义，可以从函数极限的运算性质中推出以下性质.

定理 1（**函数四则运算的连续性**） 设函数 $f(x)$ 和 $g(x)$ 在点 x_0 连续，则它们的和、差、积以及商($g(x_0)\neq 0$)都在点 x_0 连续.

例 8 根据例 1,$\sin x$ 和 $\cos x$ 在$(-\infty,+\infty)$内连续,也就是在其定义域内都是连续的;因 $\tan x=\dfrac{\sin x}{\cos x}$,$\cot x=\dfrac{\cos x}{\sin x}$,由定理 1 知 $\tan x$ 和 $\cot x$ 在分母不为零的点都连续,也就是在其定义域内都是连续的;同样还可以得到 $\sec x$ 和 $\csc x$ 在定义域内也都是连续的.

定理 2(反函数的连续性) 设函数 $y=f(x)$在区间 I_x 上单调增加(或单调减少)且连续,则它的反函数 $x=f^{-1}(y)$在对应的区间 $I_y=\{y\mid y=f(x),x\in I_x\}$上也是单调增加(或单调减少)且连续的.

证明从略.

例 9 由于函数 $y=\sin x$ 在闭区间$\left[-\dfrac{\pi}{2},\dfrac{\pi}{2}\right]$上单调增加且连续,由定理 2 可得其反函数 $y=\arcsin x$ 在闭区间$[-1,1]$上也单调增加且连续.

同样还可以得到:$y=\arccos x$ 在闭区间$[-1,1]$上也单调减少且连续;$y=\arctan x$ 在区间$(-\infty,+\infty)$内单调增加且连续;$y=\operatorname{arccot} x$ 在区间$(-\infty,+\infty)$内单调减少且连续.

在复合函数的极限运算法则(第三节定理 4)中,对条件加以改变,令该定理中的 $A=f(u_0)$,也就是 $f(u)$在点 u_0 连续,取消条件"存在 $\delta_0>0$,当 $x\in\mathring{U}(x_0,\delta_0)$时,$\varphi(x_0)=u_0$",则结论相应地变成

$$\lim_{x\to x_0}f[\varphi(x)]=\lim_{u\to u_0}f(u)=f(u_0).$$

这样可以得到进一步的结论.

定理 3 设函数 $y=f[\varphi(x)]$由函数 $u=\varphi(x)$与 $y=f(u)$复合而成,$f[\varphi(x)]$在点 x_0 的某去心邻域内有定义,若$\lim\limits_{x\to x_0}\varphi(x)=u_0$,而函数 $y=f(u)$在 u_0 连续,则

$$\lim_{x\to x_0}f[\varphi(x)]=\lim_{u\to u_0}f(u)=f(u_0). \tag{3}$$

定理 3 中的(3)式又可以写成

$$\lim_{x\to x_0}f[\varphi(x)]=f[\lim_{u\to u_0}\varphi(u)]. \tag{4}$$

(4)式表明,在定理 3 的条件下,求复合函数 $f[\varphi(x)]$当 $x\to x_0$ 的极限时,可以交换极限符号和函数符号的运算次序.

定理 3 中将 $x\to x_0$ 换成 $x\to\infty$,可以得类似的结论,这里不再详述.

例 10 求$\lim\limits_{x\to 0}\sqrt{\dfrac{\sin x}{x}}$.

解 $y=\sqrt{\dfrac{\sin x}{x}}$可以看成 $y=\sqrt{u}$及 $u=\dfrac{\sin x}{x}$复合而成的,因为$\lim\limits_{x\to 0}\dfrac{\sin x}{x}=1$,并且 $y=\sqrt{u}$在 $u=1$ 连续,所以由定理 3 得

$$\lim_{x\to 0}\sqrt{\frac{\sin x}{x}}=\sqrt{\lim_{x\to 0}\frac{\sin x}{x}}=1.$$

例 11 求$\lim\limits_{x\to\infty}\sin\dfrac{1}{x}$.

解 $y=\sin\frac{1}{x}$可以看成$y=\sin u$及$u=\frac{1}{x}$复合而成的，因为$\lim\limits_{x\to\infty}\frac{1}{x}=0$，而$y=\sin u$在$u=0$是连续的，所以由定理3可得

$$\lim_{x\to\infty}\sin\frac{1}{x}=\sin\left(\lim_{x\to\infty}\frac{1}{x}\right)=0.$$

如果我们在定理3中令$u_0=\varphi(x_0)$，即$\varphi(x)$在点x_0连续，那么定理3中的(3)式就是

$$\lim_{x\to x_0}f[\varphi(x)]=\lim_{u\to u_0}f(u)=f(u_0)=f[\varphi(x_0)].$$

也就是说，复合函数$f[\varphi(x)]$在点x_0连续.

定理4（复合函数的连续性） 设函数$y=f[\varphi(x)]$是由函数$u=\varphi(x)$与$y=f(u)$复合而成，函数$u=\varphi(x)$在点x_0连续，而函数$y=f(u)$在点$u_0=\varphi(x_0)$连续，那么复合函数$y=f[\varphi(x)]$在点x_0也是连续的.

例12 函数$y=\cos\frac{1}{x}$可以看作是由$y=\cos u$及$u=\frac{1}{x}$复合而成的，由于函数$u=\frac{1}{x}$在$x\neq 0$时总连续，而函数$y=\cos u$在$-\infty<u<+\infty$时总连续，根据定理4，函数$y=\cos\frac{1}{x}$在区间$(-\infty,0)$及$(0,+\infty)$内是连续的.

例13 讨论函数$y=|x|$的连续性.

解 由于绝对值函数$y=|x|$当$x=0$时是连续的；当$x\neq 0$时，函数可以看成$y=|x|=\sqrt{x^2}$，即是由$u=x^2$及$y=\sqrt{u}$复合而成的，这里$u=x^2$对$-\infty<x<+\infty$是连续的，$y=\sqrt{u}$在$u>0$时是连续的，所以复合函数$y=\sqrt{x^2}$当$x\neq 0$时总是连续的. 综合以上讨论，就得到函数$y=|x|$在$(-\infty,+\infty)$内连续.

2. 初等函数的连续性

在前面的例8中已经看到，三角函数在其定义域内连续；在例9中又已经得到，反三角函数在其各自的定义域内也连续.

利用极限定义，可以证明函数$y=a^x\ (a>0,a\neq 1)$在点$x=0$时是连续的，即$\lim\limits_{x\to 0}a^x=1$（请读者完成）. 在此基础上，可以推导出：函数$y=a^x$在$(-\infty,+\infty)$内连续. 事实上，对任意实数$x_0\in(-\infty,+\infty)$，

$$\lim_{\Delta x\to 0}\Delta y=\lim_{\Delta x\to 0}(a^{x_0+\Delta x}-a^{x_0})=0,$$

所以函数$y=a^x$在点x_0连续，由于x_0的任意性，可推知：$y=a^x$在定义域$(-\infty,+\infty)$内连续.

由指数函数的单调性和连续性，利用定理2可得：对数函数$y=\log_a x\ (a>0,a\neq 1)$在其定义域$(0,+\infty)$内也单调且连续.

幂函数$y=a^\mu$的定义域随μ的值不同而变化，但在区间$(0,+\infty)$内，幂函数总是有定义的，并且也是连续的，事实上，当$a>0$时，

$$y=x^\mu=\mathrm{e}^{\mu\ln x},$$

于是，幂函数x^μ可以看作是$y=a^u$，$u=\mu\ln x$复合而成的，根据定理4，幂函数当$x>0$时连

续，即在区间$(0,+\infty)$内连续. 可以证明(证明从略)幂函数在它的定义域内连续.

综合上述基本初等函数连续性的结论，并结合第一节初等函数的定义，可得下面重要结论.

定理 5　基本初等函数在它们的定义域内是连续的，一切初等函数在其定义区间内都是连续的.

连续性的问题讨论到此之后，对一般初等函数的连续性的判别就不必总是用定义了，而是可以更多地考察定义区间，即包含在定义域内的区间. 这就简化了连续性的判断过程. 因此，也提供了求极限的一个方法，这就是：若 $f(x)$是初等函数，且 x_0 是 $f(x)$的定义区间内的点，则 $f(x)$在点 x_0 连续，即$\lim\limits_{x\to x_0}f(x)=f(x_0)$.

例 14　求$\lim\limits_{x\to\frac{\pi}{4}}\ln\tan x$.

解　因为初等函数 $\ln\tan x$ 在点 $x=\frac{\pi}{4}$连续，所以

$$\lim_{x\to\frac{\pi}{4}}\ln\tan x=\ln\tan\frac{\pi}{4}=0.$$

例 15　求$\lim\limits_{x\to 0}\frac{\ln(1+x)}{x}$.

解　因为 $x\to 0$ 时，$u=(1+x)^{\frac{1}{x}}\to \mathrm{e}$，而函数 $y=\ln u$ 当 $u=\mathrm{e}$ 时连续，所以

$$\lim_{x\to 0}\frac{\ln(1+x)}{x}=\lim_{x\to 0}\ln(1+x)^{\frac{1}{x}}=\ln\mathrm{e}=1.$$

对于一般对数函数 $\log_a(1+x)$，只需换底就可得

$$\lim_{x\to 0}\frac{\log_a(1+x)}{x}=\frac{1}{\ln a}\lim_{x\to 0}\frac{\ln(1+x)}{x}=\frac{1}{\ln a}.$$

例 16　求$\lim\limits_{x\to 0}\frac{a^x-1}{x}\quad(a>0)$.

解　设 $y=a^x-1$，则 $x=\log_a(y+1)$，当 $x\to 0$ 时，$y\to 0$，于是

$$\lim_{x\to 0}\frac{a^x-1}{x}=\lim_{y\to 0}\frac{y}{\log_a(1+y)}=\ln a.$$

特别地，当 $a=\mathrm{e}$ 时，$\lim\limits_{x\to 0}\frac{\mathrm{e}^x-1}{x}=1$.

从例 15 和例 16 又可以得到两个重要的等价无穷小：当 $x\to 0$ 时，

$$\ln(1+x)\sim x,\ \mathrm{e}^x-1\sim x.$$

例 17　证明当 $x\to 0$ 时，$\sqrt[n]{1+x}-1\sim\frac{1}{n}x$.

证明　设 $t=\sqrt[n]{1+x}$，由函数的连续性，当 $x\to 0$ 时，$t\to 1$，于是

$$\lim_{x\to 0}\frac{\sqrt[n]{1+x}-1}{\frac{1}{n}x}=\lim_{t\to 1}\frac{t-1}{\frac{1}{n}(t^n-1)}=n\lim_{t\to 1}\frac{1}{t^{n-1}+t^{n-1}+\cdots+1}=1,$$

所以
$$\sqrt[n]{1+x}-1\sim\frac{1}{n}x\,(x\to0).$$

例 18 求$\lim\limits_{x\to0}\frac{\arcsin x}{x}$.

解 设$t=\arcsin x$,由函数的连续性得到:当$x\to0$时,$t\to0$,于是
$$\lim_{x\to0}\frac{\arcsin x}{x}=\lim_{t\to0}\frac{t}{\sin t}=1.$$

同样也能得到$\lim\limits_{x\to0}\frac{\arctan x}{x}=1$,这样可以知道,当$x\to0$时,有
$$\arcsin x\sim x,\arctan x\sim x.$$

习题 1-6

(A)

一、是非题

1. 若$f(x)$,$g(x)$在点x_0处均不连续,则$f(x)+g(x)$在x_0处也不连续. ( )

2. 若$f(x)$在点x_0处连续,$g(x)$在点x_0处不连续,则$f(x)+g(x)$在x_0处必不连续. ( )

3. 若$f(x)$在点x_0处连续,$g(x)$在点x_0处不连续,则$f(x)g(x)$在x_0处必不连续. ( )

4. $y=|x|$在$x=0$处不连续. ( )

5. $f(x)$在x_0处连续当且仅当$f(x)$在x_0处既左连续又右连续. ( )

6. 设$y=f(x)$在(a,b)内连续,则$f(x)$在(a,b)内必有界. ( )

7. 设$y=f(x)$在$[a,b]$上连续,且无零点,则$f(x)$在$[a,b]$上恒为正或恒为负. ( )

8. $\tan\frac{\pi}{4}\tan\frac{3\pi}{4}=-1<0$,所以$\tan x=0$在$\left(\frac{\pi}{4},\frac{3\pi}{4}\right)$内有根. ( )

二、填空题

1. $x=0$是函数$\frac{\sin x}{|x|}$的第________类________型间断点.

2. $x=1$是函数$\frac{1}{x-1}$的第________类________型间断点.

3. 设$f(x)=(1+x)^{\frac{1}{x}}$,若定义$f(0)=$________,则$f(x)$在$x=0$处连续.

4. 若函数$f(x)=\begin{cases}\frac{\tan ax}{x} & x\neq0\\ 2 & x=0\end{cases}$在$x=0$处连续,则$a$等于________.

5. 已知$f(x)=\sqrt{1-x}$,则$f(x)$的定义域为________,连续区间为________.

6. $f(x)=\frac{1}{\ln(x-1)}$的连续区间是________.

三、选择题

1. 函数 $f(x)=\frac{\sin x}{x}+\frac{e^{\frac{1}{x}}}{1-x}$ 在 $(-\infty,+\infty)$ 内间断点的个数为(　　).

A. 0　　B. 1　　C. 2　　D. 3

2. $\lim\limits_{x\to a^-}f(x)=\lim\limits_{x\to a^+}f(x)$ 是函数 $f(x)$ 在 $x=a$ 处连续的(　　).

A. 必要条件　　B. 充分条件

C. 充要条件　　D. 无关条件

3. 方程 $x^3-3x+1=0$ 在区间 $(0,1)$ 内(　　).

A. 无实根　　B. 有唯一实根

C. 有两个实根　　D. 有三个实根

(B)

1. 研究下列函数的连续性,并画出函数的图形.

(1) $f(x)=\begin{cases}x^2 & 0\leqslant x\leqslant 1\\ x-1 & 1<x\leqslant 2\end{cases}$;　　(2) $f(x)=\begin{cases}2x+1 & x\leqslant 0\\ \cos x & x>0\end{cases}$.

2. 指出下列函数的间断点,并说明类型,如果是可去间断点,则补充或改变函数的定义使它连续.

(1) $y=\frac{x^2-4}{x^2-3x+2}$;　　(2) $y=\frac{x}{\tan x}$;

(3) $y=\frac{\tan x}{x}$;　　(4) $y=\cos^2\frac{1}{x}$;

(5) $y=\arctan\frac{1}{x}$;　　(6) $y=\frac{e^{\frac{1}{x}}-1}{e^{\frac{1}{x}}+1}$.

3. 讨论函数 $f(x)=\lim\limits_{n\to\infty}\frac{1}{1+x^n}(x>0)$ 的连续性,若有间断点,判别其类型.

4. a 为何值时下列函数在定义域内连续?

(1) $f(x)=\begin{cases}ax^2 & 0\leqslant x\leqslant 2\\ 2x-1 & 2<x\leqslant 4\end{cases}$;　　(2) $f(x)=\begin{cases}\frac{\ln(1+ax)}{x} & x>0\\ 1 & x\leqslant 0\end{cases}$.

5. 求下列极限:

(1) $\lim\limits_{x\to 0}\ln(\cos 2x)$;　　(2) $\lim\limits_{x\to 1}\sin(\ln x)$;

(3) $\lim\limits_{x\to 0}\frac{x^2}{1-\sqrt{1+x^2}}$;　　(4) $\lim\limits_{x\to 0}(1+3\sin^2 x)^{\csc^2 x}$;

(5) $\lim\limits_{x\to 1}\frac{ex^2-e}{x-1}$;　　(6) $\lim\limits_{x\to\infty}\frac{1-x}{1+x}$;

(7) $\lim\limits_{x\to\infty}\left[e^{\frac{1}{x}}+\ln\left(1+\frac{1}{x}\right)^x\right]$;　　(8) $\lim\limits_{y\to 0}\frac{\ln\cos x^2}{x^3(e^{\sin x}-1)}$.

6. 判断下面的说法是否正确,正确的请说明理由,不正确的试举出一个反例.

(1) 如果函数 $f(x)$ 在 x_0 连续,那么 $|f(x)|$ 在 x_0 也连续;

(2) 如果函数 $|f(x)|$ 在 x_0 连续,那么 $f(x)$ 在 x_0 也连续.

7. 设函数 $f(x)$ 在 $\mathbf{R}$ 上连续，且 $f(x)\neq0$，函数 $g(x)$，$\dfrac{g(x)}{f(x)}$ 在 $\mathbf{R}$ 上有定义，且有间断点，讨论 $f(x)\pm g(x)$，$f(x)g(x)$，$\dfrac{g(x)}{f(x)}$ 以及复合运算后所得函数是否一定有间断点，并说明理由.

第七节　闭区间上连续函数的性质

连续函数在闭区间上有很多重要的性质，这些性质是在其他形式的区间上连续的函数所不具备的. 下面仅介绍闭区间上连续函数的几个重要性质，这些定理的证明需要更多实数理论和极限理论，所以略去定理的证明.

先介绍最大值和最小值的概念.

设函数在区间 I 上有定义，如果存在 $x_0\in I$，使得对一切 $x\in I$，有

$$f(x)\leqslant f(x_0)\quad(\text{或 } f(x)\geqslant f(x_0)),$$

则称 $f(x_0)$ 是函数 $f(x)$ 在区间 I 上的最大值(或最小值).

最大值和最小值是函数的两个十分重要的函数值，讨论它们的存在性和计算相应的数值是本课程中的两个要点. 例如，函数 $f(x)=x^2$ 在闭区间 $[0,1]$ 上有最小值 0 和最大值 1，但在开区间 $(0,1)$ 内，该函数则没有最小值和最大值，这时，数 0 和 1 只是函数 $f(x)=x^2$ 在区间 $(0,1)$ 内的下界和上界，但由于不是函数值，因而不是函数 $f(x)$ 在 $(0,1)$ 内的最小值和最大值.

关于函数 $f(x)$ 的最大值和最小值的存在性，下面的定理给出了这个问题的充分条件.

定理 1 (最大值和最小值定理)　在闭区间上连续的函数一定在该区间上存在最大值和最小值.

这就是说，如果函数 $f(x)$ 在闭区间 $[a,b]$ 上连续，那么至少有一点 $\xi_1\in[a,b]$，使 $f(\xi_1)$ 是 $f(x)$ 在 $[a,b]$ 上的最大值；又至少有一点 $\xi_2\in[a,b]$，使 $f(\xi_2)$ 是 $f(x)$ 在 $[a,b]$ 上的最小值(如图 1-12).

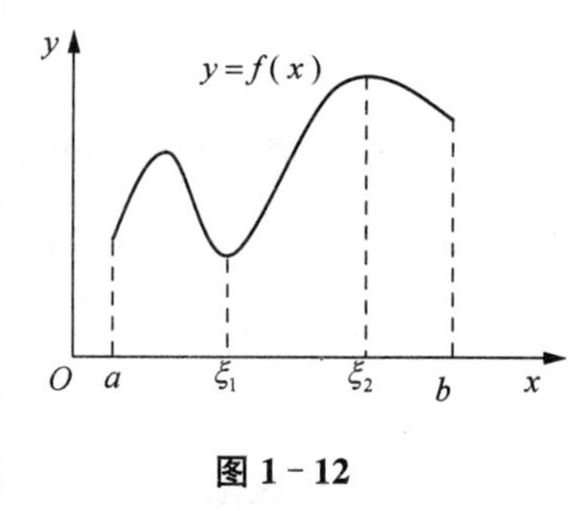

图 1-12

需要说明的是，定理 1 中的条件在闭区间上连续，是结论成立的充分而非必要条件，故当条件不满足时，结论可能成立，也可能不成立. 例如，函数 $f(x)=x^2$ 在开区间内连续，但 x^2 在 $(0,1)$ 内既无最大值又无最小值；函数 $f(x)=\dfrac{1}{x}$ 在闭区间 $[-1,1]$ 上有间断点 $x=0$，这时函数 $\dfrac{1}{x}$ 在闭区间上既无最大值也无最小值；而函数 $f(x)=\sin x$ 在开区间 $(0,2\pi)$ 内连续，显然它既有最大值 $f\left(\dfrac{\pi}{2}\right)=1$，也有最小值 $f\left(-\dfrac{\pi}{2}\right)=-1$.

在定理 1 中，最大值和最小值可以看成函数在该闭区间上的上界和下界，根据第一节所介绍的函数有界的充分必要条件，就可以得到有界性定理.

定理 2 (有界性定理)　在闭区间上连续的函数在该区间上一定有界.

同样,定理 2 中的条件是结论成立的充分而非必要条件. 例如,函数 $f(x)=\tan x$ 在开区间 $\left(-\frac{\pi}{2},\frac{\pi}{2}\right)$ 内连续,但它在 $\left(-\frac{\pi}{2},\frac{\pi}{2}\right)$ 内是无界的;符号函数 $f(x)=\mathrm{sgn}x$ 在开区间 $(-\infty,+\infty)$ 内有间断点 $x=0$,但它在 $(-\infty,+\infty)$ 内是有界的,对 $x\in(-\infty,+\infty)$,有 $|\mathrm{sgn}x|\leqslant 1$.

再来看一个新的概念,如果存在 x_0,使 $f(x_0)=0$,则称 x_0 为函数 $f(x)$ 的零点或根. 相关性质如下:

定理 3 (零点定理) 设函数 $f(x)$ 在闭区间 $[a,b]$ 上连续,且 $f(a)\cdot f(b)<0$,即 $f(a)$ 与 $f(b)$ 异号,那么在开区间 (a,b) 内至少有一点 ξ,使

$$f(\xi)=0.$$

从几何上看,如果一条连续曲线弧 $y=f(x)$ 的两个端点分别位于 x 轴的两侧,那么这段曲线与 x 轴至少有一个交点(如图 1-13). 实际上,这些交点的横坐标就是函数 $f(x)$ 的零点,也是方程 $f(x)=0$ 的根.

由定理 3 可推得一般性的结论.

定理 4 (介值定理) 设函数 $f(x)$ 在闭区间 $[a,b]$ 上连续,在区间端点函数值不相等,即

$$f(a)=A,f(b)=B,\text{且 } A\neq B,$$

那么,对于 A 与 B 之间的任一值 C,在开区间 (a,b) 内至少存在一点 ξ,使得

$$f(\xi)=C(a<\xi<b).$$

几何上看就是连续曲线弧与水平直线 $y=C$ 至少有一个交点(如图 1-14).

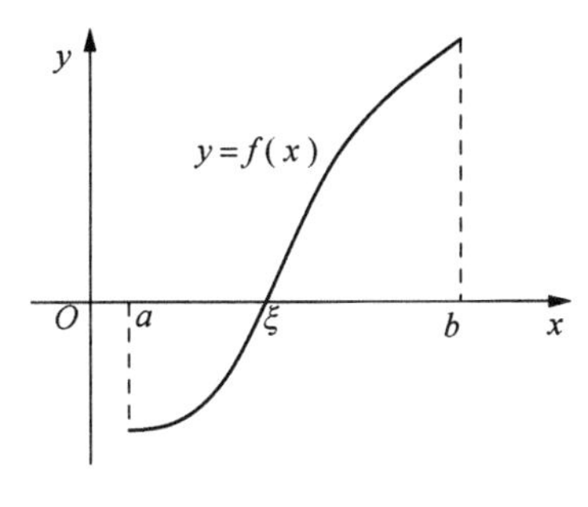

图 1-13

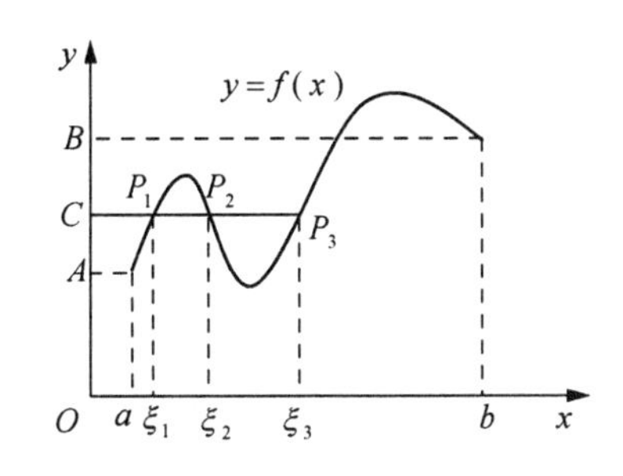

图 1-14

在定理 4 的条件下,函数有最大值 M 和最小值 m 的存在,设有 $x_1,x_2\in[a,b]$,使 $f(x_1)=m,f(x_2)=M$,且 $M\neq m$,则在闭区间 $[x_1,x_2]$ 上应用定理 4,就可以得到推论.

推论 在闭区间上连续的函数必取得介于最大值和最小值之间的一切值.

例 1 证明方程 $x^5-3x=1$ 在区间 $(1,2)$ 内至少有一个根.

证明 设 $f(x)=x^5-3x-1$,因为函数 $f(x)$ 在闭区间 $[1,2]$ 上连续且 $f(1)=-3$, $f(2)=25$,根据定理 3,存在 $x_0\in(1,2)$,使 $f(x_0)=0$,即方程 $x^5-3x=1$ 在开区间 $(1,2)$ 内至少有一个根 x_0.

例 2 若 $f(x)$ 在 $[a,b]$ 上连续,$a<x_1<x_2<\cdots<x_n<b(n\geqslant 3)$,证明:至少存在一点 $\xi\in(x_1,x_n)$,使

$$f(\xi)=\frac{f(x_1)+f(x_2)+\cdots+f(x_n)}{n}.$$

证明 因为 $f(x)$在$[a,b]$上连续,$a<x_1<x_2<\cdots<x_n<b(n\geqslant 3)$,所以 $f(x)$在$[x_1,x_n]$上也连续,由定理 1,函数 $f(x)$在$[x_1,x_n]$上有最小值为 m,最大值为 M,由于 $x_1<x_2<\cdots<x_n$,故

$$m\leqslant f(x_i)\leqslant M(i=1,2,\cdots,n).$$

于是 $nm\leqslant f(x_1)+f(x_2)+\cdots+f(x_n)\leqslant nM$,即

$$m\leqslant\frac{f(x_1)+f(x_2)+\cdots+f(x_n)}{n}\leqslant M.$$

由定理 4 的推论,作为介于最小值 m 和最大值 M 的数值,至少存在一点 $\xi\in(x_1,x_n)$,使

$$f(\xi)=\frac{f(x_1)+f(x_2)+\cdots+f(x_n)}{n}.$$

习题 1-7

(A)

一、判断题

1. 设 $y=f(x)$ 在(a,b) 内连续,则 $f(x)$在(a,b) 内必有界. ( )

2. 设 $y=f(x)$ 在$[a,b]$ 上连续,且无零点,则 $f(x)$在$[a,b]$上恒为正或恒为负. ( )

3. $\tan\frac{\pi}{4}\tan\frac{3\pi}{4}=-1<0$,所以 $\tan x=0$ 在$\left(\frac{\pi}{4},\frac{3\pi}{4}\right)$ 内有根. ( )

二、选择题

1. $f(x)=\dfrac{1}{\ln(x-1)}$ 的连续区间是________.

2. $\arctan x$ 在$[0,+\infty]$ 上的最大值为________,最小值为________.

三、填空题

方程 $x^3-3x+1=0$ 在区间$(0,1)$ 内( ).

A. 无实根 B. 有唯一实根 C. 有两个实根 D. 有三个实根

(B)

1. 设函数 $f(x)$在闭区间$[a,b]$上连续,并且对$[a,b]$上任一点,$a<f(x)<b$,试证明在$[a,b]$内至少存在一点 ξ,使 $f(x)=\xi$(ξ 称为函数 $f(x)$的不动点).

2. 证明方程 $e^x-x=2$ 在区间$(0,2)$内至少有一个根.

3. 证明方程 $x=a\sin x+b$ 至少有 1 个正根,且不超过 $a+b$,其中 $a>0,b>0$.

4. 设函数 $f(x)$在闭区间$[a,b]$上连续,p 和 g 为大于零的常数,$a<x_1<x_2<b$,证明至

少存在一点 $\xi\in[a,b]$

$$f(\xi)=\frac{pf(x_1)+gf(x_2)}{p+g}.$$

5. 证明:若 $f(x)$在$(-\infty,+\infty)$内连续,且$\lim\limits_{x\to\infty}f(x)$存在,则 $f(x)$必在$(-\infty,+\infty)$内有界.

复习题 1

一、填空题

1. 设 $f(x+1)=x^2+e^x+2$,则 $f(t)=$ ________.

2. 设 $f(x)=\begin{cases}x+1 & |x|<2\\ 1 & 2\leqslant x\leqslant 3\end{cases}$, 则 $f(x+1)$ 的定义域为________.

3. 函数 $f(x)=\sqrt{x}+\ln(3-x)$ 在________连续.

4. $\lim\limits_{x\to 0}\left(x^2\sin\dfrac{1}{x^2}+\dfrac{\sin 3x}{x}\right)=$ ________.

5. $\lim\limits_{x\to\infty}\left(1+\dfrac{k}{x}\right)^x=$ ________.

6. 设 $f(x)$在 $x=1$ 处连续,且 $f(1)=3$,则$\lim\limits_{x\to 1}f(x)\left(\dfrac{1}{x-1}-\dfrac{2}{x^2-1}\right)=$ ________.

7. 当 $x\to\infty$ 时,无穷小量$\dfrac{1}{x^k}$ 与$\dfrac{1}{x^3}+\dfrac{1}{x^2}$ 等价,则 $k=$ ________.

8. $x=0$ 是函数 $f(x)=x\sin\dfrac{1}{x}$ 的________间断点.

二、选择题

1. $y=x^2+1,x\in(-\infty,0]$ 的反函数是(　　).

A. $y=\sqrt{x}-1,x\in[1,+\infty)$　　B. $y=-\sqrt{x}-1,x\in[0,+\infty)$

C. $y=-\sqrt{x-1},x\in[1,+\infty)$　　D. $y=\sqrt{x-1},x\in[1,+\infty)$

2. 当 $x\to\infty$时,下列函数中有极限的是(　　).

A. $\sin x$　　B. $\dfrac{1}{e^x}$　　C. $\dfrac{x+1}{x^2-1}$　　D. $\arctan x$

3. $f(x)=\begin{cases}0 & x\leqslant 0\\ \dfrac{1}{x} & x>0\end{cases}$ 在点 $x=0$ 不连续是因为(　　).

A. $\lim\limits_{x\to 0^-}f(x)$不存在　　B. $\lim\limits_{x\to 0^+}f(x)$不存在

C. $\lim\limits_{x\to 0^+}f(x)\neq f(0)$　　D. $\lim\limits_{x\to 0^-}f(x)\neq f(0)$

4. 设 $f(x)=x^2+\operatorname{arccot}\dfrac{1}{x-1}$,则 $x=1$ 是 $f(x)$ 的(　　).

A. 可去间断点　　B. 跳跃间断点　　C. 无穷间断点　　D. 连续点

5. 设 $f(x)=\begin{cases}\cos x-1 & x<0\\ k & x>0\end{cases}$,则 $k=0$ 是$\lim\limits_{x\to0}f(x)$存在的(　　).

A. 充分但非必要条件　　B. 必要但非充分条件

C. 充分必要条件　　D. 无关条件

6. 当 $x\to x_0$时,α 和β ($\neq0$) 都是无穷小. 当 $x\neq x_0$时,下列变量中可能不是无穷小的是(　　).

A. $\alpha+\beta$　　B. $\alpha-\beta$　　C. $\alpha\cdot\beta$　　D. $\dfrac{\alpha}{\beta}$

7. 当 $n\to\infty$ 时,若$\sin^2\dfrac{1}{n}$ 与$\dfrac{1}{n^k}$ 是等价无穷小,则 $k=$(　　).

A. 2　　B. $\dfrac{1}{2}$　　C. 1　　D. 3

8. 当 $x\to0$ 时,下列函数中为 x 的高阶无穷小的是(　　).

A. $1-\cos x$　　B. $x+x^2$　　C. $\sin x$　　D. $\sqrt{x}$

三、求下列函数的极限

1. $\lim\limits_{x\to4}\dfrac{\sqrt{2x+1}-3}{\sqrt{x}-2}$;

2. $\lim\limits_{x\to1}\dfrac{\sin(x-1)}{x^2+x-2}$;

3. $\lim\limits_{x\to\infty}\left(\dfrac{x^2-1}{x^2+1}\right)^{x^2}$

4. $\lim\limits_{x\to0}\dfrac{\sin x^3}{(\sin x)^3}$;

5. $\lim\limits_{x\to0}\dfrac{\sqrt{1-x}-\sqrt{1-x}}{\sin3x}$

6. $\lim\limits_{x\to\infty}\dfrac{x+3}{x^2-x}(\sin x+2)$;

7. $\lim\limits_{x\to0}\dfrac{\ln(1+2x)}{\tan5x}$;

8. $\lim\limits_{x\to1}\dfrac{\sin\pi x}{4(x-1)}$.

四、设 $f(x)=\begin{cases}\dfrac{\cos x}{x+2} & x\geqslant0\\ \dfrac{\sqrt{a}-\sqrt{a-x}}{x} & x<0\end{cases}$ $(a>0)$,当 a 取何值时,$f(x)$ 在 $x=0$ 处连续.

五、已知当 $x\to0$ 时,$(1+ax^2)^{\frac{1}{3}}-1$ 与 $1-\cos x$ 是等价无穷小,求 a.

六、设 $\lim\dfrac{x^3+ax^2-x+4}{x+1}=b$ (常数),求 a,b.

七、求 $f(x)=\dfrac{1}{1-e^{\frac{x}{1-x}}}$ 的间断点,并对间断点分类.

八、证明下列方程在$(0,1)$内均有一实根.

1. $x^5+x^3=1$.　　2. $e^{-x}=x$.　　3. $\arctan x=1-x$.

九、设 $f(x)$在$[a,b]$ 上连续,且 $a<f(x)<b$,证明:在(a,b) 内至少有一点 ξ,使 $f(\xi)=\xi$.

第二章　导数与微分

微分学是微积分的重要组成部分，它的基本内容是导数和微分，而求导数是微分学中的基本运算. 本章主要讨论导数和微分的概念以及它们的计算方法. 至于导数的应用，将在第三章讨论.

第一节　导数的概念

一、引例

先通过几个实例来看导数概念的由来.

1. 变速直线运动的瞬时速度问题

设一物体做变速直线运动，其路程函数为 $s=s(t)$，求该物体在 t_0 时刻的瞬时速度 $v(t_0)$.

在中学里，我们用公式"速度$=\frac{路程}{时间}$"可以得到在该时段里物体运动的平均速度，它当然不是物体在每一时刻的瞬时速度，那么怎么定义并求出这种瞬时速度呢.

设在 t_0 时刻物体的位置为 $s(t_0)$，当经过 $t_0+\Delta t$ 时刻获得增量 Δt 时，物体的位置函数 s 相应地有增量 $\Delta s=s(t_0+\Delta t)-s(t_0)$，于是比值

$$\frac{\Delta s}{\Delta t}=\frac{s(t_0+\Delta t)-s(t_0)}{\Delta t}$$

就是物体在 t_0 到 $t_0+\Delta t$ 这段时间内的平均速度，记作 $\bar{v}$. 显然，当 $|\Delta t|$ 越小，$\bar{v}$ 就越接近物体在 t_0 时刻的瞬时速度，因此，当 $|\Delta t|$ 很小时，$\bar{v}$ 可作为物体在 t_0 时刻的瞬时速度的近似值，但对于动点在时刻 t_0 的速度的精确概念来说，这样做是不够的，更确切地应当这样理解：$v(t_0)$应为 $\Delta t\to 0$ 时上述平均速度的极限，如果这个极限存在的话，即

$$v(t_0)=\lim_{\Delta t\to 0}\frac{s(t_0+\Delta t)-s(t_0)}{\Delta t}.$$

这时就把这个极限值称为动点在 t_0 时刻的瞬时速度.

2. 平面曲线的切线斜率

在介绍曲线切线斜率之前先要介绍什么叫曲线的切线，在中学里将切线定义为与曲线只有一个交点的直线，这种定义只适合用于少数几种曲线，如圆、椭圆等，但对高等数学中研究的曲线就不合适了. 比如，对于抛物线 $y=x^2$，在原点 O 处两个坐标轴都符合上述定义，但实际上只有 x 轴是该抛物线在 O 处的切线. 我们定义曲线的切线如下：

设点 M(如图 2－1)是平面曲线 L 上任一点，在曲线上 M 点的邻近再取一点 M_1，作割线 MM_1，当点 M_1 沿曲线 L 无限趋近 M 点时，割线的极限位置 MT 就叫曲线 L 在 M 点处的切线.

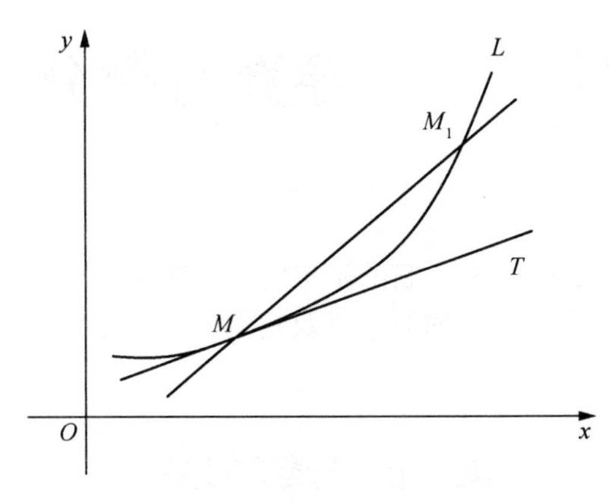

图 2-1

设函数 $y=f(x)$的图像为曲线 L,那么,如何求曲线 L(如图 2-2)上任意一点 $M(x_0, y_0)$的切线的斜率呢?

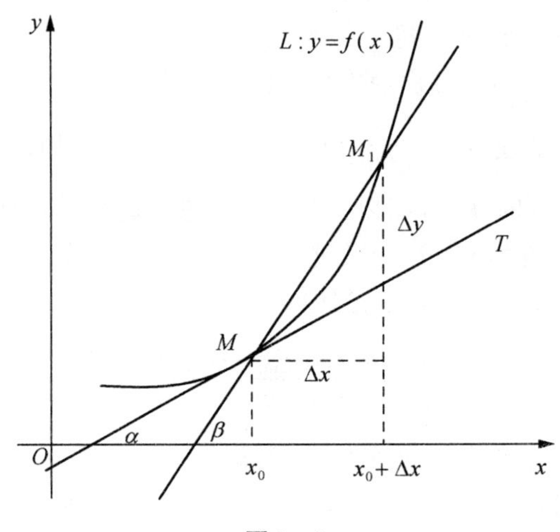

图 2-2

在 L 上另取一点 $M_1(x_0+\Delta x, y_0+\Delta y)$,作割线 MM_1,则割线 MM_1 的斜率

$$\tan\beta=\frac{\Delta y}{\Delta x}=\frac{f(x_0+\Delta x)-f(x_0)}{\Delta x}.$$

当 $\Delta x\to 0$ 时,M_1 沿曲线 L 趋于 M,如果上式极限存在,设为 k,即

$$k=\tan\alpha=\lim_{\Delta x\to 0}\frac{f(x_0+\Delta x)-f(x_0)}{\Delta x}$$

存在,则此极限 k 是割线斜率的极限,也就是切线的斜率.

上面两个例子所涉及的背景虽然很不相同,一个是物理问题,一个是几何问题,但它们处理问题的方法步骤和数学结构却完全相同,都可以归结为形如

$$\lim_{\Delta x\to 0}\frac{f(x_0+\Delta x)-f(x_0)}{\Delta x}$$

的极限.在自然科学和工程技术领域内,还有许多概念,例如电流强度、角速度、线密度等等,都可以归结为上述形式的极限.我们撇开这些量的具体意义,抓住它们在数量关系上的共性,就得出函数的导数的概念.

二、导数的定义

1. 函数在一点处的导数与导函数

定义1 设函数 $y=f(x)$ 在点 x_0 的某一邻域内有定义,当自变量 x 在 x_0 处取得增量 Δx(点 $x_0+\Delta x$ 仍在该邻域内)时,相应地,函数取得增量 $\Delta y=f(x_0+\Delta x)-f(x_0)$;如果当 $\Delta x\to 0$ 时 Δy 与 Δx 之比的极限存在,则称函数 $y=f(x)$ 在点 x_0 可导,并称这个极限为函数 $y=f(x)$ 在点 x_0 处的导数,记作 $f'(x_0)$,即

$$f'(x_0)=\lim_{\Delta x\to 0}\frac{\Delta y}{\Delta x}=\lim_{\Delta x\to 0}\frac{f(x_0+\Delta x)-f(x_0)}{\Delta x}, \tag{1}$$

如果上述极限不存在,则称**函数 $y=f(x)$ 在点 x_0 处不可导**.

固定 x_0,令 $x_0+\Delta x=x$,则当 $\Delta x\to 0$ 时,有 $x\to x_0$,故函数在 x_0 处的导数 $f'(x_0)$ 也可表示为

$$f'(x_0)=\lim_{\Delta x\to 0}\frac{f(x)-f(x_0)}{x-x_0}. \tag{2}$$

当然,下式也是上式的等价形式

$$f'(x_0)=\lim_{h\to 0}\frac{f(x_0+h)-f(x_0)}{h}. \tag{3}$$

由导数定义可以看出,用定义求导可以归纳为三步:

第一步 求增量 $\Delta y=f(x+\Delta x)-f(x)$;

第二步 作比值 $\dfrac{\Delta y}{\Delta x}$;

第三步 取极限 $\lim\limits_{\Delta x\to 0}\dfrac{\Delta y}{\Delta x}=\lim\limits_{\Delta x\to 0}\dfrac{f(x+\Delta x)-f(x)}{\Delta x}$.

例1 求函数 $y=x^2$ 在点 $x=2$ 处的导数.

解 第一步 求增量 Δy:$\Delta y=(2+\Delta x)^2-2^2=4\Delta x+(\Delta x)^2$;

第二步 求 $\dfrac{\Delta y}{\Delta x}$:$\dfrac{\Delta y}{\Delta x}=4+\Delta x$;

第三步 求极限:$\lim\limits_{\Delta x\to 0}\dfrac{\Delta y}{\Delta x}=\lim\limits_{\Delta x\to 0}(4+\Delta x)=4$.

所以 $f'(2)=4$.

2. 导函数

如果函数 $y=f(x)$ 在区间 (a,b) 内每一点都可导,称 $y=f(x)$ 在区间 (a,b) 内可导.如果 $f(x)$ 在 (a,b) 内可导,那么对于 (a,b) 中的每一个确定的 x 值,都对应着 $f(x)$ 的一个确定的导数值 $f'(x)$,这样就确定了一个新的函数,这个函数称为函数 $y=f(x)$ 的导函数,记作 $f'(x)$,y',$\dfrac{\mathrm{d}y}{\mathrm{d}x}$ 或 $\dfrac{\mathrm{d}f(x)}{\mathrm{d}x}$,在不致发生混淆的情况下,导函数也简称为导数.求出函数 $f(x)$ 在

(a,b)内的任意点 x 处的导数 $f'(x)$就是 $f(x)$在(a,b)内的导函数.

比如,引例 1 中,瞬时速度

$$v(t)=s'(t)=\frac{\mathrm{d}s}{\mathrm{d}t}.$$

引例 2 中,切线斜率

$$k=f'(x)=\frac{\mathrm{d}y}{\mathrm{d}x}.$$

在(1)式中把 x_0 换成 x,即得导函数定义式

$$f'(x)=\lim_{\Delta x\to 0}\frac{f(x+\Delta x)-f(x)}{\Delta x}.$$

显然,函数 $y=f(x)$在点 x_0 处的导数 $f'(x_0)$就是导函数 $f'(x)$在点 $x=x_0$ 处的函数值,即

$$f'(x_0)=f'(x)\big|_{x=x_0}.$$

例 2 设函数 $f(x)=x^2$,求 $f'(x)$,$f'(2)$.

解 由导数定义

$$f'(x)=\lim_{\Delta x\to 0}\frac{f(x+\Delta x)-f(x)}{\Delta x}=\lim_{\Delta x\to 0}\frac{(x+\Delta x)^2-x^2}{\Delta x}=\lim_{\Delta x\to 0}\frac{\Delta x(2x+\Delta x)}{\Delta x}=2x,$$

$$f'(2)=f'(x)\big|_{x=2}=2\times 2=4.$$

3. 单侧导数

定义 2 若极限 $\lim\limits_{\Delta x\to 0^-}\dfrac{f(x_0+\Delta x)-f(x_0)}{\Delta x}$存在,则称其为函数 $f(x)$在点 x_0 处的**左导数**,记为 $f'_-(x_0)$;类似地,若极限 $\lim\limits_{\Delta x\to 0^+}\dfrac{f(x_0+\Delta x)-f(x_0)}{\Delta x}$存在,则称其为函数 $f(x)$在点 x_0 处的**右导数**,记为 $f'_+(x_0)$. 左导数和右导数统称为**单侧导数**.

定理 函数 $y=f(x)$在点 x_0 的左、右导数存在且相等是 $f(x)$在点 x_0 处可导的充分必要条件.

例 3 讨论函数 $f(x)=|x|$在点 $x=0$ 处的可导性.

解 由于$\lim\limits_{\Delta x\to 0}\dfrac{f(0+\Delta x)-f(0)}{\Delta x}=\lim\limits_{\Delta x\to 0}\dfrac{|\Delta x|}{\Delta x}$,显然此极限应分左、右极限来求.

即左导数 $f'_-(0)=\lim\limits_{\Delta x\to 0^-}\dfrac{-\Delta x}{\Delta x}=-1$,右导数 $f'_+(0)=\lim\limits_{\Delta x\to 0^+}\dfrac{\Delta x}{\Delta x}=1$.

因为 $f'_-(0)\neq f'_+(0)$,所以 $f(x)=|x|$在点 $x=0$ 处不可导.

如果函数 $f(x)$在开区间(a,b)内可导,且 $f'_+(a)$及 $f'_-(b)$都存在,就说 $f(x)$在闭区间$[a,b]$上可导.

三、导数的几何意义和物理意义

根据前面导数定义及曲线的切线斜率的求法,我们可以知道,函数 $y=f(x)$在 x_0 处的

导数的几何意义就是曲线 $L:y=f(x)$在相应点 $M(x_0,y_0)$处的切线斜率，即 $f'(x_0)=\tan\alpha$，其中 α 为切线的倾斜角(如图 2-2).

如果 $y=f(x)$在点 x_0 处的导数为无穷大，这时曲线 $y=f(x)$的割线以垂直于 x 轴的直线 $x=x_0$ 为极限位置，即曲线 $y=f(x)$在点 $M(x_0,f(x_0))$处具有垂直于 x 轴的切线 $x=x_0$.

根据导数的几何意义并应用直线的点斜式方程，可知曲线 $y=f(x)$在点 $M(x_0,y_0)$处的切线方程为

$$y-y_0=f'(x_0)(x-x_0).$$

过切点 $M(x_0,y_0)$且与切线垂直的直线叫作曲线 $y=f(x)$在点 M 处的法线. 如果 $f'(x_0)\neq 0$，则法线的斜率为 $-\dfrac{1}{f'(x_0)}$，从而法线方程为

$$y-y_0=-\frac{1}{f'(x_0)}(x-x_0)\quad (f'(x_0)\neq 0).$$

例 4 求抛物线 $y=x^2$ 在点(1,1)处的切线方程和法线方程.

解 由导数的几何意义知，曲线 $y=x^2$ 在点(1,1)处的切线斜率为

$$y'|_{x=1}=2x|_{x=1}=2,$$

从而所求的切线方程为

$$y-1=2(x-1),$$

即

$$y=2x-1.$$

法线方程为

$$y-1=-\frac{1}{2}(x-1),$$

即

$$y=-\frac{1}{2}x+\frac{3}{2}.$$

由本节开头引例 1 可知，若某物体做变速直线运动时的位置函数是 $s=s(t)$，则在运动过程中 t_0 时刻物体运动的瞬时速度就是 $s'(t_0)$. 更一般地，若某物理量 T 是时间 t 的函数 $T=T(t)$，则 $T'(t_0)$的物理意义是在 t_0 时刻 T 变化的瞬时速度，这就是导数在物理上的含义.

四、函数可导性与连续性的关系

设函数 $y=f(x)$在点 x 处可导，即

$$\lim_{\Delta x\to 0}\frac{\Delta y}{\Delta x}=f'(x)$$

存在. 根据函数的极限与无穷小的关系，知道

$$\frac{\Delta y}{\Delta x}=f'(x)+o(\Delta x),$$

其中 $o(\Delta x)$是 $\Delta x\to 0$ 的无穷小,两端各乘以 Δx,即得

$$\Delta y=f'(x)\Delta x+\alpha(\Delta x)\Delta x.$$

由此可见,$\lim\limits_{\Delta x\to 0}\Delta y=0$. 这就是说 $y=f(x)$在点 x 处连续,所以如果函数 $y=f(x)$在 x 处可导,那么在 x 处必连续.

另一方面,一个函数在某点连续却不一定在该点可导. 例如,函数 $y=|x|$ 显然在 $x=0$ 处连续,但是它在点 $x=0$ 处是不可导的(见例 3).

下面,我们再看一个在某点连续但不可导的例子.

例 5 讨论函数

$$f(x)=\begin{cases}1-x & x\geqslant 0\\ 1+x & x<0\end{cases}$$

在 $x=0$ 处的连续性与可导性.

解 $f(x)$在点 $x=0$ 处:

左极限: $\lim\limits_{x\to 0^-}f(x)=\lim\limits_{x\to 0^-}(1+x)=1$;

右极限: $\lim\limits_{x\to 0^+}f(x)=\lim\limits_{x\to 0^+}(1-x)=1$.

从而有$\lim\limits_{x\to 0}f(x)=1$. 又由 $f(0)=1$,所以$\lim\limits_{x\to 0}f(x)=f(0)$,故 $f(x)$在点 $x=0$ 处连续.

$f(x)$在点 $x=0$ 处左导数为

$$f'_-(0)=\lim_{\Delta x\to 0^-}\frac{f(x)-f(0)}{x-0}=\lim_{\Delta x\to 0^-}\frac{(1+x)-1}{x}=1;$$

同理,右导数为

$$f'_+(0)=\lim_{\Delta x\to 0^+}\frac{(1-x)-1}{x}=-1.$$

因 $f'_-(0)\neq f'_+(0)$,故 $f(x)$在点 $x=0$ 处不可导.

五、利用导数定义求导数

例 6 求函数 $f(x)=C$(C 是常数)的导数.

解 $f'(x)=\lim\limits_{\Delta x\to 0}\dfrac{f(x+\Delta x)-f(x)}{\Delta x}=\lim\limits_{\Delta x\to 0}\dfrac{C-C}{\Delta x}=0$,

即常数函数的导数等于零.

例 7 求函数 $f(x)=x^n$(n 为正整数)的导数.

解
$$\begin{aligned}f'(x)&=\lim_{\Delta x\to 0}\frac{f(x+\Delta x)-f(x)}{\Delta x}=\lim_{\Delta x\to 0}\frac{(x+\Delta x)^n-x^n}{\Delta x}\\&=\lim_{\Delta x\to 0}\frac{nx^{n-1}\Delta x+\dfrac{n(n-1)}{2}x^{n-2}\Delta x^2+\cdots+\Delta x^n}{\Delta x}\\&=\lim_{\Delta x\to 0}\left[nx^{n-1}+\frac{n(n-1)}{2}x^{n-2}\Delta x+\cdots+\Delta x^{n-1}\right]\\&=nx^{n-1},\end{aligned}$$

即
$$(x^n)'=nx^{n-1}\quad (n\text{为正整数}).$$

更一般地，对幂函数 $y=x^{\mu}$（μ 是实数），也有 $(x^{\mu})'=\mu x^{\mu-1}$. 这个公式在后面将给出证明. 例如：

$$(\sqrt{x})'=(x^{\frac{1}{2}})'=\frac{1}{2\sqrt{x}},\left(\frac{1}{x}\right)'=(x^{-1})'=\left(-\frac{1}{x^2}\right).$$

例 8 求函数 $f(x)=a^x(a>0,a\neq 1)$ 的导数.

解 $f'(x)=\lim\limits_{\Delta x\to 0}\dfrac{f(x+\Delta x)-f(x)}{\Delta x}=\lim\limits_{\Delta x\to 0}\dfrac{a^{x+\Delta x}-a^x}{\Delta x}=a^x\lim\limits_{\Delta x\to 0}\dfrac{a^{\Delta x}-1}{\Delta x}$.

令 $a^{\Delta x}-1=\beta$，则 $\Delta x\to 0$ 时，$\beta\to 0$ 且 $\Delta x=\dfrac{\ln(1+\beta)}{\ln a}$，故 $(a^x)'=a^x\lim\limits_{\beta\to 0}\dfrac{\beta\ln a}{\ln(1+\beta)}$.

由于 $\beta\to 0$ 时，$\ln(1+\beta)\sim\beta$，所以

$$(a^x)'=a^x\lim_{\beta\to 0}\frac{\beta\ln a}{\beta}=a^x\ln a.$$

特殊地，当 $a=\mathrm{e}$ 时，因 $\ln\mathrm{e}=1$，故有

$$(\mathrm{e}^x)'=\mathrm{e}^x.$$

例 9 求对数函数 $f(x)=\log_a x(a>0,a\neq 1)$ 的导数.

解
$$\begin{aligned}f'(x)&=\lim_{\Delta x\to 0}\frac{f(x+\Delta x)-f(x)}{\Delta x}\\&=\lim_{\Delta x\to 0}\frac{\log_a(x+\Delta x)-\log_a x}{\Delta x}\\&=\lim_{\Delta x\to 0}\frac{1}{\Delta x}\log_a\frac{x+\Delta x}{x}=\lim_{\Delta x\to 0}\frac{1}{x}\cdot\frac{x}{\Delta x}\log_a\left(1+\frac{\Delta x}{x}\right)\\&=\frac{1}{x}\lim_{\Delta x\to 0}\log_a\left(1+\frac{\Delta x}{x}\right)^{\frac{x}{\Delta x}}=\frac{1}{x}\log_a\mathrm{e}=\frac{1}{x\ln a},\end{aligned}$$

即
$$(\log_a x)'=\frac{1}{x\ln a}.$$

特别地，当 $a=\mathrm{e}$ 时，得自然对数的导数 $(\ln x)'=\dfrac{1}{x}$.

例 10 求函数 $f(x)=\sin x$ 的导数.

解
$$\begin{aligned}f'(x)&=\lim_{\Delta x\to 0}\frac{f(x+\Delta x)-f(x)}{\Delta x}\\&=\lim_{\Delta x\to 0}\frac{\sin(x+\Delta x)-\sin x}{\Delta x}=\lim_{\Delta x\to 0}\frac{1}{\Delta x}2\cos\left(x+\frac{\Delta x}{2}\right)\sin\frac{\Delta x}{2}\\&=\lim_{\Delta x\to 0}\cos\left(x+\frac{\Delta x}{2}\right)\frac{\sin\frac{\Delta x}{2}}{\frac{\Delta x}{2}}=\cos x,\end{aligned}$$

即
$$(\sin x)'=\cos x.$$

用类似的方法，可求得余弦函数 $y=\cos x$ 的导数为：

$$(\cos x)'=-\sin x.$$

习题 2-1

(A)

一、是非题

1. $f'(x_0)=[f(x_0)]'$. ( )
2. 曲线 $y=f(x)$ 在点 $(x_0,f(x_0))$ 处有切线,则导数 $f'(x_0)$ 一定存在. ( )
3. 若 $f'(x)>g'(x)$,则 $f(x)>g(x)$. ( )
4. $f(x)=|x-1|$ 在 $x=1$ 处不可导. ( )
5. 若 $y=f(x)$在 $x=x_0$处连续,则导数 $f'(x_0)$一定存在. ( )

二、填空题

1. 若导数 $f'(x_0)$存在,则$\lim\limits_{\Delta x\to 0}\dfrac{f(x_0-\Delta x)-f(x_0)}{\Delta x}=$ ________.

2. 若 $f'(0)$存在且 $f(0)=0$,则$\lim\limits_{x\to 0}\dfrac{f(x)}{x}=$________.

3. 已知 $f(x)=\begin{cases} x^2 & x\geqslant 0 \\ -x^2 & x<0 \end{cases}$,则 $f'(0)=$ ________.

4. 设 $f(1)=2$,且 $f'(1)=3$,则$\lim\limits_{x\to 1}f(x)=$ ________.

5. 在曲线 $y=e^x$ 上取横坐标 $x_1=0$ 及 $x_2=1$ 两点,作过这两点的割线,则曲线 $y=e^x$ 在切点________处的切线________平行于这条割线.

6. 当物体的温度高于周围介质的温度时,物体就不断冷却,若物体的温度 T 与时间 t 的函数关系为 $T=T(t)$,则该物体在时刻 t 的冷却速度为________.

7. 一物体做变速直线运动,其位移关于时间(单位:s)的函数为 $s(t)=t^2$(单位:m),则其速度函数 $v(t)=$ ________(单位:m/s),该物体在 1 s 时的瞬时速度为________(单位:m/s).

8. 设某工厂生产 x 单位产品所花费的成本是 $f(x)$ 元,则其边际成本为________.

三、选择题

1. 函数 $y=f(x)$ 在点 x_0 处可导,且曲线 $y=f(x)$在点 $(x_0,f(x_0))$ 处的切线平行于 x 轴,则 $f'(x_0)$ ( ).

   A. 小于零　　B. 等于零　　C. 大于零　　D. 不存在

2. 函数 $f(x)=\begin{cases} x\sin\dfrac{1}{x} & x\neq 0 \\ 0 & x=0 \end{cases}$,则 $f(x)$在点 $x=0$ 处( ).

   A. 无定义　　B. 不连续　　C. 可导　　D. 连续但不可导

(B)

1. 设物体绕定轴旋转,在时间间隔$[0,t]$内转过角度 θ,从而转角 θ 是 t 的函数:$\theta=\theta(t)$. 如果旋转是匀速的,那么称 $\omega=\dfrac{\theta}{t}$ 为该物体旋转的角速度. 如果旋转是非匀速的,应怎样确定该物体在时刻 t_0 的角速度?

2. 垂直向上抛一物体,其上升高度 $h(t)=10t-\frac{1}{2}gt^2$(米),求:

(1) 物体从 $t=1$ 秒到 $t=1.2$ 秒的平均速度;

(2) 速度函数 $v(t)$;

(3) 物体何时达到最高点.

3. 设函数 $y=x^3$,按导数定义求 y',$y'|_{x=0}$.

4. 求下列函数的导数:

(1) $y=x^4$; (2) $y=\sqrt[3]{x^2}$;

(3) $y=x^{1.6}$; (4) $y=\frac{1}{\sqrt{x}}$;

(5) $y=\frac{1}{x^2}$; (6) $y=x^3\sqrt[5]{x}$.

5. 求曲线 $y=\sqrt{x}$在点(4,2)处的切线方程和法线方程.

6. 设 $f(x)=\begin{cases} x^2\sin\frac{1}{x} & x\neq 0 \\ 0 & x=0 \end{cases}$,讨论函数 $f(x)$在点 $x=0$ 处的连续性与可导性.

7. 已知 $f(x)=\begin{cases} x^2 & x\geqslant 0 \\ -x & x<0 \end{cases}$,求 $f'_+(0)$及 $f'_-(0)$,又 $f'(0)$是否存在?

第二节 函数和、差、积、商的求导法则

前面我们根据导数的定义,求出了一些基本初等函数的求导公式,但是对于一些比较复杂的函数仅用导数的定义是较困难的. 在本节中,将介绍导数四则运算法则以及前一节中未讨论过的几个基本初等函数的导数公式.

定理 若 $u(x)$,$v(x)$在点 x 处可导,则函数 $u(x)\pm v(x)$,$u(x)v(x)$,$\frac{u(x)}{v(x)}(v\neq 0)$在 x 处也可导,且

(1) $[u(x)\pm v(x)]'=u'(x)\pm v'(x)$;

(2) $[u(x)v(x)]'=u'(x)v(x)+u(x)v'(x)$;

(3) $\left[\frac{u(x)}{v(x)}\right]'=\frac{u'(x)v(x)-u(x)v'(x)}{v^2(x)}(v\neq 0)$.

上面三个公式的证明思路都类似,下面我们给出法则(2)的证明,法则(1)(3)的证略.

证明 $[u(x)v(x)]'$

$$=\lim_{\Delta x\to 0}\frac{u(x+\Delta x)v(x+\Delta x)-u(x)v(x)}{\Delta x}$$

$$=\lim_{\Delta x\to 0}\left[\frac{u(x+\Delta x)-u(x)}{\Delta x}v(x+\Delta x)+u(x)\frac{v(x+\Delta x)-v(x)}{\Delta x}\right]$$

$$=\lim_{\Delta x\to 0}\frac{u(x+\Delta x)-u(x)}{\Delta x}\lim_{\Delta x\to 0}v(x+\Delta x)+u(x)\lim_{\Delta x\to 0}\frac{v(x+\Delta x)-v(x)}{\Delta x}$$

$$=u'(x)v(x)+u(x)v'(x).$$

其中$\lim\limits_{\Delta x\to 0}v(x+\Delta x)=v(x)$是由于函数 $v(x)$在 x 处可导,故在点 x 处连续,即

$$[u(x)v(x)]'=u'(x)v(x)+u(x)v'(x).$$

定理中的法则(1) (2)可推广到任意有限个可导函数的情形. 例如,设 $u=u(x)$,$v=v(x)$,$w=w(x)$均可导,则有

$$(u+v+w)'=u'+v'+w',$$

$$(uvw)'=[(uv)w]'=(uv)'w+(uv)w'=(u'v+uv')w+uvw',$$

即

$$(uvw)'=u'vw+uv'w+uvw'.$$

在法则(2) 中,当 $v(x)=C$ (C 为常数)时,有$[Cu(x)]'=Cu'(x)$.

例 1 $f(x)=x^4+\sin x-\ln x$,求 $f'(x)$.

解
$$\begin{aligned}f'(x)&=(x^4+\sin x-\ln x)'\\&=(x^4)'+(\sin x)'-(\ln x)'\\&=4x^3+\cos x-\frac{1}{x}.\end{aligned}$$

例 2 $y=\mathrm{e}^x\cos x$,求 y'.

解 $y'=(\mathrm{e}^x)'\cos x+\mathrm{e}^x(\cos x)'=\mathrm{e}^x\cos x-\mathrm{e}^x\sin x$.

例 3 $y=\tan x$,求 y'.

解
$$\begin{aligned}y'&=(\tan x)'=\left(\frac{\sin x}{\cos x}\right)'\\&=\frac{(\sin x)'\cos x-\sin x(\cos x)'}{\cos^2 x}\\&=\frac{\cos^2 x+\sin^2 x}{\cos^2 x}=\frac{1}{\cos^2 x}=\sec^2 x,\end{aligned}$$

即

$$(\tan x)'=\sec^2 x.$$

这就是正切函数的导数公式.

用类似的方法可得

$$(\cot x)'=-\csc^2 x.$$

例 4 设 $y=\sec x$,求 y'.

解 $y'=(\sec x)'=\left(\dfrac{1}{\cos x}\right)'=\dfrac{0-1\cdot(\cos x)'}{\cos^2 x}=\dfrac{\sin x}{\cos^2 x}=\tan x\sec x$,

即

$$(\sec x)'=\tan x\sec x.$$

这就是正割函数的导数公式.

用类似的方法可求得

$$(\csc x)'=-\csc x\cot x.$$

习题 2-2

(A)

一、填空题

1. $(\sqrt{2})'=$ ________.

2. $(x^{\mu})'=$ ________，其中 μ 为实常数.

3. $(\mathrm{e}^{x})'=$ ________.

4. $(2^{x})'=$ ________.

5. $(\ln x)'=$ ________.

6. $(\log_{a}x)'=$ ________，$a>0$ 且 $a\neq 1$.

7. $(\sin x)'=$ ________.

8. $(\cos x)'=$ ________.

9. $(\tan x)'=$ ________.

10. $(\cot x)'=$ ________.

二、选择题

1. 在函数 $f(x)$ 与 $g(x)$ 的定义域上的一点 x_0，下述说法正确的是(　　).

   A. 若 $f(x)$，$g(x)$中至少一个不可导，则 $f(x)+g(x)$不可导

   B. 若 $f(x)$，$g(x)$均不可导，则 $f(x)+g(x)$不可导

   C. 若 $f(x)$可导，$g(x)$不可导，则 $f(x)g(x)$必不可导

   D. 若 $f(x)$可导，$g(x)$不可导，则 $f(x)+g(x)$必不可导

2. 直线 l 与 x 轴平行且与曲线 $y=x-\mathrm{e}^{x}$ 相切，则切点为(　　).

   A. $(1,1)$　　B. $(-1,1)$　　C. $(0,1)$　　D. $(0,-1)$

(B)

1. 求下列各函数的导数：

(1) $y=x^4-3x^2+x-1$；

(2) $y=x^3-\dfrac{1}{x^3}$；

(3) $y=x\sqrt{x}+\sqrt[3]{x}$；

(4) $y=x^2+\cos x+\mathrm{e}^x$；

(5) $y=\sqrt{x}\sin x$；

(6) $y=x\mathrm{e}^x$；

(7) $y=\dfrac{\mathrm{e}^x\sin x}{x}$；

(8) $y=x\arctan x$.

2. 求下列各函数的导数：

(1) $y=\dfrac{1}{1+\sqrt{x}}+\dfrac{1}{1-\sqrt{x}}$；

(2) $y=5(2x-3)(x+8)$；

(3) $y=x^2\mathrm{e}^x$；

(4) $y=\dfrac{3^x-1}{x^3+1}$；

(5) $y=(x^2-3x+2)(x^4+x^2-1)$；

(6) $y=\dfrac{\ln x}{\sin x}$；

(7) $y=\dfrac{x\sin x}{1+x^2}$；

(8) $y=x\mathrm{e}^x\cos x$.

第三节　反函数的导数与复合函数的导数

一、反函数的导数

定理 1　若函数 $x=\varphi(y)$ 在区间 I_y 内单调、可导，且 $\varphi'(y)\neq 0$，那么它的反函数 $y=f(x)$ 在对应区间 I_x 内单调、可导，且有

$$\frac{dy}{dx}=\frac{1}{\frac{dx}{dy}}\left(\text{或 } f'(x)=\frac{1}{\varphi'(y)}\right).$$

证明　由于 $x=\varphi(y)$ 在区间 I_y 内单调、可导(从而连续)，所以它的反函数 $y=f(x)$ 也单调连续.

任取 $x\in I_x$，给 x 以增量 $\Delta x\neq 0(\Delta x\neq 0, x+\Delta x\in I_x)$，由 $y=f(x)$ 的单调性可知

$$\Delta y=f(x+\Delta x)-f(x)\neq 0,$$

因而有

$$\frac{\Delta y}{\Delta x}=\frac{1}{\frac{\Delta x}{\Delta y}}.$$

根据 $y=f(x)$ 的连续性，当 $\Delta x\to 0$ 时，必有 $\Delta y\to 0$，而 $x=\varphi(y)$ 可导，于是

$$\lim_{\Delta y\to 0}\frac{\Delta x}{\Delta y}=\varphi'(y),$$

所以

$$f'(x)=\lim_{\Delta x\to 0}\frac{\Delta y}{\Delta x}=\lim_{\Delta y\to 0}\frac{1}{\frac{\Delta x}{\Delta y}}=\frac{1}{\lim\limits_{\Delta y\to 0}\frac{\Delta x}{\Delta y}}=\frac{1}{\varphi'(y)}.$$

上述结论可简单地说成：**反函数的导数等于原函数导数的倒数.**

例 1　求 $y=\arcsin x$ 的导数.

解　$y=\arcsin x$ 是 $x=\sin y$ 的反函数，$x=\sin y$ 在区间 $\left(-\frac{\pi}{2},\frac{\pi}{2}\right)$ 内单调、可导，且

$$\frac{dx}{dy}=(\sin y)'=\cos y>0,$$

所以

$$y'=\frac{1}{\frac{dx}{dy}}=\frac{1}{\cos y}=\frac{1}{\sqrt{1-\sin^2 y}}=\frac{1}{\sqrt{1-x^2}}.$$

从而得到反正弦函数的导数公式

$$(\arcsin x)'=\frac{1}{\sqrt{1-x^2}}.$$

用类似的方法可得到反余弦函数的导数公式

$$(\arccos x)'=-\frac{1}{\sqrt{1-x^2}}.$$

例 2 求 $y=\arctan x$ 的导数.

解 $y=\arctan x$ 是 $x=\tan y$ 的反函数,$x=\tan y$ 在区间 $\left(-\frac{\pi}{2},\frac{\pi}{2}\right)$ 内单调、可导,且

$$\frac{dx}{dy}=(\tan y)'=\sec^2 y\neq 0,$$

所以

$$y'=\frac{1}{\frac{dx}{dy}}=\frac{1}{\sec^2 y}=\frac{1}{1+\tan^2 y}=\frac{1}{1+x^2}.$$

从而得到反正切函数的导数公式

$$(\arctan x)'=\frac{1}{1+x^2}.$$

用类似的方法可得到反余弦函数的导数公式

$$(\operatorname{arccot} x)'=-\frac{1}{1+x^2}.$$

二、复合函数的求导法则

定理 2 如果函数 $u=\varphi(x)$ 在点 x 处可导,而函数 $y=f(u)$ 在点 $u=\varphi(x)$ 处可导,那么复合函数 $y=f[\varphi(x)]$ 也在点 x 处可导,且有

$$\frac{dy}{dx}=\frac{dy}{du}\cdot\frac{du}{dx} \text{或} \{f[\varphi(x)]\}'=f'(u)\varphi'(x).$$

证明 由导数定义有

$$\frac{dy}{dx}=\lim_{\Delta x\to 0}\frac{f(\varphi(x+\Delta x))-f(\varphi(x))}{\Delta x}.$$

记 $\Delta u=\varphi(x+\Delta x)-\varphi(x)$,则由 $u=\varphi(x)$ 在点 x 处可导可推得它在 x 处连续,因此当 $\Delta x\to 0$ 时,$\Delta u\to 0$.

若 $\Delta u\neq 0$,有

$$\begin{aligned}\frac{dy}{dx}&=\lim_{\Delta x\to 0}\frac{f(\varphi(x)+\Delta u)-f(\varphi(x))}{\Delta u}\cdot\frac{\varphi(x+\Delta x)-\varphi(x)}{\Delta x}\\&=\lim_{\Delta u\to 0}\frac{f(u+\Delta u)-f(u)}{\Delta u}\cdot\lim_{\Delta x\to 0}\frac{\varphi(x+\Delta x)-\varphi(x)}{\Delta x}\\&=\frac{dy}{du}\cdot\frac{du}{dx}.\end{aligned}$$

这里是在"$\Delta u\neq 0$"的假设下,得到定理的一个简单的证明,去掉这个假设,用其他方法也能证得定理的结论,在此略掉证明.

上式说明,复合函数 $y=f[\varphi(x)]$对 x 求导时,可先求出 $y=f(u)$对 u 的导数和 $u=\varphi(x)$对 x 的导数,然后相乘即得.

这个求导法则也称为链式法则,它还可以推广到多个中间变量的情形.例如,设 $y=f(u),u=\varphi(v),v=\psi(x)$都可导,则复合函数 $y=f\{\varphi[\psi(x)]\}$的导数为

$$\frac{dy}{dx}=\frac{dy}{du}\cdot\frac{du}{dv}\cdot\frac{dv}{dx}.$$

例 3 设 $y=(2x+1)^5$,求$\frac{dy}{dx}$.

解 令 $y=u^5,u=2x+1$,则

$$\frac{dy}{dx}=\frac{dy}{du}\cdot\frac{du}{dx}=5u^4\cdot 2=10\,(2x+1)^4.$$

例 4 设 $y=\sin\sqrt{x}$,求$\frac{dy}{dx}$.

解 令 $y=\sin u,u=\sqrt{x}$,则

$$\frac{dy}{dx}=\frac{dy}{du}\cdot\frac{du}{dx}=\cos u\cdot\frac{1}{2\sqrt{x}}=\frac{\cos\sqrt{x}}{2\sqrt{x}}.$$

例 5 设 $y=\ln\cos x$,求$\frac{dy}{dx}$.

解 令 $y=\ln u,u=\cos x$,则

$$\frac{dy}{dx}=\frac{dy}{du}\cdot\frac{du}{dx}=\frac{1}{u}\cdot(-\sin x)=-\frac{\sin x}{\cos x}=-\tan x.$$

例 6 设 $y=e^{\sin\frac{1}{x}}$,求 y'.

解 令 $y=e^u,u=\sin v,v=\frac{1}{x}$,则

$$\frac{dy}{dx}=\frac{dy}{du}\cdot\frac{du}{dv}\cdot\frac{dv}{dx}=e^u\cdot\cos v\cdot\left(-\frac{1}{x^2}\right)=-\frac{1}{x^2}e^{\sin\frac{1}{x}}\cos\frac{1}{x}.$$

由以上例子可以看出,应用复合函数的求导法则时,关键是将复合函数分解成若干个简单函数,而这些简单函数的导数我们已经会求.当运算熟悉后,就不必再写出中间变量,而可以采用下列例题的方式来计算.

例 7 设 $y=\sqrt{1-x^2}$,求 y'.

解 $y'=[(1-x^2)^{\frac{1}{2}}]'=\frac{1}{2}(1-x^2)^{-\frac{1}{2}}\cdot(1-x^2)'=\frac{-x}{\sqrt{1-x^2}}.$

例 8 设 $y=\ln\sin(e^x)$,求 y'.

解 $y'=[\ln\sin(e^x)]'=\frac{1}{\sin(e^x)}\cdot[\sin(e^x)]'=\frac{1}{\sin(e^x)}\cdot\cos(e^x)\cdot(e^x)'=e^x\cot(e^x).$

例 9　设 $y=\ln(x+\sqrt{1+x^2})$，求 y'.

解　$y'=\dfrac{1}{x+\sqrt{1+x^2}}(x+\sqrt{1+x^2})'=\dfrac{1}{x+\sqrt{1+x^2}}\left[1+\dfrac{1}{2}(1+x^2)^{-\frac{1}{2}}(1+x^2)'\right]$

$$=\frac{1}{x+\sqrt{1+x^2}}\left(1+\frac{2x}{2\sqrt{1+x^2}}\right)=\frac{1}{\sqrt{1+x^2}}.$$

例 10　设 $x>0$，证明幂函数的导数公式

$$(x^\mu)'=\mu x^{\mu-1}\ (\mu\text{ 是任意实数}).$$

解　因为 $y=x^\mu=e^{\mu\ln x}$，所以

$$(x^\mu)'=(e^{\mu\ln x})'=e^{\mu\ln x}\cdot(\mu\ln x)'=e^{\mu\ln x}\mu\frac{1}{x}=x^\mu\mu\frac{1}{x}=\mu x^{\mu-1},$$

即
$$(x^\mu)'=\mu x^{\mu-1}.$$

三、基本初等函数的导数公式

(1) $(C)'=0$；

(2) $(x^\mu)'=\mu x^{\mu-1}$；

(3) $(\log_a x)'=\dfrac{1}{x\ln a}$；

(4) $(\ln x)'=\dfrac{1}{x}$；

(5) $(a^x)'=a^x\ln a$；

(6) $(e^x)'=e^x$；

(7) $(\sin x)'=\cos x$；

(8) $(\cos x)'=-\sin x$；

(9) $(\tan x)'=\sec^2 x$；

(10) $(\cot x)'=-\csc^2 x$；

(11) $(\sec x)'=\tan x\sec x$；

(12) $(\csc x)'=-\csc x\cot x$；

(13) $(\arcsin x)'=\dfrac{1}{\sqrt{1-x^2}}$；

(14) $(\arccos x)'=-\dfrac{1}{\sqrt{1-x^2}}$；

(15) $(\arctan x)'=\dfrac{1}{1+x^2}$；

(16) $(\text{arccot}\, x)'=-\dfrac{1}{1+x^2}$.

习题　2－3

(A)

填空题

1. $(\arcsin x)'=$ ________.

2. $(\arccos x)'=$ ________.

3. $(\arctan x)'=$ ________.

4. $(\text{arccot}\, x)'=$ ________.

5. 设 $y=e^{2x}$，则 $y'=$ ________.

6. 设 $y=\sin\left(3x+\dfrac{\pi}{5}\right)$，则 $y'=$ ________.

7. 设 $y=\arcsin x^2$，则 $y'=$ ________.

8. 设 $y=\sqrt[3]{5x+1}$，则 $y'=$ ________.

9. 设 $y=\ln\cos\dfrac{1}{x}$，则 $y'=$ ________.

10. 设 $y=f(3x)$，且 $f(u)$ 可导，则 $y'=$ ______.

(B)

1. 求下列函数的导数:

(1) $y=(2x+5)^4$;

(2) $y=\cos(4-3x)$;

(3) $y=\mathrm{e}^{-3x^2}$;

(4) $y=\ln(1+x^2)$;

(5) $y=\sin^2 x$;

(6) $y=\sqrt{a^2-x^2}$;

(7) $y=\tan(x^2)$;

(8) $y=\arctan(\mathrm{e}^x)$;

(9) $y=(\arcsin x)^2$;

(10) $y=\ln\cos x$.

2. 求下列函数的导数:

(1) $y=x\mathrm{e}^{-2x}$;

(2) $y=\ln\sqrt{1-2x}$;

(3) $y=\ln\ln x$;

(4) $y=x\sin x^2$;

(5) $y=\mathrm{e}^{\cos\frac{1}{x^2}}$;

(6) $y=\arcsin\dfrac{2x-1}{\sqrt{3}}$;

(7) $y=\dfrac{x}{\sqrt{a^2-x^2}}$;

(8) $y=\sqrt{x+\sqrt{x}}$;

(9) $y=\mathrm{e}^{-x}\cos 2x$;

(10) $y=\dfrac{1}{(x+\sqrt{x})^2}$.

3. 设 $f(x)$是可导函数,$y=f(\sin x)$,求$\dfrac{\mathrm{d}y}{\mathrm{d}x}$.

第四节　隐函数及由参数方程确定的函数的导数

一、隐函数的导数

函数 $y=f(x)$表示两个变量 y 与 x 之间的对应关系,这种对应关系可以用各种不同的方式表达.前面我们遇到的函数,例如 $y=\sin x+x$,$y=x^2$ 等等,这样表示的函数称为显函数.还有一些函数,其 x 与 y 之间的对应法则是由方程

$$F(x,y)=0$$

确定的,即在一定条件下,当 x 在某区间内任意取定一个值时,相应地总有满足方程的唯一的 y 值与 x 对应,按照函数的定义,方程 $F(x,y)=0$ 确定了一个函数 $y=y(x)$,这个函数称为由方程 $F(x,y)=0$ 确定的隐函数.例如,方程

$$x+y^3-1=0$$

表示一个函数,因为对区间$(-\infty,+\infty)$内任意一点 x,都有确定的 y 与之对应.

隐函数怎样求导呢?一种想法是从方程 $F(x,y)=0$ 中解出 y,把隐函数化为显函数 $y=y(x)$(把一个隐函数化成显函数,叫作隐函数的显化),例如从方程 $x+y^3-1=0$ 中解出 $y=\sqrt[3]{1-x}$,然后求导,但更多的隐函数是不能显化或不方便显化的,例如 $xy-\mathrm{e}^x+\mathrm{e}^y=0$,就很难解出 $y=y(x)$来,那么此时该怎么求导呢.

隐函数求导法 设 $y=y(x)$ 是由方程 $F(x,y)=0$ 所确定的隐函数，在方程两边同时对 x 求导，遇到 y 时将 y 看成 x 的函数，利用复合函数的求导法则就会得到一个含有 $\frac{dy}{dx}$ 或 y' 的方程，从方程中解出 $\frac{dy}{dx}$ 即可.

例 1 求由方程 $xy-e^x+e^y=0$ 所确定的隐函数的导数 $\frac{dy}{dx}$.

解 方程两端分别对 x 求导，注意到 y 是 x 的函数，得

$$y+x\frac{dy}{dx}-e^x+e^y\frac{dy}{dx}=0,$$

由上式解出 $\frac{dy}{dx}$，得

$$\frac{dy}{dx}=\frac{e^x-y}{x+e^y}(x+e^y\neq 0).$$

例 2 求由方程 $y^5+2y-x-3x^7=0$ 所确定的隐函数在 $x=0$ 处的导数 $\left.\frac{dy}{dx}\right|_{x=0}$.

解 方程两端分别对 x 求导，得

$$5y^4y'+2y'-1-21x^6=0,$$

由上式解出 y'，得

$$y'=\frac{1+21x^6}{5y^4+2}.$$

因为 $x=0$ 时，从原方程得 $y=0$，所以

$$\left.\frac{dy}{dx}\right|_{x=0}=\frac{1}{2}.$$

例 3 求曲线 $3y^2=x^2(x+1)$ 在点 $(2,2)$ 处的切线方程.

解 方程两边对 x 求导，得

$$6yy'=3x^2+2x,$$

于是

$$y'=\frac{3x^2+2x}{6y}(y\neq 0),$$

所以

$$y'|_{x=2}=\frac{4}{3}.$$

因而所求切线方程为

$$y-2=\frac{4}{3}(x-2),$$

即

$$4x-3y-2=0.$$

在某些场合，利用所谓对数求导法求导比通常的方法简便些. 这种方法是先在 $y=f(x)$ 两边取对数，然后再求出 y 的导数. 我们通过下面的例子来说明这种方法.

例 4 求 $y=x^{\sin x}(x>0)$的导数.

解 这个函数是幂指函数,在两边取对数,得

$$\ln y=\sin x\ln x,$$

两边对 x 求导,注意到 $y=y(x)$,得

$$\frac{1}{y}y'=\frac{\sin x}{x}+\cos x\ln x,$$

所以

$$y'=y\left(\frac{\sin x}{x}+\cos x\ln x\right)=x^{\sin x}\left(\frac{\sin x}{x}+\cos x\ln x\right).$$

对于一般形式的幂指函数

$$y=u(x)^{v(x)}\ (u(x)>0).$$

如果 $u(x),v(x)$都可导,则对于该函数的求导运算,有下面两种方法:

方法 1 先在两边取对数,得

$$\ln y=v\cdot\ln u,$$

上式两边对 x 求导,注意到 $y=y(x),u=u(x),v=v(x)$,得

$$\frac{1}{y}y'=v'\cdot\ln u+v\cdot\frac{1}{u}\cdot u',$$

于是

$$y'=y\left(v'\cdot\ln u+\frac{vu'}{u}\right)=u^v\left(v'\cdot\ln u+\frac{vu'}{u}\right).$$

方法 2 将 $y=u(x)^{v(x)}\ (u(x)>0)$写成

$$y=e^{v\ln u},$$

由复合函数求导法则有

$$y'=e^{v\ln u}\left(v'\cdot\ln u+v\cdot\frac{u'}{u}\right)=u^v\left(v'\cdot\ln u+\frac{vu'}{u}\right).$$

例 5 求函数 $y=\sqrt{\frac{(x-1)(x-2)}{(x-3)(x-4)}}$的导数.

解 先在两边取对数(假定 $x>4$),得

$$\ln y=\frac{1}{2}[\ln(x-1)+\ln(x-2)-\ln(x-3)-\ln(x-4)].$$

上式两边对 x 求导,注意到 $y=y(x)$,得

$$\frac{1}{y}y'=\frac{1}{2}\left(\frac{1}{x-1}+\frac{1}{x-2}-\frac{1}{x-3}-\frac{1}{x-4}\right),$$

于是

$$y'=\frac{y}{2}\left(\frac{1}{x-1}+\frac{1}{x-2}-\frac{1}{x-3}-\frac{1}{x-4}\right)$$

$$=\frac{1}{2}\sqrt{\frac{(1-x)(2-x)}{(3-x)(4-x)}}\left(\frac{1}{x-1}+\frac{1}{x-2}-\frac{1}{x-3}-\frac{1}{x-4}\right).$$

当 $x<1,2<x<3$ 时，用同样的方法可得与上面相同的结果.

二、由参数方程所确定的函数的导数

在实际问题中，函数 y 与自变量 x 可能不是直接由 $y=f(x)$ 表示，而是通过一参变量 t 来表示，即

$$\begin{cases}x=\varphi(t)\\y=\psi(t)\end{cases},$$

称为函数的参数方程. 我们现在来求由上式确定的 y 对 x 的导数 y'.

设 $x=\varphi(t)$ 有连续的反函数 $t=\varphi^{-1}(x)$，又 $\varphi'(t),\psi'(t)$ 存在，且 $\varphi'(t)\neq 0$，则 y 为复合函数

$$y=\psi(t)=\psi[\varphi^{-1}(x)].$$

利用反函数和复合函数求导法则，得

$$\frac{\mathrm{d}y}{\mathrm{d}x}=\frac{\mathrm{d}y}{\mathrm{d}t}\cdot\frac{\mathrm{d}t}{\mathrm{d}x}=\frac{\mathrm{d}y}{\mathrm{d}t}\cdot\frac{1}{\frac{\mathrm{d}x}{\mathrm{d}t}}=\frac{\psi'(t)}{\varphi'(t)}.$$

上式也可写成

$$\frac{\mathrm{d}y}{\mathrm{d}x}=\frac{\frac{\mathrm{d}y}{\mathrm{d}t}}{\frac{\mathrm{d}x}{\mathrm{d}t}}.$$

例 6 设 $\begin{cases}x=\mathrm{e}^t\cos t\\y=\mathrm{e}^t\sin t\end{cases}$，求 $\frac{\mathrm{d}y}{\mathrm{d}x}$.

解 $\frac{\mathrm{d}y}{\mathrm{d}x}=\frac{\frac{\mathrm{d}y}{\mathrm{d}t}}{\frac{\mathrm{d}x}{\mathrm{d}t}}=\frac{\mathrm{e}^t\sin t+\mathrm{e}^t\cos t}{\mathrm{e}^t\cos t-\mathrm{e}^t\sin t}=\frac{\sin t+\cos t}{\cos t-\sin t}.$

例 7 已知椭圆的参数方程为

$$\begin{cases}x=a\cos t\\y=b\sin t\end{cases}.$$

求椭圆在 $t=\frac{\pi}{4}$ 相应点处的切线方程.

解 当 $t=\frac{\pi}{4}$ 时，椭圆上的相应点的坐标为

$$x=a\cos\frac{\pi}{4}=\frac{a\sqrt{2}}{2},y=b\sin\frac{\pi}{4}=\frac{b\sqrt{2}}{2}.$$

又

$$\frac{\mathrm{d}y}{\mathrm{d}x}=\frac{\frac{\mathrm{d}y}{\mathrm{d}t}}{\frac{\mathrm{d}x}{\mathrm{d}t}}=\frac{b\cos t}{-a\sin t},$$

所以切线的斜率为

$$k=\left.\frac{\mathrm{d}y}{\mathrm{d}x}\right|_{t=\frac{\pi}{4}}=-\frac{b}{a}\cot\frac{\pi}{4}=-\frac{b}{a},$$

故所求的切线方程为

$$y-\frac{b\sqrt{2}}{2}=-\frac{b}{a}\left(x-\frac{a\sqrt{2}}{2}\right).$$

化简后得 $$bx+ay-\sqrt{2}ab=0.$$

习题 2-4

(A)

一、是非题

1. 若 $y^3-3y+2x=1$ 确定隐函数 $y=y(x)$,则 $3y^2\frac{\mathrm{d}y}{\mathrm{d}x}-3\times1+2\times1=0$,故$\frac{\mathrm{d}y}{\mathrm{d}x}=\frac{1}{3y^2}$. ( )

2. 设$\begin{cases}x=\cos t\\ y=\sin t\end{cases}$,则$\frac{\mathrm{d}y}{\mathrm{d}x}=(\sin t)'=\cos t$. ( )

3. 由导数公式$(x^\mu)'=\mu x^{\mu-1}$可得$(x^x)'=x\cdot x^{x-1}$. ( )

二、选择题

设隐函数 $y=y(x)$ 由 $\mathrm{e}^y=xy$ 确定,则$\frac{\mathrm{d}y}{\mathrm{d}x}$不等于( ).

A. $\frac{y}{\mathrm{e}^y-x}$　　B. $\frac{y}{x(y-1)}$　　C. $\frac{\mathrm{e}^y-y}{x}$　　D. $\frac{y^2}{\mathrm{e}^y(y-1)}$

(B)

1. 求由下列方程所确定的隐函数的导数$\frac{\mathrm{d}y}{\mathrm{d}x}$:

(1) $y^2-2xy+9=0$;　　(2) $x^3+y^3-3axy=0$;

(3) $xy=\mathrm{e}^{x+y}$;　　(4) $y=1-x\mathrm{e}^y$.

2. 求曲线 $x^{\frac{2}{3}}+y^{\frac{2}{3}}=a^{\frac{2}{3}}$ 在点$\left(\frac{\sqrt{2}}{4}a,\frac{\sqrt{2}}{4}a\right)$处的切线方程.

3. 用对数求导法求下列函数的导数:

(1) $y=(\cos x)^{\sin x}$;　　(2) $y=x\sqrt{\frac{1-x}{1+x}}$;

(3) $y=\frac{\sqrt{x+2}(3-x)}{(2x+1)^5}$；　　(4) $y=(\sin x)^{\ln x}$.

4. 求下列参数方程所确定的函数的导数$\frac{\mathrm{d}y}{\mathrm{d}x}$：

(1) $\begin{cases}x=t^2+1\\ y=t^3+t\end{cases}$；　　(2) $\begin{cases}x=\cos\theta\\ y=2\sin\theta\end{cases}$.

5. 求曲线$\begin{cases}x=\sin t\\ y=\cos 2t\end{cases}$在$t=\frac{\pi}{4}$处的切线方程.

第五节　高阶导数

我们知道,变速直线运动的速度 $v(t)$是位置函数 $s(t)$对时间 t 的导数,即

$$v=\frac{\mathrm{d}s}{\mathrm{d}t}\text{或 }v=s',$$

而加速度 a 又是速度 v 对时间 t 的变化率,即速度 v 对时间 t 的导数：

$$a=\frac{\mathrm{d}v}{\mathrm{d}t}=\frac{\mathrm{d}}{\mathrm{d}t}\left(\frac{\mathrm{d}s}{\mathrm{d}t}\right)\text{ 或 }a=(s')'.$$

这种导数的导数$\frac{\mathrm{d}}{\mathrm{d}t}\left(\frac{\mathrm{d}s}{\mathrm{d}t}\right)$或$(s')'$,叫作 s 对 t 的二阶导数,记作

$$\frac{\mathrm{d}^2 s}{\mathrm{d}t^2}\text{ 或 }s''(t),$$

所以直线运动的加速度就是位置函数 s 对 t 的二阶导数.

一般地,如果函数 $y=f(x)$的导数 $y'=f'(x)$仍是 x 的可导函数,$f'(x)$的导数就叫作函数 $y=f(x)$的二阶导数,记作 y'',f''或 $\frac{\mathrm{d}^2 y}{\mathrm{d}x^2}$,即

$$y''=(y')'=f''(x)\text{或}\frac{\mathrm{d}^2 y}{\mathrm{d}x^2}=\frac{\mathrm{d}}{\mathrm{d}x}\left(\frac{\mathrm{d}y}{\mathrm{d}x}\right).$$

类似地,二阶导数的导数叫作三阶导数,三阶导数的导数叫作四阶导数,……,一般地,函数 $f(x)$的$(n-1)$阶导数的导数叫作 n 阶导数,分别记作

$$y''',y^{(4)},\cdots,y^{(n)},$$

或

$$\frac{\mathrm{d}^3 y}{\mathrm{d}x^3},\frac{\mathrm{d}^4 y}{\mathrm{d}x^4},\cdots,\frac{\mathrm{d}^n y}{\mathrm{d}x^n}.$$

二阶及二阶以上的导数统称为高阶导数. 由此可见,求高阶导数并不需要更新的方法,只要逐阶求导,直到所要求的阶数即可,所以仍可用前面学过的求导方法来计算高阶导数.

例 1　设 $y=ax+b$,求 y''.

解　$y'=a$,$y''=0$.

例 2　设 $y=x^n$,求 $y^{(n)}$.

解　$y'=nx^{n-1}$,

$$y''=n(n-1)x^{n-2},$$
$$y'''=n(n-1)(n-2)x^{n-3},$$

一般地,可得

$$y^{(n)}=n(n-1)(n-2)\cdot\cdots\cdot 2\cdot 1\cdot x^{n-n}=n!,\text{这里 } n \text{ 是正整数.}$$

而

$$(x^n)^{(n+1)}=0.$$

例 3 求指数函数 $y=\mathrm{e}^x$ 的 n 阶导数.

解 $y'=\mathrm{e}^x, y''=\mathrm{e}^x, y'''=\mathrm{e}^x$,一般地,可得

$$y^{(n)}=\mathrm{e}^x.$$

例 4 求 $y=\sin x$ 与 $y=\cos x$ 的 n 阶导数.

解 $y=\sin x$,

$$y'=\cos x=\sin\left(x+\frac{\pi}{2}\right),$$

$$y''=\cos\left(x+\frac{\pi}{2}\right)=\sin\left(x+\frac{\pi}{2}+\frac{\pi}{2}\right)=\sin\left(x+2\cdot\frac{\pi}{2}\right),$$

$$y'''=\cos\left(x+2\cdot\frac{\pi}{2}\right)=\sin\left(x+3\cdot\frac{\pi}{2}\right),$$

依此类推,可得

$$y^{(n)}=\sin\left(x+n\cdot\frac{\pi}{2}\right),$$

即

$$(\sin x)^{(n)}=\sin\left(x+n\cdot\frac{\pi}{2}\right).$$

用类似的方法,可得

$$(\cos x)^{(n)}=\cos\left(x+n\cdot\frac{\pi}{2}\right).$$

例 5 求对数函数 $y=\ln(1+x)$的 n 阶导数.

解 $y=\ln(1+x), y'=\dfrac{1}{1+x}$,

$$y''=-\frac{1}{(1+x)^2}, y'''=\frac{1\cdot 2}{(1+x)^3}, y^{(4)}=-\frac{1\cdot 2\cdot 3}{(1+x)^4},$$

依此类推,可得

$$y^{(n)}=(-1)^{n-1}\frac{(n-1)!}{(1+x)^n},$$

即

$$[\ln(1+x)]^{(n)}=(-1)^{n-1}\frac{(n-1)!}{(1+x)^n}.$$

通常我们规定 $0!=1$,所以这个公式当 $n=1$ 时也成立.

例 6 求由方程 $x-y+\dfrac{1}{2}\sin y=0$ 所确定的隐函数 y 的二阶导数$\dfrac{\mathrm{d}^2 y}{\mathrm{d}x^2}$.

解 应用隐函数的求导方法,得

$$1-\frac{dy}{dx}+\frac{1}{2}\cos y\frac{dy}{dx}=0,$$

于是
$$\frac{dy}{dx}=\frac{2}{2-\cos y}.$$

上式两边再对 x 求导，得

$$\frac{d^2y}{dx^2}=\frac{-2\sin y\frac{dy}{dx}}{(2-\cos y)^2}=\frac{-4\sin y}{(2-\cos y)^3}.$$

此式右端分式中的 $y=y(x)$ 是由方程 $x-y+\frac{1}{2}\sin y=0$ 所确定的隐函数.

例 7　已知方程 $\begin{cases}x=a\cos^3 t\\ y=b\sin^3 t\end{cases}$，求 $\frac{d^2y}{dx^2}$.

解　$\frac{dy}{dx}=\frac{\frac{dy}{dt}}{\frac{dx}{dt}}=\frac{3b\sin^2 t\cos t}{3a\cos^2 t(-\sin t)}=-\frac{b}{a}\tan t$；

$$\frac{d^2y}{dx^2}=\frac{d\left(-\frac{b}{a}\tan t\right)}{dx}=\frac{d\left(-\frac{b}{a}\tan t\right)}{dt}\cdot\frac{dt}{dx}=\frac{d\left(-\frac{b}{a}\tan t\right)}{dt}\cdot\frac{1}{\frac{dx}{dt}}$$

$$=-\frac{b}{a}\sec^2 t\frac{1}{3a\cos^2 t(-\sin t)}=\frac{b}{3a^2}\sec^4 t\csc t.$$

习题　2－5

（A）

一、填空题

1. $y=2x^2+\ln x$，则 $y''|_{x=1}=$ ________.　　**2.** $y=\frac{1}{1+2x}$，$y^{(6)}=$ ________.

3. $y=10^x$，则 $y^{(n)}(0)=$ ________.　　**4.** $y=\sin 2x$，则 $y^{(n)}=$ ________.

二、选择题

1. 已知 $y=x\ln x$，则 $y^{(3)}=$（　　）.

A. $\frac{1}{x^2}$　　B. $\frac{1}{x}$　　C. $-\frac{1}{x^2}$　　D. $\frac{2}{x^3}$

2. $y=x^n+e^{\alpha x}$，则 $y^{(n)}=$（　　）.

A. $\alpha^n e^{\alpha x}$　　B. $n!$　　C. $n!+e^{\alpha x}$　　D. $n!+\alpha^n e^{\alpha x}$

（B）

1. 求下列函数的二阶导数：

(1) $y=2x^3+x^2-50x+100$；　　(2) $y=\sin x+\cos 2x$；

(3) $y=x^2e^x$；　　(4) $y=e^{-x^2}$；

(5) $y=x\arctan x$；　　(6) $y=\frac{x}{x^2+1}$.

2. 求下列函数的 n 阶导数：

(1) $y=(x-a)^{n+1}$；　　(2) $y=e^{2x}$；　　(3) $y=x\ln x$.

3. 求由下列方程所确定的隐函数的二阶导数$\frac{d^2y}{dx^2}$：

(1) $x^2-y^2=1$；　　(2) $b^2x^2+a^2y^2=a^2b^2$；

(3) $y=\tan(x+y)$；　　(4) $y=1+xe^y$.

4. 求由下列参数方程所确定的函数的二阶导数$\frac{d^2y}{dx^2}$：

(1) $\begin{cases}x=a\cos^3t\\y=a\sin^3t\end{cases}$；　　(2) $\begin{cases}x=at+b\\y=\frac{1}{2}at^2+bt\end{cases}$.

第六节　函数的微分及其应用

一、微分的定义和几何意义

1. 引例

在用函数解决实际问题时，常常需要估算函数的增量 $\Delta y=f(x_0+\Delta x)-f(x_0)$，例如，一块正方形金属薄片受温度变化影响时，其边长由 x_0 变到 $x_0+\Delta x$(如图 2-3)，问此薄片的面积改变了多少？

设此薄片的边长为 x，面积为 A，则 A 是 x 的函数：$A=x^2$，薄片受温度变化影响时，面积的改变量可以看成是当自变量 x 自 x_0 取得增量 Δx 时，函数 A 相应的增量 ΔA，即

$$\Delta A=(x_0+\Delta x)^2-x_0^2=2x_0\Delta x+(\Delta x)^2.$$

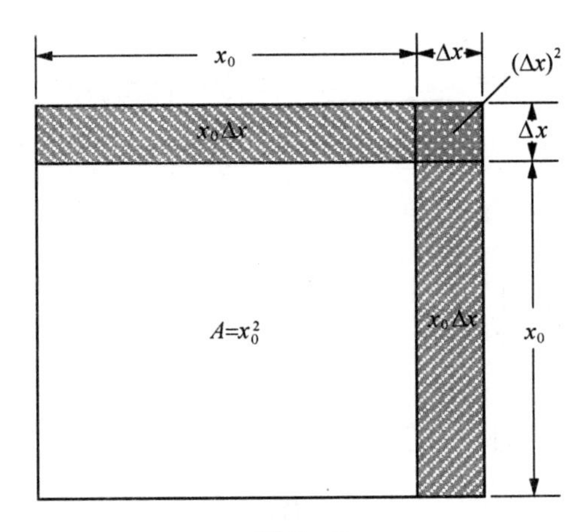

图 2-3

从上式可以看出，ΔA 可分成两部分：第一部分是 $2x_0\Delta x$，它是 Δx 的线性函数，即图中

带有斜线的两个矩形面积之和;第二部分是$(\Delta x)^2$,在图中是带有交叉线的小正方形的面积,当$|\Delta x|$很小时,$(\Delta x)^2$部分比$2x_0\Delta x$要小得多.也就是说,当$|\Delta x|$很小时,面积增量ΔA可以近似地用$2x_0\Delta x$表示,即$\Delta A\approx 2x_0\Delta x$.而略去的部分$(\Delta x)^2$是比$\Delta x$高阶的无穷小,即$(\Delta x)^2=o(\Delta x)$.

2. 微分的定义

定义　若函数$y=f(x)$在点x_0的某领域内有定义函数的增量$\Delta y=f(x_0+\Delta x)-f(x_0)$,可以表示成

$$\Delta y=A\Delta x+o(\Delta x),$$

其中A是不依赖于Δx的常数,$o(\Delta x)$是比$\Delta x(\Delta x\to 0)$高阶的无穷小,则称函数$f(x)$在点x_0处可微,称$A\Delta x$为函数$y=f(x)$在点x_0处的微分,记为$\mathrm{d}y$或$\mathrm{d}f(x)$,即

$$\mathrm{d}y=A\Delta x.$$

3. 函数的导数与微分的关系

定理　函数$y=f(x)$在点x_0处可微的充要条件是函数$y=f(x)$在点x_0处可导,且

$$\mathrm{d}y=f'(x_0)\Delta x.$$

证明　设函数$y=f(x)$在点x_0处可微,则按定义有$\Delta y=A\Delta x+o(\Delta x)$,两边同除以$\Delta x$,得

$$\frac{\Delta y}{\Delta x}=A+\frac{o(\Delta x)}{\Delta x},$$

于是

$$\lim_{\Delta x\to 0}\frac{\Delta y}{\Delta x}=\lim_{\Delta x\to 0}\left(A+\frac{o(\Delta x)}{\Delta x}\right)=A,$$

即函数$y=f(x)$在点x_0处可导,且$f'(x_0)=A$.

反之,若函数$y=f(x)$在点x_0处可导,即

$$\lim_{\Delta x\to 0}\frac{\Delta y}{\Delta x}=f'(x_0)$$

存在,根据极限与无穷小的关系,我们有

$$\frac{\Delta y}{\Delta x}=f'(x_0)+\alpha,$$

其中$\alpha\to 0$(当$\Delta x\to 0$),由此又有

$$\Delta y=f'(x_0)\Delta x+\alpha\Delta x.$$

$f'(x_0)$不依赖于Δx,且$\lim\limits_{\Delta x\to 0}\frac{\alpha\Delta x}{\Delta x}=0$,即$\alpha\Delta x=o(\Delta x)$,所以函数$y=f(x)$在点$x_0$处也是可微的.

由上面的讨论和微分定义可知:一元函数的可导与可微是等价的,且其关系为$\mathrm{d}y=f'(x)\Delta x$.

当函数 $f(x)=x$ 时，函数的微分 $\mathrm{d}f(x)=\mathrm{d}x=x'\Delta x=\Delta x$，即 $\mathrm{d}x=\Delta x$. 因此，我们规定自变量的微分等于自变量的增量，这样函数 $y=f(x)$ 的微分可以写成

$$\mathrm{d}y=f'(x)\Delta x=f'(x)\mathrm{d}x.$$

上式两边同除以 $\mathrm{d}x$，有

$$\frac{\mathrm{d}y}{\mathrm{d}x}=f'(x).$$

由此可见，导数等于函数的微分与自变量的微分之商，即 $f'(x)=\frac{\mathrm{d}y}{\mathrm{d}x}$，正因为这样，导数也称为"微商"，而微分的分式 $\frac{\mathrm{d}y}{\mathrm{d}x}$ 也常常被用作导数的符号.

例 1 求函数 $y=x^2$ 在 $x=1$，$\Delta x=0.1$ 时的改变量及微分.

解 函数的改变量为

$$\Delta y=(x+\Delta x)^2-x^2=1.1^2-1^2=0.21.$$

在点 $x=1$ 处，$y'|_{x=1}=2x|_{x=1}=2$，所以函数 $y=x^2$ 在 $x=1$，$\Delta x=0.1$ 的微分为

$$\mathrm{d}y=y'\Delta x=2\times 0.1=0.2.$$

4. 微分的几何意义

设 MP 是曲线 $y=f(x)$ 上的点 $M(x_0,y_0)$ 处的切线，设 MP 的倾角为 α，当自变量 x 有改变量 Δx 时，得到曲线上另一点 $N(x_0+\Delta x,y_0+\Delta y)$，从图 2-4 可知，

$$MQ=\Delta x,\ QN=\Delta y,$$

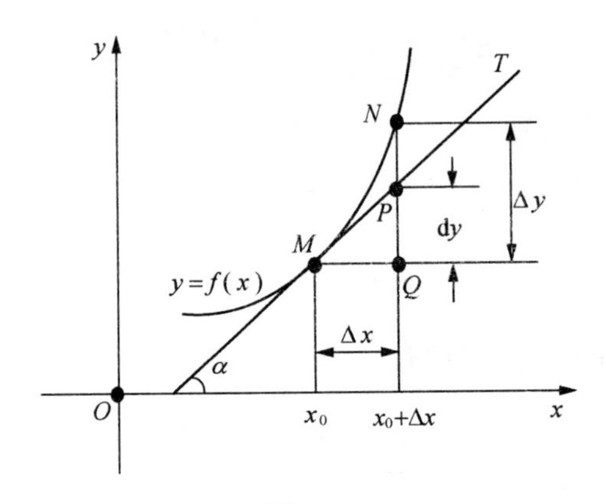

图 2-4

则
$$QP=MQ\tan\alpha=\Delta x\cdot f'(x_0),$$

即
$$\mathrm{d}y=QP.$$

由此可知，微分 $\mathrm{d}y=f'(x_0)\Delta x$，是当自变量 x 有改变量 Δx 时，曲线 $y=f(x)$ 在点 (x_0,y_0) 处的切线的纵坐标的改变量. 用 $\mathrm{d}y$ 近似代替 Δy 就是用点 $M(x_0,y_0)$ 处的切线纵坐标的改变量 QP 来近似代替曲线 $y=f(x)$ 的纵坐标的改变量 QN，并且有 $|\Delta y-\mathrm{d}y|=PN$.

二、微分运算法则

因为函数 $y=f(x)$ 的微分等于导数 $f'(x)$ 乘以 dx，所以根据导数公式和导数运算法则，就能得到相应的微分公式和微分运算法则.

1. 微分基本公式

由公式 $dy=f'(x)dx$ 以及基本初等函数的求导公式，容易得到基本初等函数的微分公式：

(1) $(C)'=0$， $d(C)=0$（C 为常数）；

(2) $(x^{\mu})'=\mu x^{\mu-1}$， $d(x^{\mu})=\mu x^{\mu-1}dx$；

(3) $(a^x)'=a^x\ln a$， $d(a^x)=a^x\ln a dx$；

(4) $(e^x)'=e^x$， $d(e^x)=e^x dx$；

(5) $(\log_a x)'=\dfrac{1}{x\ln a}$， $d(\log_a x)=\dfrac{1}{x\ln a}dx$；

(6) $(\ln x)'=\dfrac{1}{x}$， $d(\ln x)=\dfrac{1}{x}dx$；

(7) $(\sin x)'=\cos x$， $d(\sin x)=\cos x dx$；

(8) $(\cos x)'=-\sin x$， $d(\cos x)=-\sin x dx$；

(9) $(\tan x)'=\sec^2 x$， $d(\tan x)=\sec^2 x dx$；

(10) $(\cot x)'=-\csc^2 x$， $d(\cot x)=-\csc^2 x dx$；

(11) $(\sec x)'=\sec x\tan x$， $d(\sec x)=\sec x\tan x dx$；

(12) $(\csc x)'=-\csc x\cot x$， $d(\csc x)=-\csc x\cot x dx$；

(13) $(\arcsin x)'=\dfrac{1}{\sqrt{1-x^2}}$， $d(\arcsin x)=\dfrac{1}{\sqrt{1-x^2}}dx$；

(14) $(\arccos x)'=-\dfrac{1}{\sqrt{1-x^2}}$， $d(\arccos x)=\dfrac{-1}{\sqrt{1-x^2}}dx$；

(15) $(\arctan x)'=\dfrac{1}{1+x^2}$， $d(\arctan x)=\dfrac{1}{1+x^2}dx$；

(16) $(\text{arccot} x)'=-\dfrac{1}{1+x^2}$， $d(\text{arccot} x)=\dfrac{-1}{1+x^2}dx$.

2. 函数的和、差、积、商的微分运算法则

由求导的四则运算法则容易推出微分的四则运算法则.

$$d(u(x)\pm v(x))=du(x)\pm dv(x),$$
$$d(u(x)v(x))=v(x)du(x)+u(x)dv(x),$$
$$d(Cu)=Cdu,$$
$$d\left(\frac{u(x)}{v(x)}\right)=\frac{v(x)du(x)-u(x)dv(x)}{v^2(x)}(v(x)\neq 0).$$

现在以乘积的微分法则为例加以证明，其余的法则类似证明.

因为

$$d(uv)=(uv)'dx,$$

而

$$(uv)'=u'v+uv',$$

于是

$$d(uv)=(u'v+uv')dx=vu'dx+uv'dx=vdu+udv.$$

3. 复合函数的微分法则

设函数 $y=f(u)$，根据微分的定义，当 u 是自变量时，函数 $y=f(u)$ 的微分是

$$dy=f'(u)du.$$

如果 u 不是自变量，而是 x 的函数 $u=\varphi(x)$，则复合函数 $y=f[\varphi(x)]$ 的导数为

$$y'=f'(u)\varphi'(x),$$

于是，复合函数 $y=f[\varphi(x)]$ 的微分为

$$dy=f'(u)\varphi'(x)dx,$$

由于
$$du=\varphi'(x)dx,$$

所以
$$dy=f'(u)du.$$

由此可见，不论 u 是自变量还是函数(中间变量)，函数 $y=f(u)$ 的微分总保持同一形式 $dy=f'(u)du$，这一性质称为一阶微分形式不变性. 有时，利用一阶微分形式不变性求复合函数的微分比较方便.

例 2 设 $y=\cos\sqrt{x}$，求 dy.

解 方法一：用公式 $dy=f'(x)dx$，得

$$dy=(\cos\sqrt{x})'dx=-\frac{1}{2\sqrt{x}}\sin\sqrt{x}dx.$$

方法二：用一阶微分形式不变性，把$\sqrt{x}$看成中间变量 u，得

$$\begin{aligned}dy&=d(\cos u)=-\sin u du=-\sin\sqrt{x}d\sqrt{x}\\&=-\sin\sqrt{x}\cdot\frac{1}{2\sqrt{x}}dx=-\frac{1}{2\sqrt{x}}\sin\sqrt{x}dx.\end{aligned}$$

例 3 设 $y=e^{\sin x}$，求 dy.

解 方法一：用公式 $dy=f'(x)dx$，得

$$dy=(e^{\sin x})'dx=e^{\sin x}\cos x dx.$$

方法二：用一阶微分形式不变性，得

$$dy=de^{\sin x}=e^{\sin x}d\sin x=e^{\sin x}\cos x dx.$$

三、微分在近似计算中的应用

在工程问题中，经常会遇到一些复杂的计算公式. 如果直接用这些公式进行计算，那是

很费力的,利用微分往往可以把一些复杂的计算公式用简单的近似公式来代替.

设函数 $y=f(x)$ 在 x_0 处的导数 $f'(x_0)\neq 0$,且 $|\Delta x|$ 很小时,我们有近似公式

$$\Delta y=f(x_0+\Delta x)-f(x_0)\approx dy=f'(x_0)\Delta x. \tag{1}$$

或

$$f(x_0+\Delta x)\approx f(x_0)+f'(x_0)\Delta x. \tag{2}$$

上式中令 $x_0+\Delta x=x$,则

$$f(x)\approx f(x_0)+f'(x_0)(x-x_0). \tag{3}$$

特别地,当 $x_0=0$, $|x|$ 很小时,有

$$f(x)\approx f(0)+f'(0)x. \tag{4}$$

这里,式(1)可以用于求函数增量的近似值,而式(2),(3),(4)可用来求函数的近似值.应用式(4)可以推得一些常用的近似公式.

当 $|x|$ 很小时,有:

(1) $\sqrt[n]{1+x}\approx 1+\frac{1}{n}x$;

(2) $e^x\approx 1+x$;

(3) $\ln(1+x)\approx x$;

(4) $\sin x\approx x$(x 用弧度作单位);

(5) $\tan x\approx x$(x 用弧度作单位).

证明 (1) 取 $f(x)=\sqrt[n]{1+x}$,于是 $f(0)=1$,

$f'(0)=\frac{1}{n}(1+x)^{\frac{1}{n}-1}|_{x=0}=\frac{1}{n}$,代入(4)式得

$$\sqrt[n]{1+x}\approx 1+\frac{1}{n}x.$$

(2) 取 $f(x)=e^x$,于是 $f(0)=1$,

$f'(0)=(e^x)'|_{x=0}=1$,代入(4)式得

$$e^x\approx 1+x.$$

其他几个公式也可用类似的方法证明.

例 4 一个充好气的气球,半径为 4 米,升空后,因外部气压降低气球半径增大了 10 厘米,问气球的体积近似增加了多少?

解 设球的半径为 r,则体积 $V=\frac{4}{3}\pi r^3$.

当 r 由 4 米增加到(4+0.1)米时,V 的增加为 ΔV,

$$\Delta V\approx dV=V'dr=4\pi r^2 dr,$$

此处 $dr=0.1$, $r=4$,代入上式得气球的体积近似增加了

$$\Delta V\approx 4\times 3.14\times 4^2\times 0.1\approx 20(\text{立方米}).$$

例 5 计算$\sqrt[3]{65}$的近似值.

解 因为$\sqrt[3]{65}=\sqrt[3]{64+1}=\sqrt[3]{64\left(1+\frac{1}{64}\right)}=4\sqrt[3]{1+\frac{1}{64}}$，

由近似公式$\sqrt[n]{1+x}\approx 1+\frac{1}{n}x$ 得

$$\sqrt[3]{65}=4\sqrt[3]{1+\frac{1}{64}}\approx 4\left(1+\frac{1}{3}\times\frac{1}{64}\right)=4+\frac{1}{48}\approx 4.021.$$

习题 2-6

(A)

一、填空题

1. 设 $y=x^3-x$ 在 $x_0=2$ 处 $\mathrm{d}y=$ ________ $\mathrm{d}x$.

2. $2x^2\mathrm{d}x=\mathrm{d}$ ________.

3. 设 $y=a^x+\operatorname{arccot}x$，则 $\mathrm{d}y=$ ________ $\mathrm{d}x$.

4. d ________ $=\frac{1}{\sqrt{x}}\mathrm{d}x$.

5. 设 $y=\mathrm{e}^{\sqrt{\sin 2x}}$，则 $\mathrm{d}y=$ ________ $\mathrm{d}(\sin 2x)$.

6. 设 $y=\mathrm{e}^x\sin x$，则 $\mathrm{d}y=$ ________ $\mathrm{d}(\mathrm{e}^x)+$ ______ $\mathrm{d}(\sin x)$.

二、选择题

1. 设 $y=\cos x^2$，则 $\mathrm{d}y=$(　　).

A. $-2x\cos x^2\mathrm{d}x$　B. $2x\cos x^2\mathrm{d}x$　C. $-2x\sin x^2\mathrm{d}x$　D. $2x\sin x^2\mathrm{d}x$

2. 设 $y=f(u)$ 是可微函数，u 是 x 的可微函数，则 $\mathrm{d}y=$(　　).

A. $f'(u)u\mathrm{d}x$　B. $f(u)\mathrm{d}u$　C. $f'(u)\mathrm{d}x$　D. $f(u)u'\mathrm{d}u$

3. 用微分近似计算公式求得 $\mathrm{e}^{0.05}$的近似值为(　　).

A. 0.05　B. 1.05　C. 0.95　D. 1

4. 当$|\Delta x|$ 充分小，$f'(x)\neq 0$ 时，函数 $y=f(x)$的改变量 Δy 与微分 $\mathrm{d}y$ 的关系是(　　).

A. $\Delta y=\mathrm{d}y$　B. $\Delta y<\mathrm{d}y$　C. $\Delta y>\mathrm{d}y$　D. $\Delta y\approx\mathrm{d}y$

(B)

1. 设 $y=x^3+x+1$，当 $x=2$，$\Delta x=0.01$ 时分别计算 Δy 和 $\mathrm{d}y$.

2. 求下列函数的微分：

(1) $y=\frac{1}{x}+2\sqrt{x}$；　(2) $y=x\sin 2x$；

(3) $y=\frac{x}{\sqrt{x^2+1}}$；　(4) $y=\ln^2(1-x)$；

(5) $y=x^2\mathrm{e}^{2x}$；　(6) $y=\mathrm{e}^{-x}\cos(3-x)$；

(7) $y=\arcsin\sqrt{1-x^2}$；　　(8) $y=\tan^2(1+2x^2)$.

3. 将适当的函数填入下列括号中使等式成立.

(1) d(　　)$=2\mathrm{d}x$；　　(2) d(　　)$=x\mathrm{d}x$；

(3) d(　　)$=\dfrac{2}{1+x^2}\mathrm{d}x$；　　(4) d(　　)$=(x+2)\mathrm{d}x$；

(5) d(　　)$=\cos2x\mathrm{d}x$；　　(6) d(　　)$=\mathrm{e}^{2x}\mathrm{d}x$；

(7) d(　　)$=\dfrac{1}{x}\mathrm{d}x$；　　(8) d(　　)$=\dfrac{1}{\sqrt{1-x^2}}\mathrm{d}x$.

4. 求近似值 arctan1.01.

5. 半径为 1 cm 的球镀上一层铜后，半径增加了 0.01 cm，问所用的铜材料大约是多少体积？

复习题 2

一、填空题

1. 设 $f(x)=\ln2x+2\mathrm{e}^{\frac{1}{2}x}$，则 $f'(2)=$ ________.

2. 当 $h\to0$ 时，$f(2+h)-f(2)-2h$ 是 h 的高阶无穷小，则 $f'(2)=$ ________.

3. 设 $y=\mathrm{e}^x\ln x$，则 $\mathrm{d}y=$ ________.

4. 设 $f(x)=\ln\cot x$，则 $f'\left(\dfrac{\pi}{4}\right)=$ ________.

5. 曲线 $y=\ln x+\mathrm{e}^x$ 在 $x=1$ 处的切线方程是________.

6. 设 $f(x)=\begin{cases} x & x\geqslant0 \\ \tan x & x<0\end{cases}$，则 $f(x)$ 在 $x=0$ 处的导数为________.

7. 设 $y=\mathrm{e}^{\cos x}$，$y''=$ ________.

8. 设 $y=f\left(\dfrac{1}{x}\right)$，其中 $f(u)$ 为二阶可导函数，则 $\dfrac{\mathrm{d}^2y}{\mathrm{d}x^2}=$ ________.

二、选择题

1. 设 $y=x\sin x$，则 $f'\left(\dfrac{\pi}{2}\right)=$ (　　).

A. -1　　B. 1　　C. $\dfrac{\pi}{2}$　　D. $-\dfrac{\pi}{2}$

2. 已知 $f'(3)=2$，$\lim\limits_{h\to0}\dfrac{f(3-h)-f(3)}{2h}=$ (　　).

A. $\dfrac{3}{2}$　　B. $-\dfrac{3}{2}$　　C. 1　　D. -1

3. 设 $f(x)=\ln(x^2+x)$，则 $f'(x)=$ (　　).

A. $\dfrac{2}{x+1}$　　B. $\dfrac{1}{x^2+x}$　　C. $\dfrac{2x+1}{x^2+x}$　　D. $\dfrac{2x}{x^2+x}$

4. 设 $f(x)$ 为偶函数且在 $x=0$ 处可导，则 $f'(0)=$ (　　).

A. 1　　B. -1

C. 0　　D. A、B、C 三选项均不对

5. 设函数 $f(x)=\begin{cases} k(k-1)xe^{x}+1 & x>0 \\ k^2 & x=0 \\ x^2+1 & x<0 \end{cases}$，则下列结论不正确的是(　　).

A. k 为任意值时，$\lim\limits_{x\to 0}f(x)$ 存在

B. k 为 -1 或 1 时，$f(x)$ 在 $x=0$ 处连续

C. k 为 -1 时，$f(x)$ 在 $x=0$ 处可导

D. k 为 1 时，$f(x)$ 在 $x=0$ 处可导

三、求下列函数的导数

1. $y=(2x+3)^4$.

2. $y=e^{-2x}$.

3. $y=\cos^3 x$.

4. $y=\ln[\sin(1-x)]$.

四、设 $f(x)=\sqrt{x+\ln^2 x}$，求 $f'(1)$.

五、设 $f(x)=\ln\dfrac{1+\sqrt{\sin x}}{1-\sqrt{\sin x}}+2\arctan\sqrt{\sin x}$，求 $df(x)$.

六、设由 $x^2y-e^{2y}=\sin y$ 确定 y 是 x 的函数，求$\dfrac{dy}{dx}$.

七、设 $f(x)=\pi^x+x^\pi+x^x$，求 $f'(1)$.

八、求由参数方程 $x=\dfrac{1+\ln t}{t^2}$，$y=\dfrac{3+2\ln t}{t}$ 确定的函数 $y=y(x)$ 的$\dfrac{dy}{dx}$，$\dfrac{d^2y}{dx^2}$.

九、已知 $y=x^3+\ln\sin x$，求 y''.

十、设 $f(x)=x^2\varphi(x)$ 且 $\varphi(x)$ 有二阶连续导数，求 $f''(0)$.

第三章 微分中值定理与导数的应用

在上一章中，我们讨论了导数与微分这两个有密切关系的概念，并集中讨论了如何求各类函数和各种形式所表达的函数的导数，同时推出了求导基本公式和一套求导方法与法则. 在这一章中，我们将利用导数来研究函数本身的某些性质.

第一节 微分中值定理

我们先看一个实例：如图 3-1 所示，设有连续函数 $f(x)$，a 与 b 为其定义域区间内的两点($a<b$). 假定 $f(x)$在(a,b)内处处可导，由图得割线 AB 的斜率 $k_{AB}=\dfrac{f(b)-f(a)}{b-a}$.

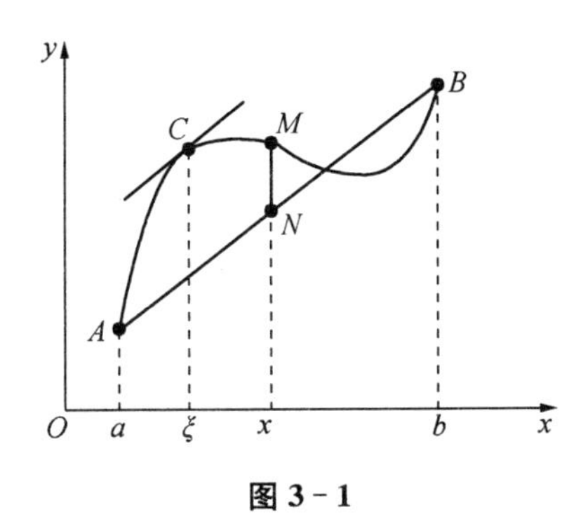

图 3-1

设想让割线 AB 作平行于自身的移动，那么它至少有一次会达到这样的位置，即在曲线上离割线最远的一点 $C(x=\xi)$处成为曲线的切线，而切线的斜率为 $f'(\xi)$. 由于平行线的斜率是相等的，所以在区间(a,b)内至少存在一点 ξ，使

$$\frac{f(b)-f(a)}{b-a}=f'(\xi) \tag{1}$$

成立. 这个结果称为拉格朗日中值定理.

现将它叙述如下：

拉格朗日(Lagrange，法国数学家)**中值定理** 如果函数 $y=f(x)$在闭区间$[a,b]$上连续，在开区间(a,b)内可导，那么在(a,b)内至少存在一点 ξ，使

$$f(b)-f(a)=f'(\xi)(b-a),a<\xi<b \tag{2}$$

成立.

为了证明该定理，先来研究定理的特殊情形，即 $f(a)=f(b)$的情形. 这个特殊情形称为罗尔定理：

罗尔(Rolle，法国数学家)**定理** 如果函数 $y=\varphi(x)$在闭区间$[a,b]$上连续，在开区间(a,b)内可导，且 $\varphi(a)=\varphi(b)$，那么在(a,b)内至少存在一点 ξ，使

$$\varphi'(\xi)=0, a<\xi<b$$

成立.

从图 3-2 看,定理的成立是显然的,因为在函数 $y=\varphi(x)$ 的图形上至少可找到一点 $C(x=\xi)$,在该点处的切线平行于 AB,即平行于 x 轴,故有

$$\varphi'(\xi)=0, a<\xi<b.$$

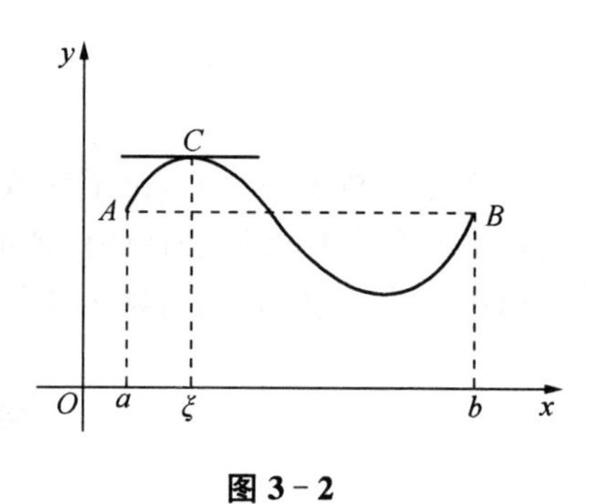

图 3-2

下面我们来证明上述两个定理.

罗尔定理的证明 因为 $\varphi(x)$ 在闭区间 $[a,b]$ 上连续,那么 $\varphi(x)$ 在 $[a,b]$ 上必有最大值 M 和最小值 m. 现分两种情形来讨论.

(1) 当 $M=m$ 时,$\varphi(x)$ 在 $[a,b]$ 上恒等于常数 M,从而 $\varphi'(x)$ 在 $[a,b]$ 上处处为零,于是 (a,b) 内的任意一点 ξ 都使 $\varphi'(\xi)=0$.

(2) 当 $M\neq m$ 时,$\varphi(x)$ 在 $[a,b]$ 上不恒等于常数. 由于 $\varphi(a)=\varphi(b)$,所以 M 和 m 中至少有一个不等于 $\varphi(a)$,不妨设 $M\neq\varphi(a)$,于是在 (a,b) 内至少有一点 ξ,使得 $\varphi(\xi)=M, a<\xi<b$. 下证 $\varphi'(\xi)=0$.

由于 $\varphi(\xi)$ 是最大值点,所以 $\varphi(\xi+\Delta x)-\varphi(\xi)\leqslant 0$,由极限的保号性有

$$\varphi'_{-}(\xi)=\lim_{\Delta x\to 0^{-}}\frac{\varphi(\xi+\Delta x)-\varphi(\xi)}{\Delta x}\geqslant 0\ (\text{当 }\Delta x\to 0^{-}\text{ 时}, \Delta x<0).$$

$$\varphi'_{+}(\xi)=\lim_{\Delta x\to 0^{+}}\frac{\varphi(\xi+\Delta x)-\varphi(\xi)}{\Delta x}\leqslant 0\ (\text{当 }\Delta x\to 0^{+}\text{ 时}, \Delta x>0).$$

于是必有 $\varphi'(\xi)=0$,证毕.

拉格朗日中值定理的证明 要证明定理就是要证明(1)式成立,由图 3-1 知,(1)式表示在 (a,b) 内至少有一点 ξ,使曲线 AB 上点 $C(x=\xi)$ 处的切线的斜率等于直线 AB 的斜率. 我们知道,直线 AB 的方程是:

$$y=f(a)+\frac{f(b)-f(a)}{b-a}(x-a).$$

曲线段的方程是:

$$y=f(x).$$

因而要证明的是在 (a,b) 内至少有一点 ξ,使

$$y'_{\text{曲}}|_{x=\xi}=y'_{\text{直}}|_{x=\xi},$$

也就是

$$(y_{\text{曲}}-y_{\text{直}})'|_{x=\xi}=0. \tag{3}$$

这就启发我们去考虑函数 $\varphi(x)=y_{\text{曲}}-y_{\text{直}}$,即

$$\varphi(x)=f(x)-f(a)-\frac{f(b)-f(a)}{b-a}(x-a). \tag{4}$$

由于(3)式表明 $\varphi'(x)|_{x=\xi}=0$，所以启发我们对 $\varphi(x)$ 应用罗尔定理. 显然，$\varphi(x)$ 在 $[a,b]$ 上连续，在 (a,b) 内可导，且

$$\varphi'(x)=f'(x)-\frac{f(b)-f(a)}{b-a},$$

又从(4)式知，$\varphi(a)=\varphi(b)=0$. 于是由罗尔定理，在 (a,b) 内至少有一点 ξ，使 $\varphi'(\xi)=0$，即

$$f'(\xi)=\frac{f(b)-f(a)}{b-a},$$

从而定理得证.

(2)式也称为**拉格朗日公式**.

拉格朗日公式还有其他形式：由 $a<\xi<b$，可知

$$0<\xi-a<b-a,\quad 0<\frac{\xi-a}{b-a}<1.$$

令 $\frac{\xi-a}{b-a}=\theta$，得

$$\xi=a+\theta(b-a).$$

所以拉格朗日公式可以写成

$$f(b)-f(a)=f'[a+\theta(b-a)](b-a), \tag{5}$$

其中 $0<\theta<1$.

如果我们把 a 与 b 分别换成 x 与 $x+\Delta x$，那么 $b-a=\Delta x$，所以公式又可写成

$$f(x+\Delta x)-f(x)=f'(x+\theta\Delta x)\Delta x,$$

或

$$\Delta y=f'(x+\theta\Delta x)\Delta x. \tag{6}$$

在拉格朗日公式中，定理只肯定了在 (a,b) 内至少有一点 ξ 存在，对 ξ 的确切位置定理未作断言，对有些函数 ξ 的确切位置是可以知道的. 例如对 $f(x)=x^2$ 来讲，$\xi=\frac{a+b}{2}$（请读者自己验证）. 但在大多数情况下，要对 ξ 的位置做出确切的判断是很困难的. 尽管如此，并不影响定理在理论探讨和解决具体问题中所起的作用.

还应注意，定理中的条件如果不满足，那么结论就不一定成立. 例如，函数 $f(x)=|x|$，它在闭区间 $[-1,2]$ 处处连续（如图 3-3），在开区间 $(-1,2)$ 除 $x=0$ 外处处可导. 弦 AB 的斜率为

$$\frac{f(2)-f(-1)}{2-(-1)}=\frac{2-1}{3}=\frac{1}{3},$$

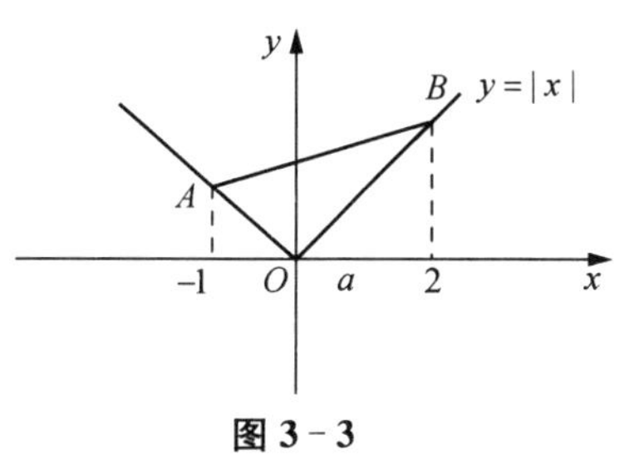

图 3-3

但在函数图形上没有一处的切线与 AB 平行或者说在 $(-1,2)$ 内没有一点的导数值为 $\frac{1}{3}$，因为 $f(x)$ 在 $(-1,2)$ 内不处处可导.

例 1 证明不等式：

$$|\sin x-\sin y|\leqslant|x-y|.$$

证明 设 $f(t)=\sin t$，那么 $f(t)$ 在 $(-\infty,+\infty)$ 内处处连续，处处可导，所以拉格朗日定理的条件在以 x 与 y 为端点的区间得到满足，故有

$$\sin x-\sin y=(x-y)\cos\xi,$$

其中 ξ 在 x 与 y 之间. 因为 $|\cos\xi|\leqslant1$，所以

$$|\sin x-\sin y|\leqslant|x-y|.$$

例 2 证明当 $x>0$ 时，

$$\frac{x}{x+1}<\ln(1+x)<x.$$

证明 设 $f(x)=\ln(x+1)$，显然 $f(x)$ 在区间 $[0,x]$ 上满足拉格朗日中值定理的条件，根据定理，应有

$$f(x)-f(0)=f'(\xi)(x-0),0<\xi<x.$$

由于 $f(0)=0,f'(x)=\dfrac{1}{1+x}$，因此上式即为

$$\ln(1+x)=\frac{x}{1+\xi}.$$

又由 $0<\xi<x$，有

$$\frac{x}{1+x}<\frac{x}{1+\xi}<x,$$

即

$$\frac{x}{x+1}<\ln(1+x)<x\quad(x>0).$$

例 3 证明方程 $5x^4-4x+1=0$ 在 0 与 1 之间至少有一个实根.

证明 不难看出，方程的左端 $5x^4-4x+1$ 是函数 $\varphi(x)=x^5-2x^2+x$ 的导数. 由于

(1) $\varphi(x)$ 在 $[0,1]$ 上连续；

(2) $\varphi(x)$ 在 $(0,1)$ 内可导；

(3) $\varphi(0)=\varphi(1)=0$.

由罗尔定理知，在 0 与 1 之间至少存在一点 ξ，使 $\varphi'(\xi)=0$，即有 $5\xi^4-4\xi+1=0$. 换句话说，方程 $5x^4-4x+1=0$ 在 0 与 1 之间至少有一实根.

例 4 若 $f(x)$ 在 $[0,1]$ 上有二阶导数，且 $f(1)=f(0)=0$. 令 $F(x)=x^2f(x)$，则在 $(0,1)$ 内至少存在一点 ξ，使 $F''(\xi)=0$.

证明 由 $F'(x)=2xf(x)+x^2f'(x)$，得 $F'(0)=0$，又由 $f(0)=f(1)=0$，知 $F(0)=F(1)=0$，在 $[0,1]$ 上对 $F(x)$ 应用罗尔定理，则存在点 $\xi_1\in(0,1)$，使 $F'(\xi_1)=0$，因此有 $F'(0)=F'(\xi_1)=0$，在 $[0,\xi_1]$ 上对 $F'(x)$ 再次使用罗尔定理，则存在 $\xi\in(0,\xi_1)$ 使 $F''(\xi)=0$，

即在(0,1)内至少存在一点 ξ 使 $F''(\xi)=0$.

我们还可以把拉格朗日定理加以推广：在图 3－1 中，将曲线用参数方程来表示：

$$\begin{cases} x=g(t) \\ y=f(t) \end{cases}, t_1 \leqslant t \leqslant t_2.$$

图 3－1 中的 A 点和 B 点所对应的参数值分别为 t_1 和 t_2，那么弦 AB 的斜率为

$$k_{AB}=\frac{f(t_2)-f(t_1)}{g(t_2)-g(t_1)}.$$

根据参数方程所确定的函数的求导法则，曲线在 $C(t=\xi)$ 点处的切线斜率为

$$\frac{\mathrm{d}y}{\mathrm{d}x}=\frac{f'(\xi)}{g'(\xi)},$$

其中 ξ 为对应于 C 点的参数值，它在 t_1 和 t_2 之间. 由于曲线在 P 点处的切线与弦 AB 平行，故

$$\frac{f(t_2)-f(t_1)}{g(t_2)-g(t_1)}=\frac{f'(\xi)}{g'(\xi)}, t_1<\xi<t_2.$$

与这个几何含义密切相关的是柯西中值定理，它是拉格朗日中值定理的推广.

柯西(Cauchy，法国数学家)**中值定理** 如果函数 $f(x)$，$g(x)$ 在闭区间 $[a,b]$ 上连续，在开区间 (a,b) 内可导，且 $g'(x)\neq 0$，那么在 (a,b) 内至少存在一点 ξ，使

$$\frac{f(b)-f(a)}{g(b)-g(a)}=\frac{f'(\xi)}{g'(\xi)}, a<\xi<b \tag{7}$$

成立.

证明 首先指出，(7)式左端分母 $g(b)-g(a)\neq 0$，即 $g(b)\neq g(a)$. 如果 $g(b)=g(a)$，那么由罗尔定理，$g'(x)$ 将在 (a,b) 内的某一点 ξ 处为零，这与假设相矛盾.

因为要证(7)式就是要证明至少存在一点 $\xi\in(a,b)$ 使

$$[f(b)-f(a)]g'(\xi)-[g(b)-g(a)]f'(\xi)=0,$$

即

$$\{[f(b)-f(a)]g'(x)-[g(b)-g(a)]f'(x)\}|_{x=\xi}=0.$$

为此，我们考虑函数

$$\varphi(x)=[f(b)-f(a)]g(x)-[g(b)-g(a)]f(x). \tag{8}$$

由定理中的条件，$\varphi(x)$ 在 $[a,b]$ 上连续，在 (a,b) 内可导，且有

$$\varphi'(x)=[f(b)-f(a)]g'(x)-[g(b)-g(a)]f'(x).$$

由(8)式知，

$$\varphi(a)=\varphi(b)=f(b)g(a)-f(a)g(b),$$

于是由罗尔定理，在 (a,b) 内至少存在一点 ξ，使 $\varphi'(\xi)=0$，即

$$[f(b)-f(a)]g'(\xi)-[g(b)-g(a)]f'(\xi)=0,$$

或

$$\frac{f(b)-f(a)}{g(b)-g(a)}=\frac{f'(\xi)}{g'(\xi)}.$$

证毕.

公式(7) 也称为柯西公式. 它是证明洛必达法则的基本工具,我们将在下一节中介绍洛必达法则.

例 5 设函数 $f(x)$在$[a,b]$上连续,在(a,b)内可导$(0<a<b)$,试证在(a,b)内至少存在一点 ξ,使 $f(b)-f(a)=\xi f'(\xi)\ln\frac{b}{a}$.

证明 令 $\varphi(x)=\ln x$,则 $\varphi(x)$在$[a,b]$上连续可导,$\varphi'(x)=\frac{1}{x}\neq 0$. 由柯西定理知在$(a,b)$内至少存在一点 ξ,使

$$\frac{f(b)-f(a)}{\ln b-\ln a}=\frac{f'(\xi)}{\frac{1}{\xi}},$$

即

$$f(b)-f(a)=\xi f'(\xi)\ln\frac{b}{a}.$$

中值定理应用是比较困难的内容,在学习这一部分内容时,应注意理解中值定理的含义,并摸索一定的规律.

习题 3-1

(A)

填空题

1. 在$[2,3]$上函数 $y=x^2-5x+6$ 满足罗尔定理的全部条件,则使定理结论成立的 $\xi=$________.

2. 在$[0,1]$上,函数 $f(x)=x^3+2x$ 满足拉格朗日中值定理的中值$\xi=$________.

3. 在$[1,2]$上,函数 $f(x)=x$ 及 $F(x)=x^3$ 满足柯西中值定理的中值 $\xi=$________.

4. 若 $f(x)=|x|$,则在$(-1,1)$内,$f'(x)$恒不为零,$f(x)$在$[-1,1]$内不满足罗尔定理的一个条件是____________.

(B)

1. 不求出函数 $f(x)=x(x-3)(x-5)$的导数,说明方程 $f'(x)=0$ 有几个实根,并指出它们所在的区间.

2. 证明下列等式或不等式:

(1) $\arctan x-\frac{1}{2}\arccos\frac{2x}{1+x^2}=\frac{\pi}{4}\quad(x\geqslant 1)$;

(2) $e^x>ex\quad(x>1)$;

(3) 当 $0<b<a$ 时，$\frac{a-b}{a}<\ln\frac{a}{b}<\frac{a-b}{b}$；

(4) $|\arctan a-\arctan b|\leqslant|a-b|$.

3. 若方程 $a_0x^n+a_1x^{n-1}+\cdots+a_{n-1}x=0$ 有一个正根 $x=x_0$，证明：方程 $a_0nx^{n-1}+a_1(n-1)x^{n-2}+\cdots+a_{n-1}=0$ 必有一个小于 x_0 的正根.

4. 设 $f(x)$在$[a,b]$上可导，其中 $a<b$，$f(a)=f(b)$，证明：存在一点 $\xi\in(a,b)$，使得 $f(a)-f(\xi)=\xi f'(\xi)$.

5. 设 $0<a<b$，$f(x)$在$[a,b]$上连续，在(a,b)内可导，证明：存在一点 $\xi\in(a,b)$，使得 $\frac{f(b)-f(a)}{b-a}=\frac{1}{ab}\xi^2f'(\xi)$.

6. 若函数 $f(x)$在(a,b)内具有二阶导数，且 $f(x_1)=f(x_2)=f(x_3)$，其中 $a<x_1<x_2<x_3<b$，证明：在(x_1,x_3)中至少存在一点 ξ，使得 $f''(\xi)=0$.

7. 证明：若函数在$(-\infty,+\infty)$内满足关系式 $f'(x)=f(x)$，且 $f(0)=1$，则 $f(x)=\mathrm{e}^x$.

第二节 洛必达法则

导数在研究函数中的一个重要应用是所谓未定式的确定问题. 设有比式：

$$\frac{f(x)}{g(x)},$$

当 $x\to x_0$ 或$(x\to\infty)$时，分子 $f(x)$与分母 $g(x)$同时趋于零或同时趋于无穷大，这时，商的求极限运算法则虽不能用，但整个比式的极限仍有可能存在. 这种比式求极限的问题就是所谓未定式的确定问题. 为了叙述方便，我们把分子、分母同时趋于零的比式的极限称为 $\frac{0}{0}$ **型未定式**；将分子、分母同时趋于无穷大的比式的极限称为 $\frac{\infty}{\infty}$ **型未定式**. 这里 $\frac{0}{0}$，$\frac{\infty}{\infty}$ 只是两个记号，没有运算意义. 这种未定式的确定问题，我们在前面的学习中已经多次见过. 极限 $\lim\limits_{x\to0}\frac{\sin x}{x}$ 便是 $\frac{0}{0}$ 型未定式的一个例子. 一般说来，这种未定式的确定往往是比较困难的，但是利用导数却有一套简捷的方法，称为**洛必达**(L'Hospital，法国数学家)**法则**，下面我们按类型来进行介绍.

一、$\frac{0}{0}$ 型

定理 1 设函数 $f(x)$及 $g(x)$满足以下条件：

(1) 当 $x\to a$ 时，函数 $f(x)$及 $g(x)$都趋于零；

(2) 在点 a 的某一去心邻域内，$f'(x)$及 $g'(x)$都存在且 $g'(x)\neq0$；

(3) $\lim\limits_{x\to a}\frac{f'(x)}{g'(x)}$存在(或为无穷大).

那么
$$\lim_{x\to a}\frac{f(x)}{g(x)}=\lim_{x\to a}\frac{f'(x)}{g'(x)}.$$

证明 因为求$\frac{f(x)}{g(x)}$当$x \to a$时的极限与$f(a)$及$g(a)$无关，所以可以假定$f(a)=g(a)=0$，于是由条件(1)、(2)知道，函数$f(x)$及$g(x)$在点a的某一去心邻域内是连续的.设x是这邻域内的一点，那么在以x及a为端点的区间上，柯西中值定理的条件均满足，因此有

$$\frac{f(x)}{g(x)}=\frac{f(x)-f(a)}{g(x)-g(a)}=\frac{f'(\xi)}{g'(\xi)} \quad (\xi \text{在} x \text{与} a \text{之间}).$$

令$x \to a$，并对上式两端求极限，注意到当$x \to a$时，$\xi \to a$，再根据条件(3)便得要证明的结论.

如果$\frac{f'(x)}{g'(x)}$当$x \to a$时仍属于$\frac{0}{0}$型，且这时$f'(x)$及$g'(x)$能满足定理中$f(x)$及$g(x)$所要满足的条件，那么可以继续施用洛必达法则，即

$$\lim_{x \to a}\frac{f(x)}{g(x)}=\lim_{x \to a}\frac{f'(x)}{g'(x)}=\lim_{x \to a}\frac{f''(x)}{g''(x)}.$$

且可以以此类推.

例 1 求$\lim\limits_{x \to 0}\frac{e^{2x}-1}{3x}$.

解 $\lim\limits_{x \to 0}\frac{e^{2x}-1}{3x}=\lim\limits_{x \to 0}\frac{2e^{2x}}{3}=\frac{2}{3}$.

例 2 求$\lim\limits_{x \to 0}\frac{x-\tan x}{x-\sin x}$.

解
$$\lim_{x \to 0}\frac{x-\tan x}{x-\sin x}=\lim_{x \to 0}\frac{1-\sec^2 x}{1-\cos x}=\lim_{x \to 0}\frac{-2\sec^2 x\tan x}{\sin x}$$
$$=\lim_{x \to 0}\frac{-2}{\cos^3 x}=-2.$$

在反复使用法则时，如果有极限值($\neq 0$)立即可以确定的因子，应先将这因子的极限确定，并将其提到极限符号之外，然后再利用法则，如下例.

例 3 求$\lim\limits_{x \to 0}\frac{xe^{2x}+xe^x-2e^{2x}+2e^x}{(e^x-1)^3}$.

解 分子中的各项有公共因子e^x，当$x \to 0$时，$e^x \to 1$，所以

$$\begin{aligned}&\lim_{x \to 0}\frac{xe^{2x}+xe^x-2e^{2x}+2e^x}{(e^x-1)^3}\\&=\lim_{x \to 0}\frac{xe^x+x-2e^x+2}{(e^x-1)^3}\\&=\lim_{x \to 0}\frac{xe^x-e^x+1}{3e^x(e^x-1)^2}\left(\text{当} x \to 0 \text{时}, \frac{1}{3e^x} \to \frac{1}{3}\right)\\&=\frac{1}{3}\lim_{x \to 0}\frac{xe^x-e^x+1}{(e^x-1)^2}\\&=\frac{1}{6}\lim_{x \to 0}\frac{x}{e^x-1}=\frac{1}{6}.\end{aligned}$$

定理 2 设函数$f(x)$及$g(x)$满足以下条件：

(1) 当 $x\to\infty$ 时，函数 $f(x)$ 及 $g(x)$ 都趋于零；

(2) 当 $|x|>X$ 时，$f'(x)$ 及 $g'(x)$ 都存在，且 $g'(x)\neq 0$；

(3) $\lim\limits_{x\to\infty}\dfrac{f'(x)}{g'(x)}$ 存在(或为无穷大).

那么 $$\lim_{x\to\infty}\frac{f(x)}{g(x)}=\lim_{x\to\infty}\frac{f'(x)}{g'(x)}.$$

证明 我们用变量代换的方法把它归并到定理 1 来证明. 为此，令 $x=\dfrac{1}{z}$，当 $x\to\infty$ 时，$z\to 0$.

而 $$f(x)=f\left(\frac{1}{z}\right),g(x)=g\left(\frac{1}{z}\right),$$

由假设(1)与(2)在 $0<|z|<\dfrac{1}{X}$ 内，函数 $f\left(\dfrac{1}{z}\right)$ 与 $g\left(\dfrac{1}{z}\right)$ 满足定理 1 的条件(1)与(2)，并有

$$\lim_{x\to\infty}\frac{f(x)}{g(x)}=\lim_{z\to 0}\frac{f\left(\frac{1}{z}\right)}{g\left(\frac{1}{z}\right)}=\lim_{z\to 0}\frac{\frac{\mathrm{d}}{\mathrm{d}z}f\left(\frac{1}{z}\right)}{\frac{\mathrm{d}}{\mathrm{d}z}g\left(\frac{1}{z}\right)}=\lim_{z\to 0}\frac{f'\left(\frac{1}{z}\right)\left(-\frac{1}{z^2}\right)}{g'\left(\frac{1}{z}\right)\left(-\frac{1}{z^2}\right)}$$

$$=\lim_{z\to 0}\frac{f'\left(\frac{1}{z}\right)}{g'\left(\frac{1}{z}\right)}=\lim_{x\to\infty}\frac{f'(x)}{g'(x)}.$$

例 4 求 $\lim\limits_{x\to\infty}\dfrac{\frac{\pi}{2}-\arctan x}{\frac{1}{x}}$.

解 $$\lim_{x\to\infty}\frac{\frac{\pi}{2}-\arctan x}{\frac{1}{x}}=\lim_{x\to\infty}\frac{-\frac{1}{1+x^2}}{-\frac{1}{x^2}}=\lim_{x\to\infty}\frac{x^2}{1+x^2}=1.$$

二、$\dfrac{\infty}{\infty}$ 型

如果定理 1 中的假设(2)、(3)不变，把(1)改为当 $x\to a$ 时，函数 $f(x)$ 及 $g(x)$ 都趋于无穷大，那么

$$\lim_{x\to a}\frac{f(x)}{g(x)}=\lim_{x\to a}\frac{f'(x)}{g'(x)}$$

成立. (证明从略)

同样，如果定理 2 中的假设(2)、(3)不变，将(1)改为当 $x\to\infty$ 时，函数 $f(x)$ 及 $g(x)$ 都趋于无穷大，那么

$$\lim_{x\to\infty}\frac{f(x)}{g(x)}=\lim_{x\to\infty}\frac{f'(x)}{g'(x)}$$

仍成立(证明从略).

例 5 求 $\lim\limits_{x\to\infty}\frac{x^n}{e^{\lambda x}}$ (n 为正整数,$\lambda>0$).

解 连续应用洛必达法则 n 次,得

$$\lim_{x\to+\infty}\frac{x^n}{e^{\lambda x}}=\lim_{x\to+\infty}\frac{nx^{n-1}}{\lambda e^{\lambda x}}=\cdots=\lim_{x\to+\infty}\frac{n!}{\lambda^n e^{\lambda x}}=0.$$

例 6 求 $\lim\limits_{x\to0^+}\frac{e^{-\frac{1}{x}}}{x}$.

解 这是$\frac{0}{0}$型,由定理 1 得

$$\lim_{x\to0^+}\frac{e^{-\frac{1}{x}}}{x}=\lim_{x\to0^+}\frac{e^{-\frac{1}{x}}\left(\frac{1}{x^2}\right)}{1}=\lim_{x\to0^+}\frac{e^{-\frac{1}{x}}}{x^2}\left(\frac{0}{0}\text{型}\right)=\lim_{x\to0^+}\frac{e^{-\frac{1}{x}}}{2x^3}\left(\frac{0}{0}\text{型}\right).$$

容易看出,如果继续下去,结果仍为$\frac{0}{0}$型,而分母 x 的次数越来越高,显然得不出结果.

我们把原式变形为$\frac{\infty}{\infty}$型,得

$$\lim_{x\to0^+}\frac{e^{-\frac{1}{x}}}{x}=\lim_{x\to0^+}\frac{\frac{1}{x}}{e^{\frac{1}{x}}}\left(\frac{\infty}{\infty}\text{型}\right)=\lim_{x\to0^+}\frac{-\frac{1}{x^2}}{e^{\frac{1}{x}}\left(-\frac{1}{x^2}\right)}=\lim_{x\to0^+}\frac{1}{e^{\frac{1}{x}}}=0.$$

三、$\infty-\infty$型

设 $x\to a(x\to\infty)$时,$f(x)\to\pm\infty$,$g(x)\to\pm\infty$,那么$\lim[f(x)-g(x)]$称为$\infty-\infty$型,此时可把 $f(x)-g(x)$改写成

$$f(x)-g(x)=\frac{\frac{1}{g(x)}-\frac{1}{f(x)}}{\frac{1}{f(x)}\frac{1}{g(x)}},$$

使其变为$\frac{0}{0}$型.

例 7 求$\lim\limits_{x\to0}\left(\frac{1}{x}-\frac{1}{e^x-1}\right)$.

解 $\lim\limits_{x\to0}\left(\frac{1}{x}-\frac{1}{e^x-1}\right)(\infty-\infty\text{型})=\lim\limits_{x\to0}\frac{e^x-1-x}{x(e^x-1)}\left(\frac{0}{0}\text{型}\right)$

$=\lim\limits_{x\to0}\frac{e^x-1}{e^x-1+xe^x}\left(\frac{0}{0}\text{型}\right)=\lim\limits_{x\to0}\frac{e^x}{2e^x+xe^x}=\frac{1}{2}.$

四、$0\cdot\infty$型

设 $x\to a(x\to\infty)$时,$f(x)\to0$,$g(x)\to\infty$,那么$\lim f(x)g(x)$称为 $0\cdot\infty$型,此时可将 $f(x)g(x)$改写成

$$f(x)g(x)=\frac{f(x)}{\frac{1}{g(x)}}=\frac{g(x)}{\frac{1}{f(x)}},$$

使其变为 $\frac{0}{0}$ 型或 $\frac{\infty}{\infty}$ 型.

例 8　求 $\lim\limits_{x\to0^+}x^\lambda\ln x\ (\lambda>0)$.

解　$$\lim_{x\to0^+}x^\lambda\ln x(0\cdot\infty\text{型})=\lim_{x\to0^+}\frac{\ln x}{x^{-\lambda}}\left(\frac{\infty}{\infty}\text{型}\right)$$

$$=\lim_{x\to0^+}\frac{\frac{1}{x}}{-\lambda x^{-\lambda-1}}=\lim_{x\to0^+}\frac{x^\lambda}{-\lambda}=0.$$

五、$0^0,\infty^0,1^\infty$型

设 $x\to a(x\to\infty)$时,有

(1) $f(x)\to0,g(x)\to0$;

(2) $f(x)\to\infty,g(x)\to0$;

(3) $f(x)\to1,g(x)\to\infty$.

那么,$f(x)^{g(x)}$分别为 $0^0,\infty^0,1^\infty$型,这里假定 $f(x)>0$. 因为

$$\lim f(x)^{g(x)}=\lim e^{g(x)\ln f(x)}=e^{\lim g(x)\ln f(x)},$$

所以这三种类型都归结为 $0\cdot\infty$型.

例 9　求 $\lim\limits_{x\to0^+}x^{\sin x}$.

解　$\lim\limits_{x\to0^+}x^{\sin x}(0^0\text{ 型})=\lim\limits_{x\to0^+}e^{\sin x\ln x}=e^{\lim\limits_{x\to0^+}\sin x\ln x}$,

而

$$\lim_{x\to0^+}\sin x\ln x=\lim_{x\to0^+}\frac{\ln x}{\csc x}\left(\frac{\infty}{\infty}\text{型}\right)=\lim_{x\to0^+}\frac{\frac{1}{x}}{-\csc x\cot x}$$

$$=-\lim_{x\to0^+}\frac{\sin x}{x}\tan x=-1\cdot0=0,$$

所以

$$\lim_{x\to0^+}x^{\sin x}=e^0=1.$$

这道题也可以用以下方法处理.

令　$$y=x^{\sin x},$$

两边取对数得　$$\ln y=\sin x\ln x,$$

于是　$$\lim_{x\to0^+}\ln y=\lim_{x\to0^+}\sin x\ln x=\lim_{x\to0^+}\frac{\ln x}{\csc x}=0.$$

由于　$$\ln y\to0(x\to0^+),$$

所以 $$y\to 1(x\to 0^{+}).$$

这种方法我们称为“取对数法”.

洛必达法则是求未定式的一种有效方法,但最好能与其他求极限的方法结合使用.例如,能化简时应尽可能先化简,可以用等价无穷小替代或重要极限时,应尽可能应用,这样可使运算简洁.

例 10 求$\lim\limits_{x\to 0}\dfrac{\tan x-x}{x^2\sin x}$.

解 如果直接用洛必达法则,那么分母的导数较繁.如果作一个等价无穷小替代,那么运算就方便很多.其运算如下:

因为 $$\sin x\sim x(x\to 0),$$

所以有
$$\lim_{x\to 0}\frac{\tan x-x}{x^2\sin x}=\lim_{x\to 0}\frac{\tan x-x}{x^3}\cdot\frac{x}{\sin x}=\lim_{x\to 0}\frac{\tan x-x}{x^3}$$
$$=\lim_{x\to 0}\frac{\sec^2 x-1}{3x^2}=\lim_{x\to 0}\frac{\tan^2 x}{3x^2}=\frac{1}{3}.$$

最后,我们指出,本节定理给出的是求未定式的一种方法.当定理条件满足时,所求极限当然存在(或为∞),但当定理条件不满足时,所求极限却不一定不存在,这就是说,当$\lim\dfrac{f'(x)}{g'(x)}$不存在时(等于无穷大的情况除外),$\lim\dfrac{f(x)}{g(x)}$仍可能存在.

习题 3-2

(A)

选择题

1. 求极限$\lim\limits_{x\to\infty}\dfrac{x+\sin x}{x-\sin x}$,下列解法(　　)正确.

   A. 用洛必达法则,原式$=\lim\limits_{x\to\infty}\dfrac{1+\cos x}{1-\cos x}=\lim\limits_{x\to\infty}\dfrac{-\sin x}{\sin x}=-1$

   B. 不用洛必达法则,极限不存在

   C. 不用洛必达法则,原式$=\lim\limits_{x\to\infty}\dfrac{1+\dfrac{\sin x}{x}}{1-\dfrac{\sin x}{x}}=\dfrac{1+1}{1-1}=\infty$

   D. 不用洛必达法则, 原式$=\lim\limits_{x\to\infty}\dfrac{1+\dfrac{\sin x}{x}}{1-\dfrac{\sin x}{x}}=\dfrac{1+0}{1-0}=1$

2. 设$\lim\limits_{x\to x_0}\dfrac{f(x)}{g(x)}$为未定式,则$\lim\limits_{x\to x_0}\dfrac{f'(x)}{g'(x)}$存在是$\lim\limits_{x\to x_0}\dfrac{f(x)}{g(x)}$存在的(　　).

   A. 必要条件　　　　B. 充分条件

   C. 既非充分也非必要条件　　　　D. 充分必要条件

3. $\lim\limits_{x\to 0}\dfrac{1-e^x}{\sin x}=$ (　　).

A. 1　　B. 0　　C. -1　　D. 不存在

(B)

1. 求下列极限：

(1) $\lim\limits_{x\to 0}\dfrac{e^x-e^{-x}}{\sin x}$；

(2) $\lim\limits_{x\to +\infty}\dfrac{\ln\left(1+\dfrac{1}{x}\right)}{\text{arccot}x}$；

(3) $\lim\limits_{x\to 0}\dfrac{1}{x^{100}}e^{-\frac{1}{x^2}}$；

(4) $\lim\limits_{x\to\infty}x^2\left(1-x\sin\dfrac{1}{x}\right)$；

(5) $\lim\limits_{x\to 1}\left(\dfrac{x}{x-1}-\dfrac{1}{\ln x}\right)$；

(6) $\lim\limits_{x\to 0}\left(\dfrac{\cot x}{x}-\dfrac{1}{x^2}\right)$；

(7) $\lim\limits_{x\to 0^+}x^{\sin x}$；

(8) $\lim\limits_{x\to 0^+}(\cot x)^{\frac{1}{\ln x}}$.

2. 设 $f(x)$具有一阶连续导数，且 $f(0)=0, f'(0)=2$，求$\lim\limits_{x\to 0}\dfrac{f(1-\cos x)}{\tan x^2}$.

3. 验证极限$\lim\limits_{x\to\infty}\dfrac{x+\sin x}{x}$存在，但不能用洛比达法则求出.

第三节　泰勒公式

对于一些较复杂的函数，为了便于研究，往往希望用一些简单的函数来近似表达. 由于用多项式表示的函数，只要对自变量进行有限次加、减、乘三种运算，便能求出它的函数值来，因此，我们经常用多项式来表达函数.

在微分的应用中已经知道，当$|x|$很小时，有如下的近似等式：

$$e^x\approx 1+x, \ln(1+x)\approx x.$$

这些都是使用一次多项式来近似表达函数的例子. 显然，在 $x=0$ 处这些一次多项式及其一阶导数的值，分别等于被近似表达式的函数及其导数的相应值.

但是这种近似表达式还存在着不足之处：首先是精确度不高，它所产生的误差仅是关于 x 的高阶无穷小；其次是用它来作近似计算时，不能具体估算出误差的大小. 因此，对于精确度较高且需要估计误差的时候，就必须用高次多项式来近似表达函数，同时给出误差公式.

于是提出如下的问题：设函数 $f(x)$在含有 x_0 的开区间内具有直到$(n+1)$阶的导数，试找出一个关于$(x-x_0)$的 n 次多项式

$$p_n(x)=a_0+a_1(x-x_0)+a_2(x-x_0)^2+\cdots+a_n(x-x_0)^n \tag{1}$$

来近似表达 $f(x)$，要求 $p_n(x)$与 $f(x)$之差是比$(x-x_0)^n$ 高阶的无穷小，并给出误差$|f(x)-p_n(x)|$的具体表达式.

下面我们来讨论这个问题. 假设 $p_n(x)$在 x_0 处的函数值及它的直到 n 阶导数在 x_0 处的值依次与 $f(x_0), f'(x_0), \cdots, f^{(n)}(x_0)$相等，即满足

$$p_n(x_0)=f(x_0),p_n'(x_0)=f'(x_0),$$
$$p_n''(x_0)=f''(x_0),\cdots,p_n^{(n)}(x_0)=f^{(n)}(x_0).$$

按这些等式来确定多项式(1) 的系数 $a_0,a_1,\cdots,a_n$. 为此,对(1)式求各阶导数,然后分别代入上述等式,得

$$a_0=f(x_0),1\cdot a_1=f'(x_0),$$
$$2!\ a_2=f''(x_0),\cdots,n!\ a_n=f^{(n)}(x_0),$$

即得

$$a_0=f(x_0),a_1=f'(x_0),a_2=\frac{1}{2!}f''(x_0),\cdots,a_n=\frac{1}{n!}f^{(n)}(x_0),$$

将求得的系数 $a_0,a_1,\cdots,a_n$ 代入(1)式中,有

$$p_n(x)=f(x_0)+f'(x_0)(x-x_0)+\frac{1}{2!}f''(x_0)(x-x_0)^2+\cdots+\frac{1}{n!}f^{(n)}(x_0)(x-x_0)^n. \quad (2)$$

下面的定理表明,多项式(2) 的确是所要找的多项式.

泰勒(Taylor)**中值定理** 如果函数 $f(x)$在含有 x_0 的某个开区间(a,b)内具有直到$(n+1)$阶的导数,则对任一 $x\in(a,b)$,有

$$f(x)=f(x_0)+f'(x_0)(x-x_0)+\frac{f''(x_0)}{2!}(x-x_0)^2+\cdots+\frac{f^{(n)}(x_0)}{n!}(x-x_0)^n+R_n(x), \quad (3)$$

其中

$$R_n(x)=\frac{f^{(n+1)}(\xi)}{n+1!}(x-x_0)^{n+1}. \quad (4)$$

这里 ξ 是 x_0 与 x 之间的某个值(证明从略).

多项式(2)称为函数 $f(x)$按$(x-x_0)$的幂展开的 n 次泰勒多项式,公式(3)称为 $f(x)$按$(x-x_0)$的幂展开的**带有拉格朗日余项的 n 阶泰勒公式**,而 $R_n(x)$的表达式(4) 称为**拉格朗日余项**.

当 $n=0$ 时,泰勒公式变成拉格朗日中值公式

$$f(x)=f(x_0)+f'(\xi)(x-x_0)\ (\xi 在 x_0 与 x 之间).$$

因此,泰勒公式是拉格朗日中值定理的推广.

由泰勒中值定理可知,以多项式 $p_n(x)$近似表达 $f(x)$时,其误差为$|R_n(x)|$. 如果对于某个固定的 n,当 $x\in(a,b)$时,$|f^{(n+1)}(x)|\leqslant M$,则有估计式

$$|R_n(x)|=\left|\frac{f^{(n+1)}(\xi)}{(n+1)!}(x-x_0)^{n+1}\right|\leqslant\frac{M}{(n+1)!}|x-x_0|^{n+1} \quad (5)$$

及

$$\lim_{x\to x_0}\frac{R_n(x)}{(x-x_0)^n}=0.$$

由此可见,当 $x\to x_0$ 时误差$|R_n(x)|$是比$(x-x_0)^n$ 高阶的无穷小,即

$$R_n(x)=o[(x-x_0)^n]. \tag{6}$$

这样,我们提出的问题圆满得到解决.

在不需要余项的精确表达式时,n 阶泰勒公式也可以写成

$$f(x)=f(x_0)+f'(x_0)(x-x_0)+\cdots+\frac{1}{n!}f^{(n)}(x_0)(x-x_0)^n+o[(x-x_0)^n]. \tag{7}$$

$R_n(x)$的表达式(6)称为**佩亚诺(Peano)型余项**,公式(7)称为 $f(x)$的按$(x-x_0)$的幂展开的**带有佩亚诺型余项的 n 阶泰勒展式.**

在泰勒公式(3)中,如果取 $x_0=0$,则 ξ 在 0 与 x 之间,因此,可以令 $\xi=\theta x\ (0<\theta<1)$,从而泰勒公式变成较简单的形式,即所谓**带拉格朗日余项的 n 阶麦克劳林公式**:

$$f(x)=f(0)+f'(0)x+\frac{f''(0)}{2!}x^2+\cdots+\frac{f^{(n)}(0)}{n!}x^n+\frac{f^{(n+1)}(\theta x)}{(n+1)!}x^{n+1}(0<\theta<1).$$

由上式可得近似公式

$$f(x)\approx f(0)+f'(0)x+\frac{f''(0)}{2!}x^2+\cdots+\frac{f^{(n)}(0)}{n!}x^n,$$

相应的误差式变为

$$|R_n(x)|\leqslant\frac{M}{(n+1)!}|x|^{n+1}.$$

在泰勒公式(7)中,如果取 $x_0=0$,则得到**带有佩亚诺型余项的 n 阶麦克劳林公式**:

$$f(x)=f(0)+f'(0)x+\frac{f''(0)}{2!}x^2+\cdots+\frac{f^{(n)}(0)}{n!}x^n+o(x^n)\ (0<\theta<1).$$

例 1 写出函数 $f(x)=e^x$ 的带有拉格朗日余项的 n 阶麦克劳林公式.

解 因为

$$f'(x)=f''(x)=\cdots=f^{(n)}(x)=e^x,$$

所以

$$f(0)=f'(0)=f''(0)=\cdots=f^{(n)}(0)=1.$$

得

$$e^x=1+x+\frac{x^2}{2!}+\cdots+\frac{x^n}{n!}+\frac{e^{\theta x}}{(n+1)!}x^{n+1}(0<\theta<1).$$

由这个公式可知,若将 e^x 用它的 n 次泰勒多项式表达为

$$e^x\approx 1+x+\frac{x^2}{2!}+\cdots+\frac{x^n}{n!},$$

这时所产生的误差为

$$|R_n(x)|=\left|\frac{e^{\theta x}}{(n+1)!}x^{n+1}\right|<\frac{e^{|x|}}{(n+1)!}|x|^{n+1}(0<\theta<1).$$

如果取 $x=1$,则得无理数 e 的近似值为

$$e\approx 1+1+\frac{1}{2!}+\cdots+\frac{1}{n!},$$

其误差
$$|R_n|=\left|\frac{e}{(n+1)!}\right|<\frac{3}{(n+1)!},$$

当 $n=10$ 时,可算出 $e\approx2.718286$,其误差不超过10^{-6}.

习题 3-3

1. 写出 $f(x)=x^4-5x^3+x^2-3x+4$ 在 $x_0=4$ 处的泰勒展式.
2. 将 $f(x)=(x^2-3x+1)^3$ 展开成麦克劳林展式.
3. 求函数 $y=xe^x$ 带有佩亚诺型余项的 n 阶麦克劳林公式.
4. 写出函数 $y=\ln x$ 按$(x-2)$展开的带佩亚诺型余项的 n 阶泰勒展式.
5. 应用三阶泰勒公式估计 $\sqrt[3]{30}$,并估计误差.
6. 利用泰勒公式求极限:

(1) $\lim\limits_{x\to0}\dfrac{\cos x-e^{-\frac{x^2}{2}}}{x^2[x+\ln(1-x)]}$;　　　(2) $\lim\limits_{x\to+\infty}(\sqrt[3]{x^3+3x^2}-\sqrt[4]{x^4-2x^3})$.

7. 设函数 $f(x)$,$g(x)$二阶可导,当 $x>0$ 时,$f''(x)>g''(x)$且 $f(0)=g(0)$,$f'(0)=g'(0)$,求证:当 $x>0$ 时,$f(x)>g(x)$.

第四节　函数单调性的判断、函数的极值

一个函数在某一区间内的单调性是我们研究函数性质应首先考虑的问题. 在第一章中已经给出了函数单调性的定义. 按照定义,单调增函数的图形自左向右表现为上升的曲线,单调减函数的图形表现为下降的曲线(如图 3-4).

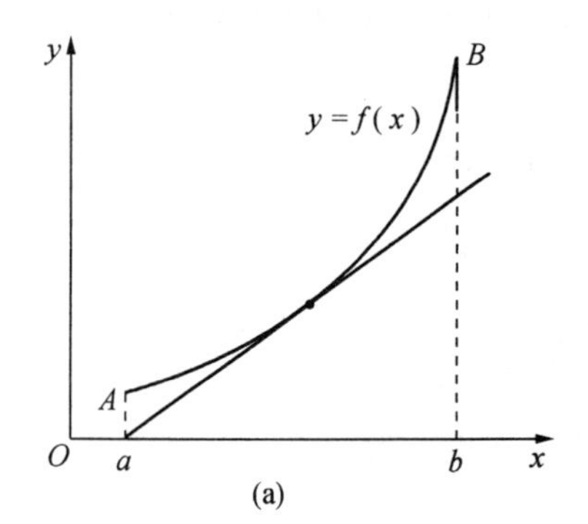

(a)

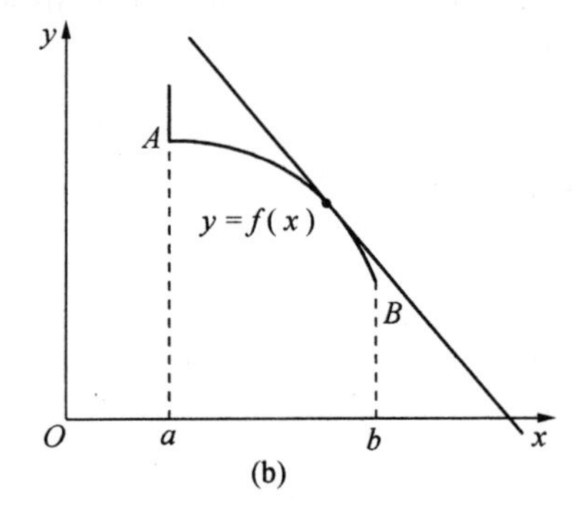

(b)

图 3-4

设 $y=f(x)$是$[a,b]$上的连续函数. 如果函数在$[a,b]$为单调增(如图 3-4(a)),那么它图形上各处的切线斜率不为负,即 $f'(x)\geqslant0$,$x\in[a,b]$;如果函数在$[a,b]$为单调减(如图 3-4(b)),那么它图形上各处的切线斜率不为正,即 $f'(x)\leqslant0$,$x\in[a,b]$,所以函数的单调性与其导数的正负性是密切相关的.

现在我们来讨论如何用导数的正负性来判断函数增减性的方法.

一、函数增减性的判定

用导数的正负来判定函数的增减性，主要是利用拉格朗日中值定理推出的.

定理 1 设 $f(x)$在$[a,b]$上连续，在(a,b)内可导.

(1) 在(a,b)内，如果 $f'(x)>0$，那么 $f(x)$在$[a,b]$单调增；

(2) 在(a,b)内，如果 $f'(x)<0$，那么 $f(x)$在$[a,b]$单调减；

(3) 在(a,b)内，如果 $f'(x)=0$，那么 $f(x)$在$[a,b]$为常数.

证明 先证(1)，设 x_1,x_2 为$[a,b]$内的任意两点，且 $x_1<x_2$，在$[x_1,x_2]\in[a,b]$上应用拉格朗日中值定理，得

$$f(x_2)-f(x_1)=(x_2-x_1)f'(\xi) \quad (x_1<\xi<x_2).$$

由于 x_2-x_1 与 $f'(\xi)$都是正的，所以由上式知 $f(x_2)-f(x_1)$也是正的，即 $f(x)$在$[a,b]$上单调增.(2)的证明与(1)的证明完全类似.

为了证明(3)，设 x_1,x_2 为$[a,b]$内的任意两点，且 $x_1<x_2$，在$[x_1,x_2]\in[a,b]$上应用拉格朗日中值定理，得

$$f(x_2)-f(x_1)=(x_2-x_1)f'(\xi) \quad (x_1<\xi<x_2).$$

由于 $f'(\xi)=0$，故 $f(x_2)=f(x_1)$，因为 x_1,x_2 是区间$[a,b]$上任意两点，所以上面的等式表明：$f(x)$在区间$[a,b]$上的值总是相等的，这就是说，$f(x)$在区间$[a,b]$上是一个常数.

例 1 确定函数 $y=x^3+3x^2-1$ 的单调区间.

解 由于函数的定义域为$(-\infty,+\infty)$，且

$$y'=3x^2+6x=3x(x+2),$$

可知：

当$-\infty<x<-2$ 时，$y'>0$；

当$-2<x<0$ 时，$y'<0$；

当 $0<x<+\infty$时，$y'>0$.

所以函数在区间$(-\infty,-2]$和$[0,+\infty)$单调递增，在区间$[-2,0]$单调递减(如图3-5).

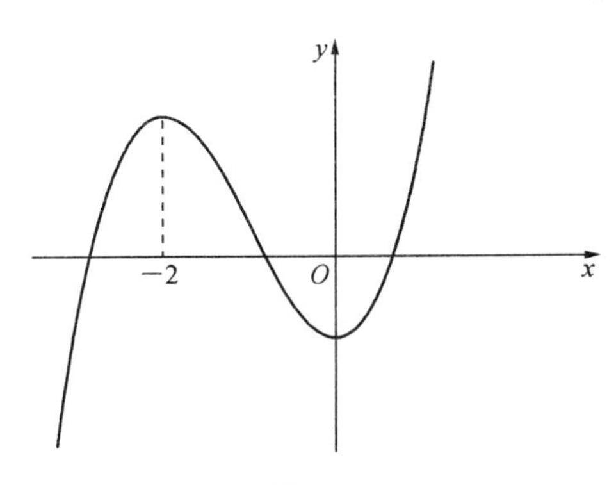

图 3-5

例 2 讨论函数 $y=\sqrt[3]{x^2}$ 的单调性.

解 这个函数的定义域为$(-\infty,+\infty)$.

当 $x\neq 0$ 时,这个函数的导数为

$$y'=\frac{2}{3\sqrt[3]{x}},$$

当 $x=0$ 时,函数的导数不存在. 在$(-\infty,0)$内,$y'<0$,因此,函数 $y=\sqrt[3]{x^2}$ 在该区间上单调减少;在$(0,+\infty)$内,$y'>0$,因此,函数 $y=\sqrt[3]{x^2}$ 在该区间上单调增加. 函数的图形如图 3-6 所示.

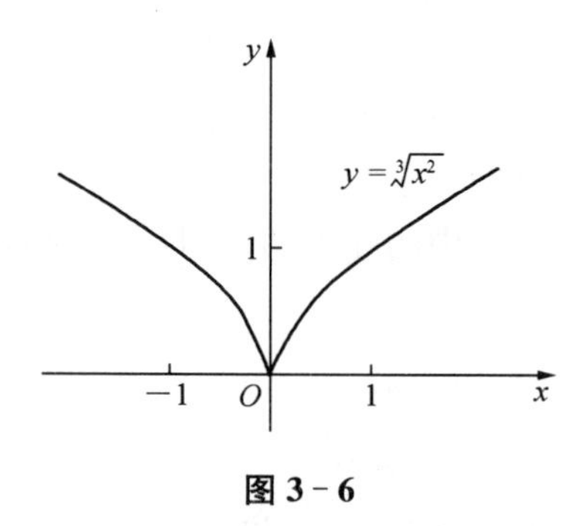

图 3-6

我们注意到,在例 1 中,$x=0$,$x=-2$ 是函数 $y=x^3+3x^2-1$ 单调区间的分界点,而在这两点处 $y'=0$. 在例 2 中,$x=0$ 是函数 $y=\sqrt[3]{x^2}$ 单调性的分界点,而在该点处导数不存在. 综合上述两种情形,我们有如下结论:

如果函数在定义区间上连续,除去有限个导数不存在的点外导数存在且连续,那么只要用方程 $f'(x)=0$ 的根及 $f'(x)$不存在的点来划分函数 $f(x)$的定义区间,就能保证 $f'(x)$在各个部分区间内保持固定符号,从而保证函数 $f(x)$在每个部分区间上单调.

还应该注意,$f'(x)>0$($f'(x)<0$)是可导函数单调增(减)的充分条件,但非必要条件. 在函数的单调区间的个别点上,函数的导数可以为零,例如,在区间$(-\infty,+\infty)$上函数 $f(x)=x^3$ 为单调增函数,但 $f'(0)=0$.

我们给出如下定义:

定义 1 使 $f'(x)=0$ 的点 x,称为 $f(x)$的**驻点**.

从以上讨论中我们知道:在函数可导的前提下,单调区间的分界点是驻点,但驻点不一定是单调区间的分界点.

例 3 证明:当 $x>1$ 时,$2\sqrt{x}>3-\frac{1}{x}$.

证明 令 $f(x)=2\sqrt{x}-\left(3-\frac{1}{x}\right)$,则

$$f'(x)=\frac{1}{\sqrt{x}}-\frac{1}{x^2}.$$

$f(x)$在$[1,+\infty)$上连续,在$(1,+\infty)$内 $f'(x)>0$,因此在$[1,+\infty)$上 $f(x)$单调增加,从而当 $x>1$ 时,$f(x)>f(1)$.

由于 $f(1)=0$,故 $f(x)>f(1)=0$,即

$$2\sqrt{x}-\left(3-\frac{1}{x}\right)>0,$$

亦即

$$2\sqrt{x}>3-\frac{1}{x}\ (x>1).$$

例 4 证明恒等式:$\arcsin x+\arccos x=\frac{\pi}{2}(-1\leqslant x\leqslant 1)$.

证明 令 $f(x)=\arcsin x+\arccos x$,则

$$f'(x)=\frac{1}{\sqrt{1-x^2}}-\frac{1}{\sqrt{1-x^2}}=0.$$

由定理 1 得 $f(x)\equiv C$(常数).

而

$$f(0)=\frac{\pi}{2},$$

所以

$$f(x)=\arcsin x+\arccos x=\frac{\pi}{2}.$$

例 5 设在$[a,b]$上 $f''(x)>0$,证明函数 $\varphi(x)=\frac{f(x)-f(a)}{x-a}$在$(a,b)$内是单调增加的.

证明 $\varphi'(x)=\frac{(x-a)f'(x)-[f(x)-f(a)]\cdot 1}{(x-a)^2}\ (x\in(a,b))$

$$=\frac{(x-a)f'(x)-f'(\xi)(x-a)}{(x-a)^2}\ (a<\xi<x)$$

$$=\frac{[f'(x)-f'(\xi)]\cdot(x-a)}{(x-a)^2},$$

其中 $f(x)-f(a)=f'(\xi)(x-a)$是 $f(x)$在$[a,b]$上使用拉格朗日定理的结果.

由于 $f''(x)>0$,知 $f'(x)$在$[a,b]$上单调增加,所以 $f'(x)\geqslant f'(\xi)$,故 $\varphi'(x)>0$,即 $\varphi(x)$在(a,b)内是单调增加的.

例 6 证明:当 $x\geqslant 1$ 时,$\ln x\geqslant\frac{2(x-1)}{x+1}$.

证明 设 $f(x)=\ln x-\frac{2(x-1)}{x+1}$,则

$$f'(x)=\frac{1}{x}-\frac{2(x+1)-2(x-1)}{(x+1)^2}=\frac{1}{x}-\frac{4}{(x+1)^2}=\frac{(x-1)^2}{x(x+1)^2},$$

上式表明,当 $x\geqslant 1$ 时,有 $f'(x)\geqslant 0$,即 $f(x)$单调增加,故 $f(x)\geqslant f(1)=0$,即

$$\ln x\geqslant\frac{2(x-1)}{x+1}\ (x\geqslant 1).$$

二、函数的极值

在例 1 中,当 x 从点 $x=-2$ 的左邻域变到右邻域时,函数 $f(x)=x^3+3x^2-1$ 由单调

增加变为单调减少，即点 $x=-2$ 是函数由增到减的转折点. 因此，在 $x=-2$ 的邻域内恒有 $f(-2)\geqslant f(x)$，我们称 $x=-2$ 是函数 $f(x)$ 的**极大值点**，$f(-2)$ 为函数 $f(x)$ 的**极大值**；同理，在 $x=0$ 的邻域内，当 x 从点 $x=0$ 的左邻域变到右邻域时，函数 $f(x)=x^3+3x^2-1$ 由单调减少变为单调增加，即点 $x=0$ 是函数由减到增的转折点. 因此，在 $x=0$ 的邻域内恒有 $f(0)\leqslant f(x)$，我们称 $x=0$ 是函数 $f(x)$ 的**极小值点**，$f(0)$ 为函数 $f(x)$ 的**极小值**. 下面我们给出函数极值的一般定义.

定义 2 设函数 $f(x)$ 在点 x_0 的某邻域 $U(x_0)$ 内有定义，如果对于去心邻域 $\mathring{U}(x_0)$ 内的任一 x，有

$$f(x)\leqslant f(x_0)\ (\text{或}\ f(x)\geqslant f(x_0)),$$

那么就称 $f(x_0)$ 是函数 $f(x)$ 的一个极大值(或极小值).

函数的极大值与极小值统称为函数的极值，使函数取极值的点称为极值点. 函数的极值是局部概念，如果 $f(x_0)$ 是 $f(x)$ 的一个极大值，那只是就 x_0 附近的一个局部范围来说的；如果就 $f(x)$ 的整体定义域来说，$f(x_0)$ 不一定是最大值. 关于极小值也有类似的结论.

在图 3－7 中，函数 $f(x)$ 有两个极大值：$f(x_2)$，$f(x_5)$；三个极小值：$f(x_1)$，$f(x_4)$，$f(x_6)$，其中极大值 $f(x_2)$ 比极小值 $f(x_6)$ 还小. 就整个区间 $[a,b]$ 来说，只有一个极小值 $f(x_1)$ 同时也是最小值，而没有一个极大值是最大值.

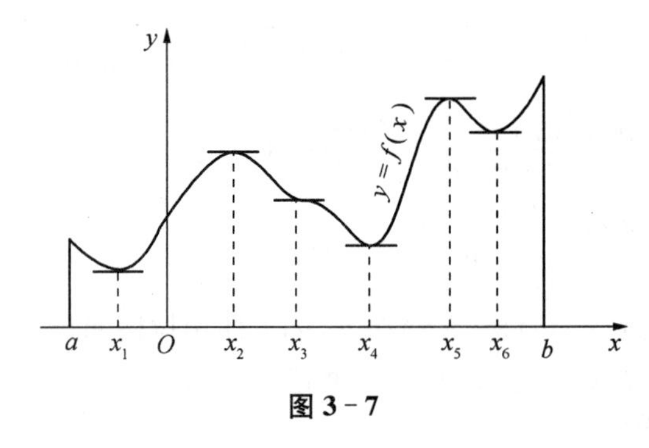

图 3－7

从图中还可以看出，在函数取得极值处，曲线的切线是水平的，但曲线上有水平切线的地方，函数不一定取得极值. 例如图中 $x=x_3$ 处，曲线上有水平切线，但 $f(x_3)$ 不是极值.

现在我们来研究函数极值的求法. 我们有下面的定理.

定理 2（必要条件） 如果函数 $f(x)$ 在 x_0 处可导，且在 x_0 处取得极值，那么 $f'(x_0)=0$.

证明 假设 $f(x)$ 在 x_0 取得极大值 $f(x_0)$. 用反证法，不妨设 $f'(x_0)>0$，那么

$$\lim_{x\to x_0}\frac{f(x)-f(x_0)}{x-x_0}=f'(x_0)>0,$$

由极限的保号性，有

$$\frac{f(x)-f(x_0)}{x-x_0}>0.$$

当 x 在点 x_0 的右邻域时 $x-x_0>0$，所以 $f(x)-f(x_0)>0$，即 $f(x)>f(x_0)$. 这与

$f(x_0)$是极大值的假设相矛盾,故有 $f'(x_0)=0$.

从这个定理可以知道,函数的极值点(假定函数在该点可导)一定是驻点,但反过来却不一定.例如 $x=0$ 是函数 $y=x^3$ 的驻点,然而它并不是极值点,所以 $f'(x_0)=0$ 是一个在 x_0 可导的函数 $f(x)$在 x_0 取得极值的必要条件、非充分条件.定理 2 还告诉我们:可导函数的极值点只需从驻点中去寻找.

应当指出,在导数不存在的点处,函数也有可能取得极值.例如,在例 2 中,在 $x=0$ 处函数 $y=\sqrt[3]{x^2}$的导数不存在,但显然 $x=0$ 是函数的极小值点.

综上所述,函数的极值点一定是函数的驻点或导数不存在的点,但驻点或导数不存在的点不一定是函数的极值点.函数的驻点与导数不存在的点统称为函数的**临界点**.

下面我们来介绍函数取得极值的充分条件.

定理 3(第一充分条件) 设函数 $f(x)$在 x_0 处连续,且在 x_0 的某去心邻域 $\mathring{U}(x_0)$内可导.

(1) 若 $x\in(x_0-\delta,x_0)$时,$f'(x)>0$,而 $x\in(x_0,x_0+\delta)$时,$f'(x)<0$,则 $f(x)$在 x_0 处取得极大值;

(2) 若 $x\in(x_0-\delta,x_0)$时,$f'(x)<0$,而 $x\in(x_0,x_0+\delta)$时,$f'(x)>0$,则 $f(x)$在 x_0 处取得极小值;

(3) $x\in\mathring{U}(x_0)$时,$f'(x)$的符号保持不变,则 $f(x)$在 x_0 处不存在极值.

证明 先证情形(1),根据函数单调性的判别法,函数 $f(x)$在$(x_0-\delta,x_0)$内单调增加,而在$(x_0,x_0+\delta)$内单调减少,又由于函数 $f(x)$在 x_0 处是连续的,故当 $x\in\mathring{U}(x_0)$时总有 $f(x)<f(x_0)$,所以 $f(x_0)$是 $f(x)$的一个极大值(如图 3-8(a)).

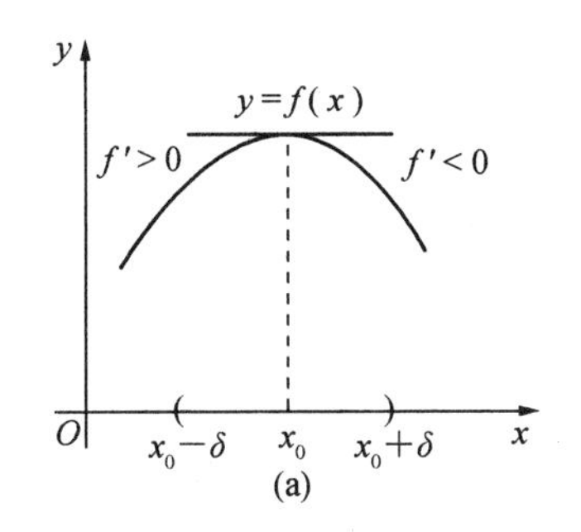

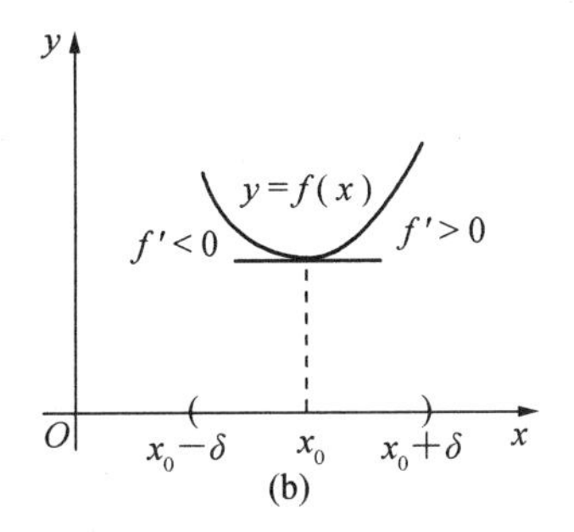

图 3-8

类似可论证情形(2)(如图 3-8(b))及情形(3).

例 7 求函数 $f(x)=(x-1)x^{\frac{2}{3}}$的极值.

解 函数 $f(x)=(x-1)x^{\frac{2}{3}}$在$(-\infty,+\infty)$上连续,且

$$f'(x)=x^{\frac{2}{3}}+\frac{2(x-1)}{3x^{\frac{1}{3}}}=\frac{5x-2}{3x^{\frac{1}{3}}},$$

所以函数有两个临界点 $x_1=0,x_2=\frac{2}{5}$,这两个临界点把$(-\infty,+\infty)$分成三部分:

$$(-\infty,0),\left(0,\frac{2}{5}\right),\left(\frac{2}{5},+\infty\right).$$

当 $x\in(-\infty,0)$时,$f'(x)>0$;当 $x\in\left(0,\frac{2}{5}\right)$时,$f'(x)<0$;当 $x\in(0,+\infty)$时,$f'(x)>0$. 那么由定理 3,函数 $f(x)$在 $x_1=0$ 处取得极大值 $f(0)=0$;$f(x)$在 $x_2=\frac{2}{5}$处取得极小值

$$f\left(\frac{2}{5}\right)=-\frac{3}{5}\sqrt[3]{\frac{4}{25}}.$$

从上例中可以看出,求函数极值的步骤可分为三步:

第一步　求函数的导数;

第二步　求函数的临界点;

第三步　确定导数在临界点的左右导数的符号,从而求出函数的极值.

当函数 $f(x)$在驻点处的二阶导数存在且不等于零时,也可利用下述定理来判断 $f(x)$在驻点处是取得极大值还是极小值.

定理 4 (第二充分条件)　设函数 $f(x)$在点 x_0 二阶可导,且 $f'(x_0)=0$,而 $f''(x)\neq 0$,那么

(1) 当 $f''(x_0)>0$ 时,$f(x)$在 x_0 取得极小值;

(2) 当 $f''(x_0)<0$ 时,$f(x)$在 x_0 取得极大值.

证明　在情形(1)中,由于 $f''(x_0)>0$,所以由二阶导数的定义,得

$$\lim_{x\to x_0}\frac{f'(x)-f'(x_0)}{x-x_0}>0.$$

由函数极限的局部保号性,在 x_0 的某一去心邻域内有

$$\frac{f'(x)-f'(x_0)}{x-x_0}>0.$$

因为 $f'(x_0)=0$,从而有

$$\frac{f'(x)}{x-x_0}>0,$$

由此可知,当 $x<x_0$ 时,$f'(x)<0$;当 $x>x_0$ 时,$f'(x)>0$. 由定理 3 得 $f(x_0)$为极小值.

类似可证情形(2).

例 8　求函数 $f(x)=x^2\mathrm{e}^x$ 的极值.

解　$f'(x)=2x\mathrm{e}^x+x^2\mathrm{e}^x=\mathrm{e}^x(2x+x^2)$.

令 $f'(x)=0$,求得驻点 $x_1=-2,x_2=0$.

而
$$f''(x)=\mathrm{e}^x(x^2+4x+2).$$

由于 $f''(-2)=-\frac{2}{\mathrm{e}^2}<0$,因此,$f(-2)=\frac{4}{\mathrm{e}^2}$为极大值;由于 $f''(0)=2>0$,所以 $f(0)=0$为极小值.

例 9　求函数 $f(x)=(x^2-1)^3+1$ 的极值.

解　$f'(x)=6x(x^2-1)^2$.

令 $f'(x)=0$,求得驻点 $x_1=-1,x_2=0,x_3=1$,又

$$f''(x)=6(x^2-1)(5x^2-1).$$

因 $f''(0)=6>0$，故 $f(x)$ 在 $x=0$ 取得极小值，极小值为 $f(0)=0$.

因 $f''(-1)=f''(1)=0$，故用定理 4 无法判断. 考察一阶导数 $f'(x)$ 在驻点 $x_1=-1$ 及 $x_3=1$ 左右邻近的符号：当 x 取 -1 左侧邻近的值时，$f'(x)<0$；当 x 取 -1 右侧邻近的值时，$f'(x)<0$. 因为 $f'(x)$ 的符号没有改变，所以 $f(x)$ 在 $x=-1$ 处没有极值. 同理，$f(x)$ 在 $x=1$ 处也不存在极值.

例 10 讨论方程 $xe^{-x}=a(a>0)$ 的实根的个数.

解 设 $f(x)=xe^{-x}-a$，则只需讨论方程 $f(x)=0$ 有几个实根，而

$$f'(x)=e^{-x}(1-x),$$

令 $f'(x)=e^{-x}(1-x)=0$，得驻点 $x=1$，

又
$$f''(x)=e^{-x}(x-2), f''(1)=-\frac{1}{e}<0.$$

故当 $x=1$ 时 $f(x)$ 有极大值 $f(1)=\frac{1}{e}-a$.

下面讨论在 $x=1$ 及其两侧函数的取值情况.

(1) 若 $f(1)=\frac{1}{e}-a>0$，则 $0<a<\frac{1}{e}$，由于

$$\lim_{x\to-\infty}f(x)=\lim_{x\to-\infty}(xe^{-x}-a)=-\infty<0,$$
$$\lim_{x\to+\infty}f(x)=\lim_{x\to+\infty}(xe^{-x}-a)=-a<0,$$

所以在 $(-\infty,1)$ 及 $(1,+\infty)$ 内 $f(x)=0$ 至少各有一实根. 又在 $(-\infty,1)$ 内 $f'(x)>0$，即 $f(x)$ 单调增加，在 $(1,+\infty)$ 内 $f'(x)<0$，即 $f(x)$ 单调减少. 故方程 $f(x)=0$，此时仅有两个实根，分别在 $(-\infty,1)$ 和 $(1,+\infty)$ 内.

(2) 若 $f(1)=\frac{1}{e}-a=0$，即 $a=\frac{1}{e}$ 时，因 $x<1$ 时，$f(x)<0$，$x>1$ 时，$f(x)<0$，故方程 $f(x)=0$ 仅有 $x=1$ 这一个实根.

(3) $f(1)=\frac{1}{e}-a<0$，即 $a>\frac{1}{e}$ 时，恒有 $f(x)<0$，当 $x\in(-\infty,+\infty)$，所以方程 $f(x)=0$ 无实根.

注意	在利用函数的极值讨论方程根的情况时，首先要将 $f(x)$ 的单调区间和极值求出，然后在每个区间内利用零点定理判断根的存在性.

习题 3-4

(A)

一、填空题

1. 函数 $y=\frac{e^x}{x}$ 的单调增区间是________，单调减区间是________.

2. $y=(x-1)\sqrt[3]{x^2}$ 在 $x_1=$ ________处有极__________值,在 $x_2=$ ________处有极________值.

3. 方程 $x^5+x-1=0$ 在实数范围内有________个实根.

4. 若函数 $f(x)=ax^2+bx$ 在点 $x=1$ 处取极大值 2,则 $a=$ ________,$b=$ ________.

5. $f(x)=a\sin x+\frac{1}{3}\sin 3x$,$a=2$ 时,$f\left(\frac{\pi}{3}\right)$ 为极________值.

二、选择题

1. 下列函数中不具有极值点的是(　　).

A. $y=|x|$　　B. $y=x^2$　　C. $y=x^3$　　D. $y=x^{\frac{2}{3}}$

2. 函数 $y=f(x)$ 在点 x_0 处取极大值,则必有(　　).

A. $f'(x_0)=0$　　B. $f'(x_0)$不存在

C. $f'(x_0)=0$,$f''(x_0)<0$　　D. $f'(x_0)=0$ 或 $f'(x_0)$不存在

3. 已知 $f(a)=g(a)$,且当 $x>a$ 时,$f'(x)>g'(x)$,则当 $x\geqslant a$ 时必有(　　).

A. $f(x)\geqslant g(x)$　B. $f(x)\leqslant g(x)$　　C. $f(x)=g(x)$　　D. 以上结论皆不成立

4. 设函数 $f(x)$在$(-\infty,+\infty)$内可导,且对任意的 x_1,x_2,当 $x_1>x_2$ 时,有 $f(x_1)>f(x_2)$,则有(　　).

A. 对任意的 x,$f'(x)>0$　　B. 对任意的 x,$f'(-x)<0$

C. 函数 $f(-x)$单调增加　　D. 函数$-f(-x)$单调增加

5. 设在$[0,1]$上,$f''(x)>0$,则有(　　).

A. $f'(1)>f'(0)>f(1)-f(0)$　　B. $f'(1)>f(1)-f(0)>f'(0)$

C. $f(1)-f(0)>f'(1)>f'(0)$　　D. $f'(1)>f(0)-f(1)>f'(0)$

(B)

1. 求下列函数的单调区间:

(1) $y=\ln(x+\sqrt{1+x^2})$;　　(2) $y=x+|\sin 2x|$.

2. 证明下列不等式:

(1) 当 $x>0$ 时,$1+\frac{1}{2}x>\sqrt{1+x}$;

(2) 当 $0<x<\frac{\pi}{2}$时,$\tan x>x+\frac{1}{3}x^3$.

3. 讨论方程 $\ln x=ax$(其中 $a>0$)有几个实根?

4. 证明:方程 $x+p+q\cos x=0$ 恰有一个实数根,其中 p,q 为常数,且 $0<q<1$.

5. 求下列函数的极值:

(1) $y=x+\sqrt{1-x}$;　　(2) $y=x^{\frac{1}{x}}$.

6. 试证明:如果函数 $y=ax^3+bx^2+cx+d$ 满足条件 $b^2-3ac<0$,那么这个函数没有极值.

7. 试确定常数 a,b,使 $f(x)=a\ln x+bx^2+x$ 在 $x=1$ 和 $x=2$ 处有极值,并求此极值.

8. 问函数 $y=\frac{x}{1+x^2}(x\geqslant 0)$在何处取得最大值?

第五节 函数的最大值、最小值及其应用

在上一节中我们已经提到极大值、极小值不同于最大值、最小值.在这一节里,我们来介绍一个函数在某一区间的最大值、最小值的求法.

设函数 $y=f(x)$在闭区间$[a,b]$上连续,由闭区间上连续函数的性质,可知 $y=f(x)$在$[a,b]$上的最大值和最小值一定存在.如果最大值(或最小值)在(a,b)内某点取得,那么它一定同时是极大值(或极小值).例如,在图 3-9(a)中,$y=f(x)$在 $x=x_0$ 处取得最大值,且$x=x_0$ 是该函数的极大值点.但最大值(或最小值)也可能在区间的端点处取得,例如,在图 3-9(b)中,$y=f(x)$在区间的左端点 $x=a$ 处取得最大值.因此,我们必须比较 $f(x)$所有的极大值(或极小值)以及函数在两个端点处的函数值,从而得出$[a,b]$上的最大值(或最小值).

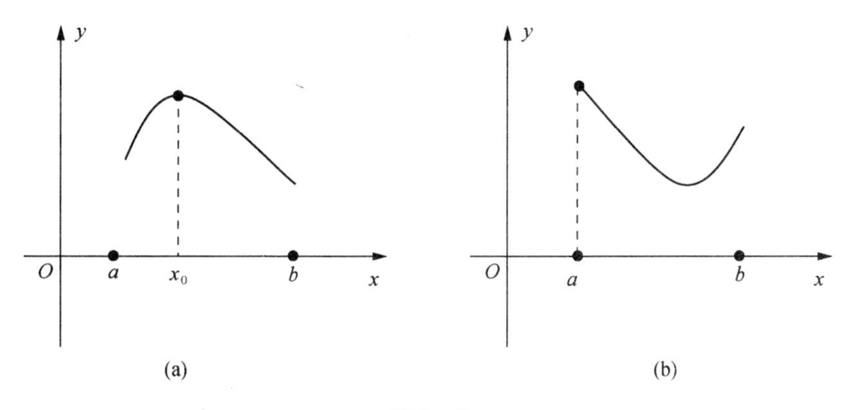

图 3-9

例 1 求函数 $f(x)=x^3-3x^2-9x+5$ 在$[-2,4]$上的最大值、最小值.

解 $f(x)$在$[-2,4]$上是连续的,所以它在该区间上必有最值.求导得

$$f'(x)=3x^2-6x-9=3(x+1)(x-3).$$

函数有两个驻点:-1 与 3.比较 $f(x)$在驻点和端点处的函数值:

$$f(-1)=10,f(3)=-22,f(-2)=3,f(4)=-15.$$

可知最大值为 10,最小值为-22.

从上例中可以看出,求函数 $f(x)$在$[a,b]$上的最大值、最小值的步骤如下:

第一步 求出 $f(x)$在(a,b)内的所有临界点 $x_1,x_2,\cdots,x_n$;

第二步 计算 $f(x_i)(i=1,2,\cdots,n)$及 $f(a),f(b)$;

第三步 比较第二步中诸值的大小,其中最大的便是 $f(x)$在$[a,b]$上的最大值,最小的便是$f(x)$在$[a,b]$上的最小值.

在有些特殊情况下,求最值还可以用更简单的方法.比如说,函数 $y=f(x)$在区间$[a,b]$上单调增加,那么 $f(a)$就是最小值,$f(b)$就是最大值;单调减少时,则恰恰相反.还有,如果函数在区间$[a,b]$的内部只有一个极大值而无极小值,那么这个极大值就是最大值(如图 3-10

(a));如果只有一个极小值而无极大值,那么这个极小值就是最小值(如图 3-10(b)).

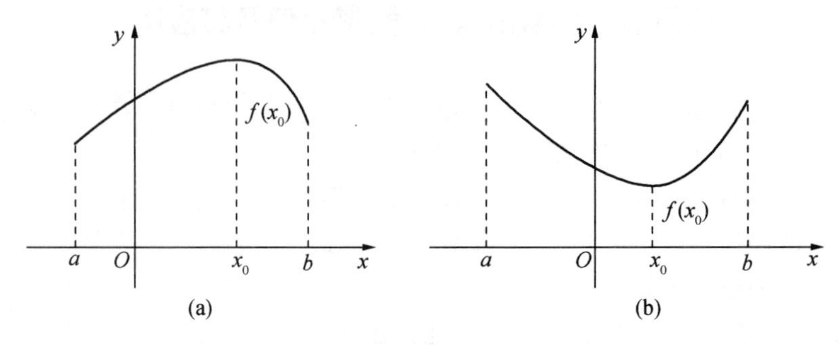

图 3-10

很多求最大值或最小值的实际问题,往往属于这种情形,因此,求解这类问题只需求极大值或极小值即可.一般而言,在一定条件下,怎样使“产品最多”、“用料最省”、“成本最低”、“效率最高”等问题都属于实际问题中的最大值和最小值问题,这类问题在数学上有时可归结为求某一函数(通常称为目标函数)的最大值和最小值问题.

例 2 欲用白铁皮制一容积为 V 的圆柱形罐头筒,在裁剪筒的侧面时,材料可以不受损耗,但在从一块正方形材料上裁剪出圆形的上下底时,在四个角上就有损耗.要使所用材料最省,高与底半径之比是多少?

解 设 r 为筒上、下底的半径,h 为筒的高(如图 3-11),目标函数 A 为包括损耗在内的制造用料的总面积.由题意得:

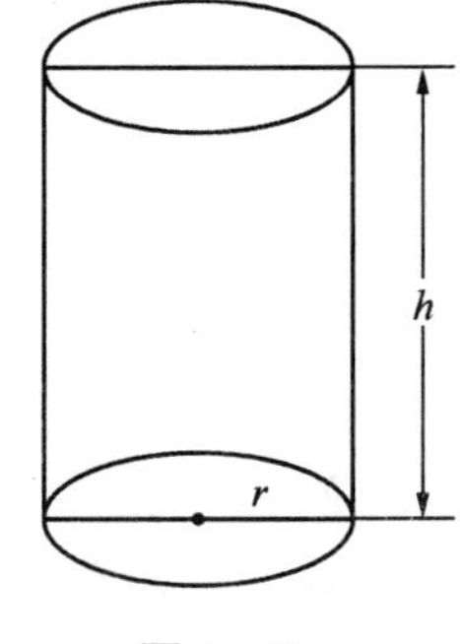

图 3-11

$$A=(2r)^2+(2r)^2+2\pi rh,$$

且 $\pi r^2h=V$,故 $h=\dfrac{V}{\pi r^2}$,从而

$$A(r)=8r^2+\frac{2V}{r},$$

求导,得

$$A'(r)=16r-\frac{2V}{r^2},$$

$$A''(r)=16+\frac{4V}{r^3}.$$

令 $A'(r)=0$,得唯一驻点:$r=\sqrt[3]{\dfrac{V}{8}}$,而 $A''\left(\sqrt[3]{\dfrac{V}{8}}\right)=48>0$,所以当 $r=\sqrt[3]{\dfrac{V}{8}}$ 时,$A(r)$ 取得极小值,也就是最小值.此时

$$\frac{h}{r}=\frac{V}{\pi r^3}=\frac{8}{\pi},$$

因此,当 $\dfrac{h}{r}=\dfrac{8}{\pi}$ 时,用去的材料最省.

例 3 由材料力学知道,一根截面为矩形的横梁的强度与矩形的宽和高的平方成正比.现欲将一根直径为 d 的圆木切割成具有最大强度而截面为矩形的横梁,问矩形的高与宽之比应是多少？

解 设横梁的矩形截面的宽为 b，高为 h，强度为 s，那么 $s=kbh^2$，其中 k 为比例系数(如图 3-12)，由于 $h^2+b^2=d^2$，所以

$$s(b)=kb(d^2-b^2),$$

求导得

$$\frac{\mathrm{d}s}{\mathrm{d}b}=k(d^2-3b^2).$$

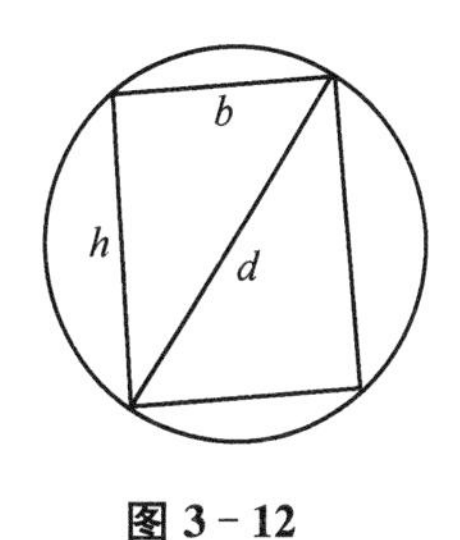

图 3-12

令 $\frac{\mathrm{d}s}{\mathrm{d}b}=0$，得 $b=\frac{d}{\sqrt{3}}$，这是唯一的驻点. 又因为

$$\frac{\mathrm{d}^2 s}{\mathrm{d}b^2}=-6kb;\left.\frac{\mathrm{d}^2 s}{\mathrm{d}b^2}\right|_{b=\frac{d}{\sqrt{3}}}=-2\sqrt{3}kd<0,$$

所以当 $b=\frac{d}{\sqrt{3}}$ 时，$s(b)$ 取得极大值，也是最大值. 此时

$$h=\sqrt{d^2-b^2}=\sqrt{3b^2-b^2}=\sqrt{2}b,$$

即 $\frac{h}{b}=\sqrt{2}$ 时，强度最大.

例 4 某人在陆地上骑自行车的速度为 v_1，在河上划船的速度为 v_2，现要从 A_1 骑自行车到河边，然后划船去河对岸的 A_2(如图 3-13)，问应在何处上船，用时最少(不考虑河中水的流速)？

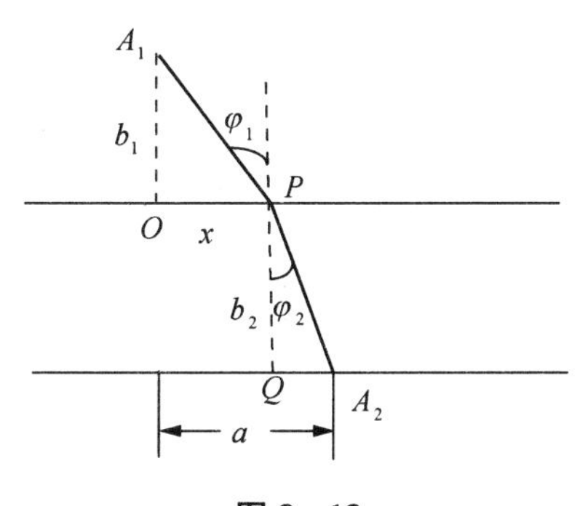

图 3-13

解 如图 3-13，设 A_1 到河边的垂直距离 $A_1O=b_1$，河的宽度为 $PQ=b_2$，A_1 点到 A_2 点的水平距离为 a.

设上船地点 P 与点 A_1 的水平距离为 x，那么由 A_1 到 P，再由 P 到 A_2，总共所需时间

$$t(x)=\frac{1}{v_1}\sqrt{b_1^2+x^2}+\frac{1}{v_2}\sqrt{b_2^2+(a-x)^2},0\leqslant x\leqslant a,$$

求导，得

$$\frac{\mathrm{d}t}{\mathrm{d}x}=\frac{1}{v_1}\frac{x}{\sqrt{b_1^2+x^2}}-\frac{1}{v_2}\frac{a-x}{\sqrt{b_2^2+(a-x)^2}},$$

$$\frac{d^2t}{dx^2}=\frac{b_1^2}{v_1\sqrt{(b_1^2+x^2)^3}}+\frac{b_2^2}{v_2\sqrt{[b_2^2+(a-x)^2]^3}}>0.$$

因为 $t'(0)<0,t'(a)>0$；而 $t''(x)>0$，又 $t'(x)$ 在 $[0,a]$ 上连续，故 $t'(x)$ 在 $(0,a)$ 内存在唯一零点 x_0，且 $t(x)$ 在 x_0 取得极小值，也就是最小值. 但要从 $\frac{dt}{dx}=0$ 求 x_0 比较复杂，因此，我们引入 φ_1 与 φ_2 两个角，如图 3－13 所示，且易知

$$\sin\varphi_1=\frac{x}{\sqrt{b_1^2+x^2}},\sin\varphi_2=\frac{a-x}{\sqrt{b_2^2+(a-x)^2}}.$$

由 $\frac{dt}{dx}=0$，得 $\frac{1}{v_1}\sin\varphi_1=\frac{1}{v_2}\sin\varphi_2$ 或 $\frac{\sin\varphi_1}{\sin\varphi_2}=\frac{v_1}{v_2}$，换句话说，当 φ_1 与 φ_2 满足上式时，从 A_1 到 A_2 所需时间最少.

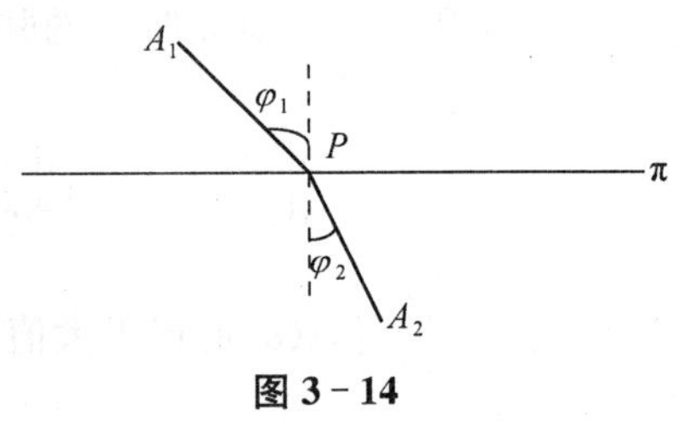

图 3－14

在这个例子中，如果我们把 A_1P 与 A_2P 设想为在两种介质中分别以速度 v_1 与 v_2 行进的光线(如图 3－14)；平面 π 为两种介质的分界面；A_1P 为入射光线，PA_2 为折射光线(A_1,P,A_2 在同一平面内)；φ_1 与 φ_2 分别为入射角与折射角，那么由例 4 知，当 $\frac{\sin\varphi_1}{\sin\varphi_2}=\frac{v_1}{v_2}$ 时，光线从 A_1 行进到 A_2 所需时间最少. 这就是光学中著名的折射定理.

例 5 假设某工厂生产某产品 x 千件的成本是 $c(x)=x^3-6x^2+15x$，售出该产品 x 千件的收入是 $r(x)=9x$. 问是否存在一个能取得最大利润的生产水平？如果存在的话，找出这个生产水平.

解 由题意知，售出 x 千件产品的利润是

$$p(x)=r(x)-c(x).$$

令 $p'(x)=r'(x)-c'(x)=0$，即 $r'(x)=c'(x)$，得

$$x^2-4x+2=0,$$

解方程得 $x_1=2-\sqrt{2},x_2=2+\sqrt{2}$，又 $p''(x)=-6x+12,p''(x_1)>0,p''(x_2)<0$.

故在 x_2 处取得最大利润，而在 x_1 处发生局部最大亏损.

另外，函数的最大值、最小值还可以用来证明不等式. 请看下例.

例 6 证明：$\frac{1}{2^{p-1}}\leqslant x^p+(1-x)^p\leqslant 1$(其中 $0\leqslant x\leqslant 1,p\geqslant 1$).

证明 设 $f(x)=x^p+(1-x)^p$，则

$$f'(x)=px^{p-1}-p(1-x)^{p-1},$$

令 $f'(x)=0$，得 $x=\frac{1}{2}$，则 $x=\frac{1}{2}$ 是 $f(x)$ 的可能极值点，由于 $f\left(\frac{1}{2}\right)=\frac{1}{2^{p-1}}<1$(因 $p\geqslant 1$)，且 $f(0)=1,f(1)=1$，所以 $f(x)$ 在 $[0,1]$ 上的最大值为 1，最小值为 $\frac{1}{2^{p-1}}$，故

$$\frac{1}{2^{p-1}}\leqslant x^p+(1-x)^p\leqslant 1.$$

习题　3－5

(A)

填空题

1. 函数 $f(x)=\frac{1}{3}x^3-4x+2(-2\leqslant x\leqslant 1)$ 的最大值为________，最小值为________.

2. 函数 $f(x)=\frac{x-1}{x+1}$ 在区间 $[0,4]$ 上的最大值为________，最小值为________.

3. $f(x)=\sin 2x-x\left(|x|\leqslant\frac{\pi}{2}\right)$ 在 $x=$ ________处有最大值，在 $x=$ ________处有最小值.

4. 设 $f(x)=ax^3-6ax^2+b$ 在区间 $[-1,2]$ 上的最大值为 3，最小值为 -29，又知 $a>0$，则 $a=$ ________，$b=$ ________.

(B)

1. 求下列函数的最大值和最小值：

(1) $y=x^4+2x^2+5(-2\leqslant x\leqslant 2)$；　　(2) $y=x+2\cos x\left(0\leqslant x\leqslant\frac{\pi}{2}\right)$.

2. 从一块半径为 R 的圆铁片上挖去一个扇形后用剩余的部分做成一个漏斗，问留下的部分中心角 φ 取多大时，做成的漏斗的容积最大？

3. 每批生产 x 单位某种产品的费用为 $C(x)=200+4x$，得到的收益为 $R(x)=10x-\frac{x^2}{100}$. 问每批生产多少单位产品时才能使利润最大，最大利润是多少？

第六节　函数的凹凸性与拐点

以上两节对函数的单调性、极值、最大值和最小值进行了讨论，使我们知道了函数变化的大致情况. 但是这还不够，因为同属于单调增加的两个可导函数的图形，虽然从左到右曲线都在上升，但它们的弯曲方向却可以不同. 如图 3－15(a)及 3－15(b)，(a) 图是向下凹的曲线弧；(b) 图是向上凸的曲线弧，它们的凹凸性不同，显然，上凸(下凹)曲线在它的任一点处的切线的下方(上方)，下面我们就来研究曲线凹凸性及其判定法.

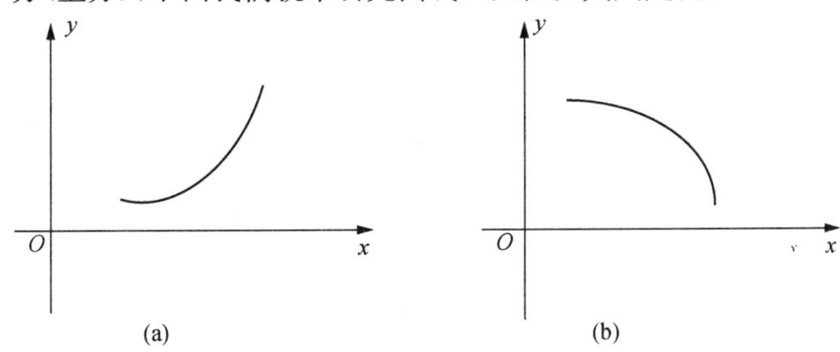

图 3－15

定义 1 一个可导函数 $y=f(x)$ 的图形,如果在区间 I 的曲线都位于它每一点切线的上方,那么称曲线 $y=f(x)$ 在区间 I 上是凹的;如果在区间 I 的曲线都位于它每一点切线的下方,那么称曲线 $y=f(x)$ 在区间 I 上是凸的.

从图 3-15 中可以看出,凹曲线的斜率 $\tan\alpha=f'(x)$ 随着 x 增大而增大,即函数 $f'(x)$ 为单调增加的函数;而凸曲线的斜率 $\tan\alpha=f'(x)$ 随着 x 增大而减少,即函数 $f'(x)$ 为单调减少的函数. 由于 $f'(x)$ 的单调性可由二阶导数 $f''(x)$ 的正负来判定,因此,我们有下面利用二阶导数来判定函数凹凸性的定理.

定理 1 设函数 $f(x)$ 二阶可导,那么

(1) 在使 $f''(x)>0$ 的区间上,曲线 $y=f(x)$ 是凹的;

(2) 在使 $f''(x)<0$ 的区间上,曲线 $y=f(x)$ 是凸的.

证明 现就 $f''(x)>0$ 的情形来证明. 如图 3-16 所示,在区间 I 内任取一点 x_0.

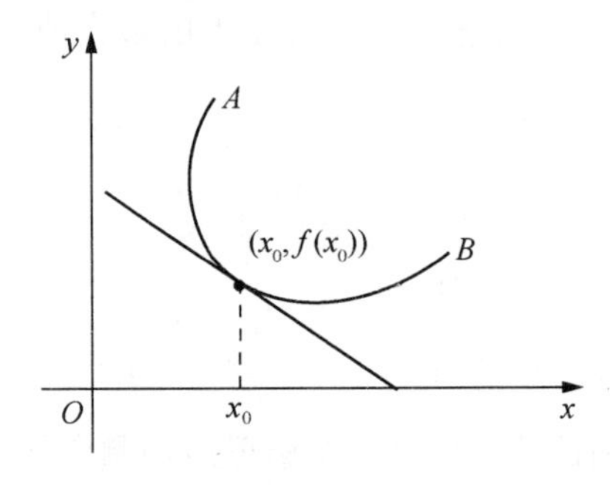

图 3-16

曲线 AB 上点 $(x_0, f(x_0))$ 处的切线方程为

$$Y=f(x_0)+f'(x_0)(X-x_0),$$

其中 (X,Y) 为切线上的任一点.

设 x_1 为 I 内任一异于 x_0 的一点,那么对应于 x_1,曲线上与切线上两个点的纵坐标分别为:

$$y_1=f(x_1), Y_1=f(x_0)+f'(x_0)(x_1-x_0).$$

对 y_1 与 Y_1 之差 y_1-Y_1 两次用拉格朗日中值定理,得

$$\begin{aligned} y_1-Y_1 &=f(x_1)-f(x_0)-f'(x_0)(x_1-x_0) \\ &=f'(\xi_1)(x_1-x_0)-f'(x_0)(x_1-x_0) \ (\xi_1 \text{ 在 } x_1 \text{ 与 } x_0 \text{ 之间}) \\ &=[f'(\xi_1)-f'(x_0)](x_1-x_0) \\ &=f''(\xi)(\xi_1-x_0)(x_1-x_0) \ (\xi \text{ 在 } \xi_1 \text{ 与 } x_0 \text{ 之间}). \end{aligned}$$

当 $x_1>x_0$ 时,有 $x_0<\xi_1<x_1$,所以 $x_1-x_0>0, \xi_1-x_0>0$;当 $x_1<x_0$ 时,有 $x_1<\xi_1<x_0$,所以 $x_1-x_0<0, \xi_1-x_0<0$. 因此,只要 $x_1\neq x_0$,总有

$$(\xi_1-x_0)(x_1-x_0)>0.$$

又因为 $f''(x)$ 在区间 I 上恒大于零,所以 $f''(\xi)>0$. 从而 $y_1>Y_1$,即曲线在其上任一点处的切线之上,由定义,曲线在 I 上是凹的. 同理可证 $f''(x)<0$ 的情形.

例 1 判定高斯曲线 $y=e^{-x^2}$ 的凹凸性.

解 求导得:$y'=-2xe^{-x^2}$,$y''=2(2x^2-1)e^{-x^2}$. 由于 $e^{-x^2}>0$,所以

当 $2x^2-1>0$,即 $x>\frac{1}{\sqrt{2}}$ 或 $x<-\frac{1}{\sqrt{2}}$ 时,$y''>0$;

当 $2x^2-1<0$,即 $-\frac{1}{\sqrt{2}}<x<\frac{1}{\sqrt{2}}$ 时,$y''<0$.

因此,在区间 $\left(-\infty,-\frac{1}{\sqrt{2}}\right)$ 与 $\left(\frac{1}{\sqrt{2}},+\infty\right)$ 上曲线是凹的,在区间 $\left(-\frac{1}{\sqrt{2}},\frac{1}{\sqrt{2}}\right)$ 上曲线是凸的.

从上例我们可以看出,函数的图形从凹的到凸的,再从凸的到凹的. 下面我们就来讨论连续曲线 $y=f(x)$ 凹凸性的分界点.

定义 2 一条处处具有切线的连续曲线 $y=f(x)$ 的凹凸性的分界点称为曲线的**拐点**.

根据这个定义可知,曲线的切线在拐点处是穿过曲线的. 现在我们来介绍拐点的判定与求法.

定理 2 设函数 $y=f(x)$ 二阶可导,如果点 $(x_0,f(x_0))$ 是曲线 $y=f(x)$ 的拐点,那么 $f''(x_0)=0$.

证明 这里只就二阶导函数连续的情况加以证明:用反证法,假定 $f''(x_0)\neq0$,不妨设 $f''(x_0)>0$. 根据 $f''(x)$ 的连续性,在 x_0 的某一邻域内 $f''(x)>0$. 由定理 1 知在这个邻域内曲线 $y=f(x)$ 是凹的,这与点 $(x_0,f(x_0))$ 是曲线的拐点相矛盾,所以必有 $f''(x_0)=0$.

定理 2 为我们寻找拐点指出了范围,即具有二阶导数的曲线 $y=f(x)$,它的拐点的横坐标只需从使 $f''(x)=0$ 的点中去寻找. 从而由拐点的定义及定理 1,我们有下列拐点的判定与求法:

设函数 $f(x)$ 在 x_0 的某一邻域内二阶可导,且 $f''(x_0)=0$,而 $f''(x)$ 在 x_0 的左右邻域内分别有确定的符号,如果在这个邻域的左右两边 $f''(x)$ 异号,那么 $(x_0,f(x_0))$ 是曲线 $y=f(x)$ 的拐点;如果在这个邻域的左右两边 $f''(x)$ 同号,那么 $(x_0,f(x_0))$ 不是曲线 $y=f(x)$ 的拐点.

例 2 求曲线 $y=(x-1)^4(x-6)$ 的拐点.

解 $y'=(x-1)^4+4(x-1)^3(x-6)=5(x-1)^3(x-5)$,

$y''=20(x-1)^2(x-4)$.

令 $y''=0$,得 $x=1$ 与 $x=4$. 当 $x<4$ 时,$y''<0$,当 $x>4$ 时,$y''>0$,所以点 $(4,-162)$ 为曲线的拐点. 但在 $x=1$ 的左右两边 y'' 不变号,因此,该曲线只有一个拐点.

应当指出,上述拐点的求法是对二阶可导函数来说的. 事实上,若函数 $f(x)$ 在 x_0 处的二阶导数不存在,但在 x_0 的去心邻域内二阶可导,那么 $(x_0,f(x_0))$ 也可能是曲线 $y=f(x)$ 的拐点. 例如,曲线 $y=x^{\frac{1}{3}}$,$y'=\frac{1}{3}x^{-\frac{2}{3}}(x\neq0)$,当 $x=0$ 时,$y'\to+\infty$,从而 y'' 不存在. 而当 $x\neq0$ 时,$y''=-\frac{2}{9}x^{-\frac{5}{3}}$,所以 $x<0$ 时,$y''>0$,$x>0$ 时,$y''<0$,因此,原点 $(0,0)$ 是该曲线的拐点.

曲线的凹凸性与拐点是曲线的重要特征,知道了这些特征,对作出函数的图形是很有帮助的.

例 3 求函数 $y=\ln(1+x^2)$的凹凸区间及拐点.

解 设 $y=f(x)=\ln(1+x^2)$,

$$f'(x)=\frac{2x}{x^2+1},f''(x)=\frac{2(x^2+1)-2x\cdot 2x}{(x^2+1)^2}=\frac{-2(x^2-1)}{(x^2+1)^2}.$$

令 $f''(x)=0$,得 $x=\pm 1$,由此将定义域$(-\infty,+\infty)$分成以下几个区间:

x	$(-\infty,-1)$	-1	$(-1,1)$	1	$(1,+\infty)$
$f''(x)$	$-$	0	$+$	0	$-$
$y=f(x)$的图形	凸	拐点$(-1,\ln 2)$	凹	拐点$(1,\ln 2)$	凸

所以曲线在$(-\infty,-1)$,$(1,+\infty)$上是凸的,在$(-1,1)$上是凹的. 拐点是$(-1,\ln 2)$和$(1,\ln 2)$.

例 4 设 $f(x)$在区间 I 上连续. 证明:

(1) 如果在 I 上恒有 $f''(x)>0$,那么对 I 上任意两点 x_1,x_2,恒有

$$f\left(\frac{x_1+x_2}{2}\right)<\frac{f(x_1)+f(x_2)}{2};$$

(2) 如果在 I 上恒有 $f''(x)<0$,那么对 I 上任意两点 x_1,x_2,恒有

$$f\left(\frac{x_1+x_2}{2}\right)>\frac{f(x_1)+f(x_2)}{2}.$$

证明 在情形(1),设 x_1 和 x_2 为 I 内任意两点,且 $x_1<x_2$,记$\frac{x_1+x_2}{2}=x_0$,并记

$$x_2-x_0=x_0-x_1=h,$$

则 $x_1=x_0-h,x_2=x_0+h$,由拉格朗日中值公式,得

$$f(x_0+h)-f(x_0)=f'(x_0+\theta_1 h)h,$$
$$f(x_0)-f(x_0-h)=f'(x_0-\theta_2 h)h,$$

其中 $0<\theta_1<1,0<\theta_2<1$. 两式相减,得

$$f(x_0+h)+f(x_0-h)-2f(x_0)=[f'(x_0+\theta_1 h)-f'(x_0-\theta_2 h)]h.$$

对 $f'(x)$在区间$[x_0-\theta_2 h,x_0+\theta_1 h]$上,再利用拉格朗日公式,得

$$[f'(x_0+\theta_1 h)-f'(x_0-\theta_2 h)]h=f''(\xi)(\theta_1+\theta_2)h^2,$$

其中 $x_0-\theta_2 h<\xi<x_0+\theta_1 h$,按情形(1)的假设,$f''(\xi)>0$. 故有

$$f(x_0+h)+f(x_0-h)-2f(x_0)>0,$$

即
$$\frac{f(x_0+h)+f(x_0-h)}{2}>f(x_0),$$

亦即
$$\frac{f(x_1)+f(x_2)}{2}>f\left(\frac{x_1+x_2}{2}\right).$$

类似地可以证明情形(2).

例 5　设 $y=f(x)$ 在 $x=x_0$ 的某一领域内具有三阶连续导函数,且

$$f'(x_0)=f''(x_0)=0, f'''(x_0)\neq 0.$$

问 $x=x_0$ 是否为极值点? 是否为拐点? 为什么?

解　不妨设 $f'''(x_0)>0$,由题设可知存在 x_0 的 δ 领域,使 $f'''(x)$ 在 $(x_0-\delta,x_0+\delta)$ 内连续,故有连续函数的保号性,$f'''(x)>0$,即当 $x\in(x_0-\delta,x_0+\delta)$ 时,则 $f''(x)$ 为单调增函数.

当 $x_0-\delta<x<x_0$ 时,$f''(x)<f''(x_0)$,即 $f''(x)<0$;当 $x_0<x<x_0+\delta$ 时,$f''(x)>f''(x_0)$,即 $f''(x)>0$,故点 $(x_0,f(x_0))$ 是曲线 $y=f(x)$ 的拐点.

又当 $x_0-\delta<x<x_0$ 时,$f''(x)<0$,故 $f'(x)$ 为单调减函数,因此,$f'(x)>f'(x_0)$,即 $f'(x)>0$.

当 $x_0<x<x_0+\delta$ 时,$f''(x)>0$,故 $f'(x)$ 为单调增函数,因此,$f'(x)>f'(x_0)$,即 $f'(x)>0$,所以 $x=x_0$ 不是该函数的极值点. 同理可证 $f'''(x_0)<0$ 的情形.

习题　3－6

(A)

填空题

1. 曲线 $y=x^3$ 的拐点是________.

2. 曲线 $y=e^{\frac{1}{x}}-1$ 的水平渐近线的方程为________.

3. 曲线 $y=\dfrac{3x^2-4x+5}{(x+3)^2}$ 的铅直渐近线的方程为________.

4. 已知 $f(x)$ 二阶可导,$f''(x_0)=0$ 是曲线 $y=f(x)$ 上点 $(x_0,f(x_0))$ 为拐点的________条件.

5. 已知点(1,3)为曲线 $y=ax^3+bx^2$ 的拐点,则 $a=$________,$b=$ ________. 该曲线的凹区间为________,凸区间为________.

(B)

1. 求下列函数图形的拐点及凹或凸的区间:

(1) $y=x^3-5x^2+3x+5$;　　　　(2) $y=\dfrac{x^2e^{-x}}{2}$.

2. 利用函数图形的凹凸性证明:

当 $0<a<b$ 时,有 $\arctan a+\arctan b<2\arctan\dfrac{a+b}{2}$.

第七节　函数图形的描绘

在前面我们讨论了函数的单调性和极值,以及函数图形的凹凸性及拐点. 这样我们对函数的性态就有了比较深入的了解. 在此基础上来作函数的图形,比在中学里用描点法来作图

自然要精准些. 现将作函数 $y=f(x)$ 图形的步骤归纳如下：

第一步　确定函数 $y=f(x)$ 的定义域、间断点、奇偶性、周期性等；

第二步　求出函数 $f(x)$ 的一阶和二阶导数，并求出使 $f'(x)=0$，$f''(x)=0$ 的点和 $f'(x)$，$f''(x)$ 不存在的点 $x_i(i=1,2,\cdots)$，以及这些点对应的函数值 $f(x_i)$，得到图形上相应的多个点；

第三步　根据 $f'(x)$，$f''(x)$ 的正负号，列表讨论函数的单调区间、极值、图形的凹凸区间和拐点等函数性态；

第四步　讨论曲线 $y=f(x)$ 的渐近线；

第五步　结合第三步、第四步连接这些点画出函数的图形，为了把图形描绘得准确些，有时还需要补充一些点.

下面举两个例子.

例 1　作出高斯曲线 $y=e^{-x^2}$ 的图形.

解　(1) 所给函数 $y=f(x)$ 的定义域为 $(-\infty,+\infty)$，是偶函数，图形对称于 y 轴，与 y 轴交于点 $(0,1)$.

(2) $y'=-2xe^{-x^2}$，$y''=2(2x^2-1)e^{-x^2}$. 令 $y'=0$，得 $x=0$；令 $y''=0$，得 $x=\pm\frac{1}{\sqrt{2}}$. 且 $f(0)=1$，$f\left(\pm\frac{1}{\sqrt{2}}\right)=\frac{1}{\sqrt{e}}$，无 y'，y'' 不存在的点，从而得到函数图形上的三个点：

$$M_1(0,1),M_2\left(\frac{1}{\sqrt{2}},\frac{1}{\sqrt{e}}\right),M_4\left(-\frac{1}{\sqrt{2}},\frac{1}{\sqrt{e}}\right).$$

(3) 单调区间、极值、凹凸区间、拐点等如下表所示：

x	$\left(-\infty,-\frac{1}{\sqrt{2}}\right)$	$-\frac{1}{\sqrt{2}}$	$\left(-\frac{1}{\sqrt{2}},0\right)$	0	$\left(0,\frac{1}{\sqrt{2}}\right)$	$\frac{1}{\sqrt{2}}$	$\left(\frac{1}{\sqrt{2}},+\infty\right)$
$f'(x)$	+	+	+	0	−	−	−
$f''(x)$	+	0	−	−	−	0	+
$y=f(x)$ 的图形	↗	拐点	↗	极大	↘	拐点	↘

(4) 当 $x\to\infty$ 时，$y\to0$，所以 $y=0$ 是一条水平渐近线.

(5) 算出 $f(-1)=\frac{1}{e}$，从而得到函数 $y=e^{-x^2}$ 图形上的两个点 $M_3\left(1,\frac{1}{e}\right)$，$M_5\left(-1,\frac{1}{e}\right)$ 作为补充点，并结合(3)、(4) 中得到的结果，画出函数 $y=e^{-x^2}$ 的图形，如图 3-17 所示.

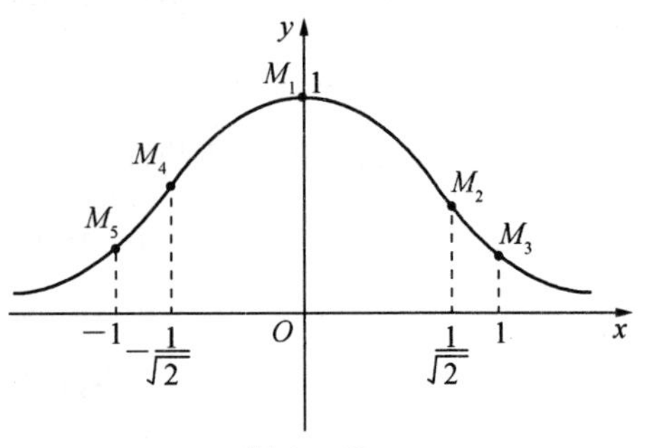

图 3-17

注意　在本例中，由于函数 $y=e^{-x^2}$ 是偶函数，其图形关于轴对称，在作图时可以只作出该函数在区间$[0,+\infty)$内的图形，而$[-\infty,0)$ 内的图形则可由对称性得到.

例 2　作出函数 $y=\dfrac{x^2-2x+2}{x-1}$的图形.

解　(1) 定义域为$(-\infty,1)$，$(1,+\infty)$，间断点为 $x=1$.

(2) $y'=\dfrac{x(x-2)}{(x-1)^2}$，$y''=\dfrac{2}{(x-1)^3}$，令 $y'=0$，得 $x=0$，$x=2$，没有使得 $y''=0$ 的点，由于 $x=1$ 是间断点，所以在该点处 y'，y''都不存在，$f(0)=-2$，$f(2)=2$，从而得到函数图形上的两个点：

$$M_1(0,-2),M_2(2,2).$$

(3) 函数性态表如下：

x	$(-\infty,0)$	0	$(0,1)$	1	$(1,2)$	2	$(2,+\infty)$
$f'(x)$	+	0	−	不存在	−	0	+
$f''(x)$	−	−	−	不存在	+	+	+
$y=f(x)$的图形	↗	极大	↘	间断点	↘	极小	↗

(4) 当 $x\to1^-$时，$y\to-\infty$；当 $x\to1^+$时，$y\to+\infty$，所以 $x=1$ 是曲线的垂直渐近线.

又因为

$$\lim_{x\to\infty}\frac{f(x)}{x}=\lim_{x\to\infty}\frac{x^2-2x+2}{x(x-1)}=1,$$

$$\lim_{x\to\infty}\left(\frac{x^2-2x+2}{x-1}-x\right)=-1,$$

所以函数的曲线有一条斜渐近线：$y=x-1$.

(5) 算出 $f(-0.5)=-2.1667$，$f(0.5)=-2.5$，$f(1.5)=2.5$，$f(3)=2.5$，从而得到函数 $y=e^{-x^2}$ 图形上的四个点 $M_3(-0.5,-2.1667)$，$M_4(0.5,-2.5)$，$M_5(1.5,2.5)$，$M_6(3,2.5)$作为补充点，并结合(3)、(4) 中得到的结果，画出函数 $y=\dfrac{x^2-2x+2}{x-1}$的图形，如图 3－18 所示.

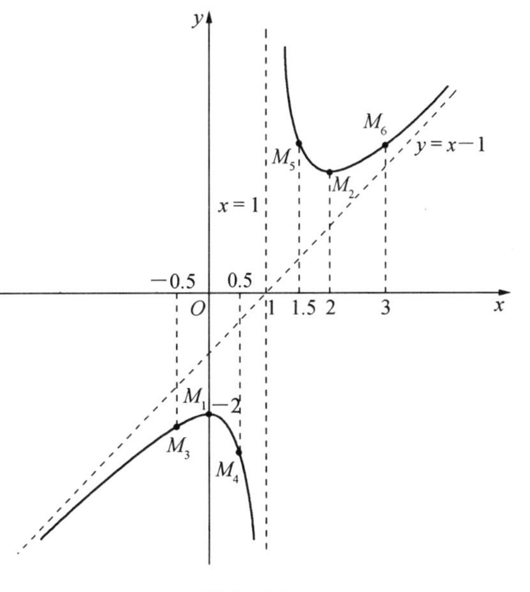

图 3－18

习题 3-7

1. 曲线 $y=x+\frac{x}{x^2-1}$ 的垂直渐近线方程为________,斜渐近线方程为________.

2. 设 $y=\frac{x^2+3}{x-1}$.

(1) 求函数的增减区间及极值; (2) 求函数曲线的凹凸区间和拐点;

(3) 求函数的渐近线; (4) 作出其图形.

3. 作出函数 $y=3x-x^3$ 的图形.

第八节 导数在经济学中的应用

一、边际分析

在经济分析和决策中,有时需要统筹考虑投入产出的效益问题,很多经济决策是基于对边际成本和边际收入的分析得到的.

1. 边际函数

在经济问题中,常常会使用变化率的概念.变化率分为平均变化率和瞬时变化率.平均变化率就是函数的改变量与自变量的改变量的商,而瞬时变化率是函数对自变量的导数,即当自变量改变量趋于零时平均变化率的极限,经济学中把瞬时变化率称为**边际函数**.

一般地,称 $\frac{\Delta y}{\Delta x}=\frac{f(x_0+\Delta x)-f(x_0)}{\Delta x}$ 为函数 $y=f(x)$ 在 $(x_0,x_0+\Delta x)$ 内的平均变化率,它表示函数 $y=f(x)$ 在改变量 Δx 内的平均变化速度.

函数 $y=f(x)$ 在 $x=x_0$ 处的导数

$$f'(x_0)=\lim_{\Delta x\to 0}\frac{f(x_0+\Delta x)-f(x_0)}{\Delta x}$$

称为函数 $y=f(x)$ 在 $x=x_0$ 处的变化率,也称为在 $x=x_0$ 处的边际函数值,它表示 $y=f(x)$ 在 $x=x_0$ 处的变化速度,即瞬时变化率.

在 $x=x_0$ 处,当 x 改变一个单位(即 $|\Delta x|=1$),函数相应的改变量 $\Delta y\approx f'(x_0)$ 个单位,实际应用中常略去近似二字.

设函数 $y=f(x)$ 在 x 处可导,则称导数 $f'(x)$ 为 $f(x)$ 的**边际函数**,简称**边际**.

2. 经济学中常见的边际函数

边际成本 边际成本是总成本的变化率,总成本一般由固定成本 C_0 和可变成本 C_1 组成.而平均成本是指生产一定数量产品时,平均每件产品的成本.

设 C 为总成本,C_0 为固定成本,C_1 为可变成本,$\overline{C}$ 为平均成本,C' 为边际成本,Q 为产量,则

总成本 $C=C(Q)=C_0+C_1(Q)$;

平均成本 $\overline{C}=\frac{C_0+C_1(Q)}{Q}$;

边际成本 $C'=C'(Q)$.

例 1 已知某商品的总成本函数为 $C(Q)=1\ 000+\frac{Q^2}{40}$，求：

(1) 当 $Q=200$ 时的总成本和平均成本；

(2) 当 $Q=200$ 到 $Q=400$ 时的总成本的平均变化率；

(3) 求 $Q=400$，$Q=420$ 时的边际成本并解释其经济意义.

解 (1) 当 $Q=200$ 时的总成本为

$$C(200)=1\ 000+\frac{200^2}{40}=2\ 000,$$

$$平均成本为\ \overline{C}(200)=\frac{C(2\ 000)}{200}=10.$$

(2) 当 $Q=200$ 到 $Q=400$ 时的总成本的平均变化率为

$$\frac{\Delta C}{\Delta Q}=\frac{C(400)-C(200)}{200}=15.$$

(3) 总成本函数的边际成本函数 $C'(Q)=\frac{Q}{20}$，则

$$C'(400)=\frac{400}{20}=20, C'(420)=\frac{420}{20}=21.$$

它们的经济意义为：生产第 401 个单位产品所花费的成本为 20，生产第 421 个单位产品所花费的成本为 21.

边际收益 总收益是指出售一定数量产品所得到的全部收入 $R=R(Q)$，平均收益是指出售单位产品得到的收入，一般指单位产品售价

$$\overline{R}=\overline{R}(Q)=\frac{R(Q)}{Q}.$$

边际收益是总收入的变化率，即 $R'=R'(Q)$.

例 2 设某产品的价格 P 与销量 Q 的函数关系为 $P=20-\frac{Q}{3}$，求销量为 30 个单位时的总收益、平均收益与边际收益.

解 总收益 $R=R(Q)=Q\cdot P(Q)=20Q-\frac{Q^2}{3}$.

故
$$R(30)=30\cdot\left(20-\frac{30}{3}\right)=300;$$

$$\overline{R}=\frac{R(30)}{Q}=\frac{300}{30}=10;$$

$$R'=R'(Q)=20-\frac{2}{3}Q;$$

$$R'(30)=0.$$

边际需求 设需求函数 $Q=Q(P)$，则需求量 Q 对价格的导数 $Q'=Q'(P)$ 称为边际需求函数.

例 3 某商品的需求函数为 $Q(P)=6\,000-\frac{P^2}{8}$,求 $P=12$ 时边际需求,并说明其经济意义.

解 $Q'=Q'(P)=-\frac{P}{4}$,所以 $Q'(12)=-3$.

其经济意义为:当 $P=12$ 时,价格上涨(或下降)一个单位,需求量将减少(增加)3 个单位.

边际利润 设 L 表示产量为 Q 个单位时的总利润,$R(Q)$为总收益函数,$C(Q)$为总成本函数,则 $L=L(Q)=R(Q)-C(Q)$,边际利润 $L'(Q)=R'(Q)-C'(Q)$.

例 4 某企业生产某种产品,每天总利润 L 与产量 Q 的关系为 $L(Q)=160Q-4Q^2$,求当每天生产 20 个单位时的边际利润,并说明其经济意义.

解 $L'(Q)=160-8Q$,所以 $L'(20)=0$.

其经济意义为:每天生产 20 个单位产品的基础上再增加生产一个单位产品,总利润没有增加.

二、弹性分析

1. 弹性的概念

设函数 $y=f(x)$在点 $x_0(x_0\neq 0)$的某邻域内有定义,且 $f'(x_0)\neq 0$.

如果
$$\lim_{\Delta x\to 0}\frac{\frac{\Delta y}{f(x_0)}}{\frac{\Delta x}{x_0}}=\lim_{\Delta x\to 0}\frac{\frac{[f(x_0+\Delta x)-f(x_0)]}{f(x_0)}}{\frac{\Delta x}{x_0}}\text{存在,}$$
则称此极限为函数 $y=f(x)$在点 x_0 处的弹性,记为$\left.\frac{Ey}{Ex}\right|_{x=x_0}$.

由定义可得$\left.\frac{Ey}{Ex}\right|_{x=x_0}=\lim\limits_{\Delta x\to 0}\frac{\Delta y}{\Delta x}\cdot\frac{x_0}{f(x_0)}=\frac{x_0}{f(x_0)}\cdot\left.\frac{\mathrm{d}y}{\mathrm{d}x}\right|_{x=x_0}$.

若函数 $y=f(x)$在区间(a,b)内可导,且 $f'(x)\neq 0$,则称$\frac{Ey}{Ex}=\frac{x}{f(x)}\cdot f'(x)$为 $y=f(x)$在(a,b)内的弹性函数.

例 5 求函数 $y=100\mathrm{e}^{3x}$的弹性函数$\frac{Ey}{Ex}$及$\left.\frac{Ey}{Ex}\right|_{x=2}$.

解 $y'=300\mathrm{e}^{3x}$,$\frac{Ey}{Ex}=\frac{x}{y}\cdot y'=\frac{x}{100\mathrm{e}^{3x}}\cdot 300\mathrm{e}^{3x}=3x$,$\left.\frac{Ey}{Ex}\right|_{x=2}=6$.

2. 需求弹性

需求弹性是研究商品价格和需求量之间变化密切程度的一个相当数,一般情况下,价格是影响需求的主要因素.当商品价格下降(或提高)一定的百分点时,其需求量将可能产生一定数量百分点的增减.这对分析需求量和价格的关系、合理制定商品价格具有积极的作用.

设某商品需求量 Q 对价格 p 的函数为 $Q=Q(p)$,若需求函数 $Q=Q(p)$可导,则称$\frac{EQ}{Ep}=\frac{p}{Q(p)}\cdot\frac{\mathrm{d}Q}{\mathrm{d}p}$为需求量对价格的弹性,常用 E_p 表示.

由于通常情况下 $Q=Q(p)$是减函数,$\frac{\mathrm{d}Q}{\mathrm{d}p}<0$,从而 $E_\mathrm{p}<0$.

因此，比较弹性大小时是比较绝对值大小的.

当$|E_p|>1$，即$E_p<-1$时，称为高弹性，此时，商品需求量变化的百分比高于价格变化的百分比，价格的变动对需求量的影响较大；当$|E_p|<1$，即$-1<E_p<0$时，称为低弹性，此时，商品需求量变化的百分比低于价格变化的百分比，价格的变动对需求量的影响不大；当$|E_p|=1$，即$E_p=-1$时，称为单位弹性，此时，商品需求量变化的百分比等于价格变化的百分比，价格的变动对需求量没有影响.

例 6　设某商品的需求函数为$Q(p)=75-p^2$，求$p=6$时的需求弹性，并给出经济解释.

解　$E_p=\dfrac{p}{Q(p)}\cdot\dfrac{dQ}{dp}=\dfrac{p}{75-p^2}(-2p)=\dfrac{2p^2}{p^2-75}$.

当$p=6$时，$E_p=\dfrac{72}{36-75}\approx-1.85$.

由于$|E_p|=1.85>1$为高弹性，表示$x=6$时价格增加1%，需求量大约减少1.85%，此时提高商品价格将导致收入减少.

习题　3－8

(A)

一、填空题

1. 设某产品的产量为x kg时的总成本函数为$C=200+2x+6\sqrt{x}$（元），则产量为100 kg时的总成本是________元，平均成本是________元/kg，边际成本是________元，这时的边际成本表明，当产量为100 kg时，若再增加1 kg，其成本将增加________元.

2. 某商品的需求函数为$Q=10-\dfrac{P}{2}$，则其需求价格弹性为$\dfrac{EQ}{EP}=$________，当$P=3$时的需求弹性为$\left.\dfrac{EQ}{EP}\right|_{P=3}=$________，其收入$R$关于价格$P$的函数为$R(P)=$________；收入对价格的弹性函数是$\dfrac{ER}{EP}=$________，$\left.\dfrac{ER}{EP}\right|_{P=3}=$________，在$P=3$时，若价格$P$上涨1%，其总收入的变化是________百分之________.

3. 已知函数$y=7\times2^x-14$，则其边际函数为________，其弹性函数为________.

二、选择题

1. 设一产品的需求量是价格P的函数，已知函数关系为$Q=a-bP(a,b>0)$，则需求量对价格的弹性是(　　).

A. $\dfrac{-b}{a-b}$　　B. $\dfrac{-b}{a-b}\%$　　C. $-b\%$　　D. $\dfrac{bP}{a-bP}$

2. 设某商品的需求价格弹性函数为$\dfrac{EQ}{EP}=\dfrac{P}{17-2P}$，在$P=5$时，若价格上涨1%，总收益(　　).

A. 增加　　B. 减少　　C. 不增不减　　D. 不确定

(B)

1. 设某产品生产 x 个单位的总成本 $C(x)=1\ 000+0.12x^2$(元).

求:(1) 生产 1 000 件产品时的总成本和平均单位成本;

(2) 生产 1 000 件产品时的边际成本.

2. 设某种商品的需求函数为 $q=1\ 200-3p$,其中 p(单位:元)为商品的销售价格,q 为需求量.求销售该商品的边际收入函数以及 $q=450$ 件时的边际收入.

3. 某公司每天生产某种产品的总成本函数为:

$$C(q)=2\ 000+450q+0.02q^2.$$

如果每件商品的销售价为 490 元,求:

(1) 边际成本函数;

(2) 利润函数和边际利润函数;

(3) 边际利润为 0 时的产量.

4. 设大型超市通过测算,已知某种手巾的销量 Q(条)与其成本 C 的关系为

$$C(Q)=1\ 000+6Q-0.003Q^2+(0.01Q)^3\text{(元)},$$

现每条手巾的定价为 6 元,求使利润最大的销量.

5. 某种商品的需求量 Q 与价格 p 的关系为:

$$Q(p)=15e^{-\frac{p}{3}},$$

求当价格为 9 时的需求弹性.

6. 已知某商品的需求函数为 $Q=75-P^2$(Q 是需求量,单位:件;P 是价格,单位:元).

(1) 求 $P=5$ 时的边际需求,并解释其经济含义.

(2) 求 $P=5$ 时的需求弹性,并解释其经济含义.

(3) 当 $P=5$ 时,若价格 P 上涨 1%,总收益将变化百分之几?是增加还是减少?

复习题 3

一、填空题

1. 函数 $y=\ln(x+1)$ 在 $[0,1]$ 上满足拉格朗日中值定理的 $\xi=$ ________.

2. $\lim\limits_{x\to+\infty}\dfrac{x^2}{x+e^x}=$ ________.

3. $\lim\limits_{x\to1}\left(\dfrac{x}{\ln x}-\dfrac{1}{x\ln x}\right)=$ ________.

4. $y=x-\dfrac{3}{2}x^{\frac{2}{3}}$ 的单调递增区间为________,单调递减区间为________.

5. $f(x)=3-x-\dfrac{4}{(x+2)^2}$ 在区间 $[-1,2]$ 上的最大值为________,最小值为________.

6. 曲线 $y=\ln(1+x^2)$ 的凹区间为________,凸区间为________,拐点为________.

7. 曲线 $y=\dfrac{\sin 2x}{x(2x+1)}$ 的铅直渐近线为________.

8. 函数 $y=ax^3+bx^2+cx+d$ 以 $y(-2)=44$ 为极大值，函数图形以 $(1,-10)$ 为拐点，则 $a=$________，$b=$________，$c=$________，$d=$________.

二、选择题

1. $f(x)=x\sqrt{3-x}$ 在 $[0,3]$ 上满足罗尔定理中的 ξ 是(　　).

A. 0　　B. 3　　C. $\frac{3}{2}$　　D. 2

2. 下列求极限问题中能够使用洛必达法则的是(　　).

A. $\lim\limits_{x\to 0}\dfrac{x^2\sin\frac{1}{x}}{\sin x}$　　B. $\lim\limits_{x\to 1}\dfrac{1-x}{1-\sin x}$

C. $\lim\limits_{x\to\infty}\dfrac{x-\sin x}{x\sin x}$　　D. $\lim\limits_{x\to+\infty}x\left(\dfrac{\pi}{2}-\arctan x\right)$

3. 函数 $y=x-\ln(1+x^2)$ 在定义域内(　　).

A. 无极值　　B. 极大值为 $1-\ln 2$

C. 极小值为 $1-\ln 2$　　D. $f(x)$ 为非单调函数

4. 设函数 $y=f(x)$ 在区间 $[a,b]$ 上有二阶导数，则当(　　)成立时，曲线 $y=f(x)$ 在 (a,b) 内是凹的.

A. $f''(a)>0$　　B. $f''(b)>0$

C. 在 (a,b) 内 $f''(x)\neq 0$　　D. $f''(a)>0$ 且 $f''(x)$ 在 (a,b) 内单调增加

5. 若 $f(x)$ 在点 $x=a$ 的邻域内有定义，且除点 $x=a$ 外恒有 $\dfrac{f(x)-f(a)}{(x-a)^2}>0$，则以下结论正确的是(　　).

A. $f(x)$ 在点 a 的邻域内单调增加　　B. $f(x)$ 在点 a 的邻域内单调减少

C. $f(a)$ 为 $f(x)$ 的极大值　　D. $f(a)$ 为 $f(x)$ 的极小值

6. 设函数 $f(x)$ 在 $[1,2]$ 上可导，且 $f'(x)<0$，$f(1)>0$，$f(2)<0$，则 $f(x)$ 在 $(1,2)$ 内(　　).

A. 至少有两个零点　　B. 有且仅有一个零点

C. 没有零点　　D. 零点个数不能确定

三、求下列极限

1. $\lim\limits_{x\to 0}\dfrac{\tan x-x}{x-\sin x}$.　　**2.** $\lim\limits_{x\to\infty}\dfrac{\ln(1+3x^2)}{\ln(3+x^4)}$.

3. $\lim\dfrac{\sin x-e^x+1}{1-\sqrt{1-x^2}}$.　　**4.** $\lim\limits_{x\to 0}x\cot 2x$.

5. $\lim\limits_{x\to 1}(\ln x)^{x-1}$.　　**6.** $\lim\limits_{x\to 0}\left(\sin\dfrac{x}{2}+\cos 2x\right)^{\frac{1}{x}}$.

四、证明下列各题

1. $\dfrac{x}{1+x}<\ln(1+x)<x\ (x>0)$.

2. $\arcsin\dfrac{2x}{1+x^2}=2\arctan x\ (|x|\leqslant 1)$.

3. $(1+x)^n>1+nx\ (x>0, n>1)$.

五、求下列函数的单调区间

1. $y=(x-1)(x+1)^3$.

2. $y=x^n e^{-x}(n>0,x\geqslant 0)$.

六、求下列函数的极值

1. $f(x)=x^2\ln x$.

2. $f(x)=\dfrac{1+2x}{\sqrt{1+x^2}}$.

七、求下列函数的最大值与最小值

1. $y=x^2 e^{-x}(-1\leqslant x\leqslant 3)$.

2. $y=x^2-\dfrac{54}{x}(x<0)$.

八、求函数 $y=\dfrac{x}{1+x^2}$ 的单调区间、凹凸区间、极值并作出其草图.

九、有一汽艇从甲地开往乙地,设汽艇耗油量与行驶速度的立方成正比,汽艇逆流而上,水的流速为 a (单位:km/h),问汽艇以什么速度行驶,才能使耗油量最少?

十、某商品的需求量 Q 是单价 P 的函数 $Q=12\ 000-80P$,商品的成本 C 是需求量 Q 的函数 $C=25\ 000+50Q$,每单位商品需纳税 2,试求使销售利润最大的商品价格和最大利润.

十一、已知某厂生产 x 件产品的成本为 $C=25\ 000+200x+\dfrac{1}{40}x^2$(元).

1. 要使平均成本最小,应生产多少件产品?

2. 若产品以每件 500 元售出,要使利润最大,应生产多少件产品?

第四章　不定积分

在第二章我们讨论了函数的求导问题，在本章我们将讨论这个问题的反问题，即现在我们有了一个导函数，要寻找一个可导函数，使它的导函数等于已知函数，这就是我们在本章中要研究的积分学中的基本问题之一.

第一节　不定积分的概念与性质

一、原函数与不定积分的概念

1. 原函数的概念

定义　如果在区间 I 上，可导函数 $F(x)$ 的导函数为 $f(x)$，即对任一 $x\in I$，都有

$$F'(x)=f(x) \text{或} \mathrm{d}F(x)=f(x)\mathrm{d}x,$$

那么函数 $F(x)$ 就称为 $f(x)$ 在区间 I 上的原函数.

例如，因 $(\cos x)'=-\sin x$，故 $\cos x$ 是 $-\sin x$ 的原函数.

又如，$(x^2)'=2x$，故 x^2 是 $2x$ 的原函数.

原函数存在定理：如果函数 $f(x)$ 在区间 I 上连续，那么在区间 I 上存在可导函数 $F(x)$，使得任一 $x\in I$，都有 $F'(x)=f(x)$.

简言之，连续函数一定有原函数.

2. 不定积分的概念

若 $F(x)$ 是 $f(x)$ 在区间 I 上的原函数，那么，对任何常数 C，显然也有

$$[F(x)+C]'=f(x),$$

即对任何常数 C，函数 $F(x)+C$ 也是 $f(x)$ 的原函数，这说明 $f(x)$ 有一个原函数，那么 $f(x)$ 就有无限个原函数，这种含有任意常数项的原函数，称为 $f(x)$ 在区间 I 上的不定积分，记作 $\int f(x)\mathrm{d}x$，

$$\int f(x)\mathrm{d}x=F(x)+C,$$

其中 $\int$ 称为积分号，$f(x)$ 称为被积函数，$f(x)\mathrm{d}x$ 称为被积表达式，x 称为积分变量.

由定义，要求一个函数的不定积分，只要找到这个函数的一个原函数，再加上任意常数 C 即可.

例 1　求 $\int x\mathrm{d}x$.

解　由于 $\left(\frac{x^2}{2}\right)'=x$，所以 $\frac{x^2}{2}$ 是 x 的一个原函数，因此 $\int x\mathrm{d}x=\frac{x^2}{2}+C$.

例 2 求$\int \frac{1}{x}\mathrm{d}x$.

解 当$x>0$时,由于$(\ln x)'=\frac{1}{x}$,所以$\ln x$是$\frac{1}{x}$在$(0,+\infty)$内的一个原函数,因此,在$(0,+\infty)$内,$\int \frac{1}{x}\mathrm{d}x=\ln x+C$.

当$x<0$时,由于$[\ln(-x)]'=\frac{1}{-x}(-1)=\frac{1}{x}$,所以$\ln(-x)$是$\frac{1}{x}$在$(-\infty,0)$内的一个原函数,因此,在$(-\infty,0)$内,$\int \frac{1}{x}\mathrm{d}x=\ln(-x)+C$.

把上述两种情况结合起来,就有

$$\int \frac{1}{x}\mathrm{d}x=\ln|x|+C.$$

例 3 一条曲线通过点$(\mathrm{e}^2,3)$,且在任一点处的切线斜率等于该横坐标的倒数,求该曲线的方程.

解 设所求的曲线方程为$y=f(x)$,依题设,曲线上任一点(x,y)处的切线斜率为

$$\frac{\mathrm{d}y}{\mathrm{d}x}=\frac{1}{x},$$

即$f(x)$是$\frac{1}{x}$的一个原函数. 由例 2 知,所求曲线为$y=\ln|x|+C$. 因所求曲线通过点$(\mathrm{e}^2,3)$,代入可得$C=1$. 考虑到曲线$y=\ln|x|+1$有两支,而$(\mathrm{e}^2,3)$在第一象限,故所求曲线方程为$y=\ln x+1$.

函数$f(x)$的原函数的图形称为$f(x)$的积分曲线. 显然,求不定积分得到积分曲线族.

从不定积分的定义,即可知下述关系:

由于$\int f(x)\mathrm{d}x$是$f(x)$的原函数,所以

$$\frac{\mathrm{d}}{\mathrm{d}x}\left[\int f(x)\mathrm{d}x\right]=f(x) \text{或} \mathrm{d}\left[\int f(x)\mathrm{d}x\right]=f(x)\mathrm{d}x,$$

又由于$F(x)$是$F'(x)$的原函数,所以

$$\int F'(x)\mathrm{d}x=F(x)+C \text{或} \int \mathrm{d}F(x)=F(x)+C.$$

二、基本积分表

因为如果不考虑积分常数C,那么积分运算完全可视为微分运算的逆运算,很自然地从导数公式就可得到相应的积分公式.

我们把一些基本的积分公式列成一个表,这个表叫作积分公式表,它是我们进行积分运算的最基本的结论.

(1) $\int k\mathrm{d}x=kx+C$;

(2) $\int x^{\mu}\mathrm{d}x=\frac{x^{\mu+1}}{\mu+1}+C$；

(3) $\int \frac{1}{x}\mathrm{d}x=\ln|x|+C$；

(4) $\int \frac{1}{1+x^2}\mathrm{d}x=\arctan x+C$；

(5) $\int \frac{1}{\sqrt{1-x^2}}\mathrm{d}x=\arcsin x+C$；

(6) $\int \cos x\mathrm{d}x=\sin x+C$；

(7) $\int \sin x\mathrm{d}x=-\cos x+C$；

(8) $\int \frac{1}{(\cos x)^2}\mathrm{d}x=\int \sec^2 x\mathrm{d}x=\tan x+C$；

(9) $\int \frac{1}{(\sin x)^2}\mathrm{d}x=\int \csc^2 x\mathrm{d}x=-\cot x+C$；

(10) $\int \sec x\tan x\mathrm{d}x=\sec x+C$；

(11) $\int \csc x\cot x\mathrm{d}x=-\csc x+C$；

(12) $\int \mathrm{e}^x\mathrm{d}x=\mathrm{e}^x+C$；

(13) $\int a^x\mathrm{d}x=\frac{a^x}{\ln a}+C$.

以上十三个公式是求不定积分的基础.

例 4 求 $\int \frac{1}{x^2}\mathrm{d}x$.

解 $\int \frac{1}{x^2}\mathrm{d}x=\int x^{-2}\mathrm{d}x=\frac{x^{-2+1}}{-2+1}+C=-x^{-1}+C=\frac{1}{x}+C$.

例 5 求 $\int x^3\sqrt{x}\mathrm{d}x$.

解 $\int x^3\sqrt{x}\mathrm{d}x=\int x^{\frac{7}{2}}\mathrm{d}x=\frac{x^{\frac{7}{2}+1}}{\frac{7}{2}+1}+C=\frac{2}{9}x^{\frac{9}{2}}+C$.

例 6 求 $\int \sqrt{x\sqrt{x\sqrt{x}}}\mathrm{d}x$.

解 $\int \sqrt{x\sqrt{x\sqrt{x}}}\mathrm{d}x=\int x^{\frac{1}{2}+\frac{1}{4}+\frac{1}{8}}\mathrm{d}x=\int x^{\frac{7}{8}}\mathrm{d}x=\frac{x^{\frac{7}{8}+1}}{\frac{7}{8}+1}+C=\frac{8}{15}x^{\frac{8}{15}}+C$.

三、不定积分的性质

不定积分有两条基本性质，利用它可以帮助我们进行积分运算.

性质 1 设函数 $f(x)$ 及 $g(x)$ 的原函数存在，则

$$\int [f(x)+g(x)]\mathrm{d}x=\int f(x)\mathrm{d}x+\int g(x)\mathrm{d}x.$$

证明 把上式两端求导,得

$$\left[\int [f(x)+g(x)]\mathrm{d}x\right]'=\left[\int f(x)\mathrm{d}x\right]'+\left[\int g(x)\mathrm{d}x\right]'=f(x)+g(x),$$

说明$\int f_1(x)\mathrm{d}x+\int f_2(x)\mathrm{d}x$是函数$f_1(x)+f_2(x)$的不定积分,所以欲证的等式成立.因此,公式右端是$f(x)+g(x)$的不定积分.

性质1可推广到有限个函数的代数和.类似地,可以证明不定积分的第二个性质.

性质2 设函数$f(x)$的原函数存在,k为非零常数,则

$$\int kf(x)\mathrm{d}x=k\int f(x)\mathrm{d}x.$$

下面我们利用这两条基本性质及基本积分公式表求一些相对简单的函数的不定积分.

例7 求$\int (x^3+2x+1)\mathrm{d}x$.

解
$$\begin{aligned}\int (x^3+2x+1)\mathrm{d}x&=\int x^3\mathrm{d}x+\int 2x\mathrm{d}x+\int 1\mathrm{d}x\\&=\int x^3\mathrm{d}x+2\int x\mathrm{d}x+\int 1\mathrm{d}x\\&=\frac{1}{4}x^4+x^2+x+C.\end{aligned}$$

例8 求$\int (\sqrt{x}+1)(\sqrt{x}-2)\mathrm{d}x$.

解
$$\begin{aligned}\int (\sqrt{x}+1)(\sqrt{x}-2)\mathrm{d}x&=\int (x-\sqrt{x}-2)\mathrm{d}x\\&=\int x\mathrm{d}x-\int \sqrt{x}\mathrm{d}x-\int 2\mathrm{d}x\\&=\frac{1}{2}x^2-\frac{2}{3}x^{\frac{3}{2}}-2x+C.\end{aligned}$$

例9 求$\int \frac{(1-x)^2}{\sqrt{x}}\mathrm{d}x$.

解
$$\begin{aligned}\int \frac{(1-x)^2}{\sqrt{x}}\mathrm{d}x&=\int \frac{1-2x+x^2}{\sqrt{x}}\mathrm{d}x\\&=\int\left(x^{-\frac{1}{2}}-2x^{\frac{1}{2}}+x^{\frac{3}{2}}\right)\mathrm{d}x\\&=2x^{\frac{1}{2}}-\frac{4}{3}x^{\frac{3}{2}}+\frac{2}{5}x^{\frac{5}{2}}+C.\end{aligned}$$

例10 求$\int 3^x\mathrm{e}^x\mathrm{d}x$.

解
$$\int 3^x\mathrm{e}^x\mathrm{d}x=\int (3\mathrm{e})^x\mathrm{d}x=\frac{(3\mathrm{e})^x}{\ln(3\mathrm{e})}+C=\frac{(3\mathrm{e})^x}{1+\ln 3}+C.$$

例 11 求 $\int \cos^2\left(\frac{x}{2}\right)\mathrm{d}x$.

解 $\int \cos^2\left(\frac{x}{2}\right)\mathrm{d}x = \int \frac{1}{2}(1+\cos x)\mathrm{d}x = \frac{1}{2}\int (1+\cos x)\mathrm{d}x$

$$=\frac{1}{2}\left(\int \mathrm{d}x + \int \cos x\mathrm{d}x\right) = \frac{1}{2}(x+\sin x)+C.$$

例 12 求 $\int \frac{1}{1+\cos 2x}\mathrm{d}x$.

解 $\int \frac{1}{1+\cos 2x}\mathrm{d}x = \int \frac{1}{2\cos^2 x}\mathrm{d}x = \frac{1}{2}\int \frac{1}{\cos^2 x}\mathrm{d}x = \frac{1}{2}\tan x + C.$

例 13 求 $\int \frac{x^2}{1+x^2}\mathrm{d}x$.

解 $\int \frac{x^2}{1+x^2}\mathrm{d}x = \int \frac{(x^2+1)-1}{1+x^2}\mathrm{d}x = \int \left(1-\frac{1}{1+x^2}\right)\mathrm{d}x$

$$=\int \mathrm{d}x - \int \frac{1}{1+x^2}\mathrm{d}x = x - \arctan x + C.$$

例 14 求 $\int \mathrm{e}^x\left(1+\frac{\mathrm{e}^{-x}}{\sqrt{x}}\right)\mathrm{d}x$.

解 $\int \mathrm{e}^x\left(1+\frac{\mathrm{e}^{-x}}{\sqrt{x}}\right)\mathrm{d}x = \int \left(\mathrm{e}^x+\frac{1}{\sqrt{x}}\right)\mathrm{d}x = \int \mathrm{e}^x\mathrm{d}x + \int \frac{1}{\sqrt{x}}\mathrm{d}x$

$$=\mathrm{e}^x + 2x^{\frac{1}{2}} + C = \mathrm{e}^x + 2\sqrt{x} + C.$$

要验证上述不定积分的运算结果是否正确，有一个很简单的方法，就是将运算结果求导，看是否为被积函数.

习题 4-1

(A)

一、填空题

1. $\int \left[1-2\sin^2\left(\frac{x}{2}\right)\right]\mathrm{d}x=$________.

2. 若 e^x 是 $f(x)$ 的原函数，则 $\int x^2 f(\ln x)\mathrm{d}x=$________.

3. 在积分曲线族 $\int \frac{\mathrm{d}x}{x\sqrt{x}}$ 中，过点 $(1,1)$ 的积分曲线是________.

4. $F'(x)=f(x)$，则 $\int f(ax+b)\mathrm{d}x=$________.

5. 若 $\int xf(x)\mathrm{d}x = x\sin x - \int \sin x\mathrm{d}x$，则 $f(x)=$________.

6. $x^2+\sin x$ 的一个原函数是________，而________的原函数是 $x^2+\sin x$.

7. 设 $f(x)$ 是连续函数，则 $\mathrm{d}\int f(x)\mathrm{d}x=$ ________，$\int \mathrm{d}f(x)=$ ________，

$\frac{\mathrm{d}}{\mathrm{d}x}\int f(x)\mathrm{d}x=$ ________，$\int f'(x)\mathrm{d}x=$ ________（其中 $f'(x)$ 连续）.

8. 已知 $f(x)$的一个原函数为 $\ln|\sec x+\tan x|$,则 $\int f(x)\mathrm{d}x=$ ________.

9. 若 $f(x)$的导函数是 $\sin x$,则 $f(x)$的所有原函数为 ________.

10. 通过点 $\left(\frac{\pi}{6},1\right)$ 的积分曲线 $y=\int \sin x\mathrm{d}x$ 的方程是 ________.

二、选择题

1. 若 $f(x)$在(a,b)内连续,则在(a,b)内,$f(x)$________.

A. 必有导函数　　B. 必有原函数

C. 必有界　　D. 必有极限

2. 下列各式中正确的是(　　).

A. $\mathrm{d}\left[\int f(x)\mathrm{d}x\right]=f(x)$　　B. $\frac{\mathrm{d}}{\mathrm{d}x}\left[\int f(x)\mathrm{d}x\right]=f(x)\mathrm{d}x$

C. $\int \mathrm{d}f(x)=f(x)$　　D. $\int \mathrm{d}f(x)=f(x)+C$

3. $\int \frac{\mathrm{d}x}{\sqrt{x(1-x)}}=$________.

A. $\frac{1}{2}\arcsin\sqrt{x}+C$　　B. $\arcsin\sqrt{x}+C$

C. $2\arcsin(2x-1)+C$　　D. $\arcsin(2x-1)+C$

4. $\int f(x)\mathrm{d}x=\mathrm{e}^x\cos 2x+C$,则 $f(x)=$(　　).

A. $\mathrm{e}^x(\cos 2x-2\sin 2x)$　　B. $\mathrm{e}^x(\cos 2x-2\sin 2x)+C$

C. $\mathrm{e}^x\cos 2x$　　D. $-\mathrm{e}^x\sin 2x$

5. 若 $F(x)$,$G(x)$ 均为 $f(x)$的原函数,则 $F'(x)-G'(x)=$(　　).

A. $f(x)$　　B. 0　　C. $F(x)$　　D. $f'(x)$

6. 用求导验证的方法选择 $\int \sin 2x\mathrm{d}x=$(　　).

A. $-\cos 2x+C$　　B. $\cos 2x+C$

C. $-\frac{1}{2}\cos 2x+C$　　D. $-2\cos 2x+C$

(B)

1. 计算题:

(1) $\int \sqrt{x}(x^2-5)\mathrm{d}x$;　　(2) $\int \frac{(x-1)^3\mathrm{d}x}{x^2}$;

(3) $\int (\mathrm{e}^x+3\cos x)\mathrm{d}x$;　　(4) $\int x\sqrt[3]{x}\mathrm{d}x$;

(5) $\int (7x^3-\sqrt{x^3})\mathrm{d}x$;　　(6) $\int (x^2-1)^2\mathrm{d}x$;

(7) $\int \left(2\mathrm{e}^x+\sin x+\frac{2}{x}\right)\mathrm{d}x$;　　(8) $\int \left(\frac{1}{\sqrt{1-x^2}}+\frac{1}{1+x^2}\right)\mathrm{d}x$;

(9) $\int 5^x\mathrm{e}^x\mathrm{d}x$;　　(10) $\int \frac{3^x-2^x}{3^x}\mathrm{d}x$;

(11) $\int \sec x(\sec x-\tan x)\mathrm{d}x$；　　(12) $\int \frac{\cos 2x}{\cos x-\sin x}\mathrm{d}x$；

(13) $\int \frac{x^4}{x^2+1}\mathrm{d}x$；　　(14) $\int \frac{3x^4+2x^2}{x^2+1}\mathrm{d}x$.

2. 证明函数 $\arcsin(2x-1)$，$\arccos(1-2x)$ 和 $2\arctan\sqrt{\frac{x}{1-x}}$ 都是 $\frac{1}{\sqrt{x-x^2}}$ 的原函数.

第二节　换元积分法

能够利用基本积分公式表及不定积分的两条基本性质求出的不定积分是非常有限的，因此，我们有必要寻求更多的计算不定积分的方法. 本节利用中间变量的代换，得到复合函数的积分法，称之为换元积分法，简称换元法. 换元法有两种，下面我们先介绍第一类换元法.

一、第一类换元法（凑微分法）

在一般情况下，设 $f(u)$ 具有原函数 $F(u)$，即

$$F'(u)=f(u),\ \int f(u)\mathrm{d}u=F(u)+C.$$

如果 u 是另一个变量 x 的函数 $u=\varphi(x)$，且设 $\varphi(x)$ 可微，那么，根据复合函数微分法，有

$$\mathrm{d}F(\varphi(x))=f(\varphi(x))\cdot\varphi'(x)\mathrm{d}x,$$

从而根据不定积分的定义就得

$$\int f(\varphi(x))\cdot\varphi'(x)\mathrm{d}x=F(\varphi(x))+C=\left[\int f(u)\mathrm{d}u\right]_{u=\varphi(x)}.$$

定理 1　设 $f(u)$ 具有原函数，$u=\varphi(x)$ 可导，则有换元公式

$$\int f(\varphi(x))\cdot\varphi'(x)\mathrm{d}x=\left[\int f(u)\mathrm{d}u\right]_{u=\varphi(x)}.$$

此公式称为第一类换元公式（凑微分法）.

也就是我们在理解积分公式 $\int f(x)\mathrm{d}x=F(x)+C$ 时，应将公式中的“x”理解为任意的变量，或者说是一个函数，$\int f(\square)\mathrm{d}x=F(\square)+C$ 或 $\int f(\varphi(x))\mathrm{d}\varphi(x)=F(\varphi(x))+C$，注意要保持函数中的变量与微分变量是一致的.

例 1　求 $\int \cos 2x\mathrm{d}x$.

解　被积函数 $\cos 2x$ 是一个复合函数，$\cos 2x=\cos u$，$u=2x$，因此，$2x$ 将视为中间变量 u.

$$\int \cos 2x\mathrm{d}x=\frac{1}{2}\int \cos 2x\cdot(2x)'\mathrm{d}x=\frac{1}{2}\int \cos 2x\mathrm{d}(2x)=\frac{1}{2}\int \cos u\mathrm{d}u$$

$$=\frac{1}{2}\sin u+C=\frac{1}{2}\sin 2x+C.$$

例 2 求$\int\frac{1}{2x-1}dx$.

解 令$\frac{1}{2x-1}=\frac{1}{u}$,这里$u=2x-1,u'=2$.

故
$$\begin{aligned}\int\frac{1}{2x-1}dx&=\frac{1}{2}\int\frac{1}{2x-1}\cdot(2x-1)'dx\\&=\frac{1}{2}\int\frac{1}{2x-1}d(2x-1)\\&=\frac{1}{2}\int\frac{1}{u}du=\frac{1}{2}\ln|u|+C\\&=\frac{1}{2}\ln|2x-1|+C.\end{aligned}$$

例 3 求$\int x^2e^{x^3}dx$.

解 设$e^{x^3}=e^u,u=x^3,u'=3x^2$.

故
$$\begin{aligned}\int x^2e^{x^3}dx&=\frac{1}{3}\int e^{x^3}(x^3)'dx\\&=\frac{1}{3}\int e^{x^3}dx^3=\frac{1}{3}\int e^u du\\&=\frac{1}{3}e^u+C=\frac{1}{3}e^{x^3}+C.\end{aligned}$$

例 4 求$\int\frac{1}{\sqrt[3]{2-3x}}dx$.

解 将$2-3x$看作中间变量u,令$u=2-3x,u'=-3$.

故
$$\begin{aligned}\int\frac{1}{\sqrt[3]{2-3x}}dx&=-\frac{1}{3}\int\frac{1}{\sqrt[3]{2-3x}}(2-3x)'dx\\&=-\frac{1}{3}\int\frac{1}{\sqrt[3]{2-3x}}d(2-3x)\\&=-\frac{1}{3}\int u^{-\frac{1}{3}}du=-\frac{1}{3}\cdot\frac{3}{2}u^{\frac{2}{3}}+C\\&=-\frac{1}{2}(2-3x)^{\frac{2}{3}}+C.\end{aligned}$$

例 5 求$\int x\sqrt{1-x^2}dx$.

解 设$u=1-x^2,u'=-2x$.

故
$$\begin{aligned}\int x\sqrt{1-x^2}dx&=-\frac{1}{2}\int\sqrt{1-x^2}(1-x^2)'dx\\&=-\frac{1}{2}\int\sqrt{1-x^2}d(1-x^2)\\&=-\frac{1}{2}\int u^{\frac{1}{2}}du=-\frac{1}{3}u^{\frac{3}{2}}+C\end{aligned}$$

$$=-\frac{1}{3}(1-x^2)^{\frac{3}{2}}+C.$$

例 6 求 $\int \frac{e^{\sqrt{x}}}{\sqrt{x}}dx$.

解 设 $u=\sqrt{x}, u'=\frac{1}{2\sqrt{x}}$.

故
$$\begin{aligned}\int \frac{e^{\sqrt{x}}}{\sqrt{x}}dx &= 2\int e^{\sqrt{x}}(\sqrt{x})'dx \\ &=2\int e^{\sqrt{x}}d(\sqrt{x}) \\ &=2\int e^u du=2e^u+C=2e^{\sqrt{x}}+C.\end{aligned}$$

例 7 求 $\int \tan x dx$.

解 $\int \tan x dx=\int \frac{\sin x}{\cos x}dx$，设 $u=\cos x, u'=-\sin x$.

故
$$\begin{aligned}\int \frac{\sin x}{\cos x}dx &= -\int \frac{1}{\cos x}(\cos x)'dx \\ &=-\int \frac{1}{\cos x}d(\cos x) \\ &=-\int \frac{1}{u}du=-\ln|u|+C=-\ln|\cos x|+C.\end{aligned}$$

类似地，可得到 $\int \cot x dx=\ln|\sin x|+C$. 在对变量代换比较熟悉以后，就可以不写出中间变量了.

例 8 求 $\int \frac{1}{3+x^2}dx$.

解
$$\begin{aligned}\int \frac{1}{3+x^2}dx &= \frac{1}{3}\int \frac{1}{1+\left(\frac{x}{\sqrt{3}}\right)^2}dx=\frac{\sqrt{3}}{3}\int \frac{1}{1+\left(\frac{x}{\sqrt{3}}\right)^2}d\left(\frac{x}{\sqrt{3}}\right) \\ &=\frac{\sqrt{3}}{3}\arctan\left(\frac{x}{\sqrt{3}}\right)+C.\end{aligned}$$

在此例中，我们用了变换 $u=\frac{x}{\sqrt{3}}$，并在求出积分 $\frac{\sqrt{3}}{3}\int \frac{1}{1+u^2}du$ 之后，代回原积分变量 x，只是没写出这些步骤而已.

例 9 求 $\int \frac{1}{\sqrt{3-x^2}}dx$.

解
$$\begin{aligned}\int \frac{1}{\sqrt{3-x^2}}dx &= \frac{1}{\sqrt{3}}\int \frac{1}{\sqrt{1-\left(\frac{x}{\sqrt{3}}\right)^2}}dx=\int \frac{1}{\sqrt{1-\left(\frac{x}{\sqrt{3}}\right)^2}}d\left(\frac{x}{\sqrt{3}}\right) \\ &=\arcsin\left(\frac{x}{\sqrt{3}}\right)+C.\end{aligned}$$

例 10 求$\int \frac{1}{x^2-3}\mathrm{d}x$.

解
$$\int \frac{1}{x^2-3}\mathrm{d}x = \frac{1}{2\sqrt{3}}\int \left(\frac{1}{x-\sqrt{3}}-\frac{1}{x+\sqrt{3}}\right)\mathrm{d}x$$
$$=\frac{1}{2\sqrt{3}}\left(\int \frac{1}{x-\sqrt{3}}\mathrm{d}x-\int \frac{1}{x+\sqrt{3}}\mathrm{d}x\right)$$
$$=\frac{1}{2\sqrt{3}}\left[\int \frac{1}{x-\sqrt{3}}\mathrm{d}(x-\sqrt{3})-\int \frac{1}{x+\sqrt{3}}\mathrm{d}(x+\sqrt{3})\right]$$
$$=\frac{1}{2\sqrt{3}}(\ln|x-\sqrt{3}|-\ln|x+\sqrt{3}|)+C$$
$$=\frac{1}{2\sqrt{3}}\ln\left|\frac{x-\sqrt{3}}{x+\sqrt{3}}\right|+C.$$

下面一些积分的例子,它们的被积函数中含有三角函数.在计算它们的时候,需要用到一些三角公式.

例 11 求$\int \cos^3 x\mathrm{d}x$.

解
$$\int \cos^3 x\mathrm{d}x = \int \cos^2 x \cdot \cos x\mathrm{d}x=\int (1-\sin^2 x)\mathrm{d}\sin x$$
$$=\sin x-\frac{1}{3}\sin^3 x+C.$$

例 12 求$\int \sin^2 x\mathrm{d}x$.

解
$$\int \sin^2 x\mathrm{d}x = \int \frac{1-\cos 2x}{2}\mathrm{d}x$$
$$=\frac{1}{2}\left(\int \mathrm{d}x-\int \cos 2x\mathrm{d}x\right)$$
$$=\frac{1}{2}\int \mathrm{d}x-\frac{1}{4}\int \cos 2x\mathrm{d}2x$$
$$=\frac{1}{2}x-\frac{\sin 2x}{4}+C.$$

例 13 求$\int \sec^6 x\mathrm{d}x$.

解
$$\int \sec^6 x\mathrm{d}x = \int (\sec^2 x)^2 \sec^2 x\mathrm{d}x$$
$$=\int (1+\tan^2 x)^2\mathrm{d}\tan x$$
$$=\int (1+2\tan^2 x+\tan^4 x)\mathrm{d}\tan x$$
$$=\tan x+\frac{2}{3}\tan^3 x+\frac{1}{5}\tan^5 x+C.$$

从上面所举的例子,我们发现不定积分的换元需要一定的技巧,而且如何适当地选择变量代换 $u=\varphi(x)$ 是没有一定的规律的,因此要掌握换元法,除了熟悉一些典型的例子外,还要做大量的练习方可.

二、第二类换元法

前面我们学习了第一类换元法，其特点是作变量替换 $u=\varphi(x)$（x 作为自变量），但对于一些积分，应用该法仍然很难，甚至不能奏效. 例如 $\int\sqrt{a^2-x^2}\,\mathrm{d}x$，$\int\frac{1}{\sqrt{a^2+x^2}}\mathrm{d}x$ 等等，而作另一种换元 $x=\psi(t)$，却能比较容易地求出这些积分，这就是我们要介绍的第二类换元法.

定理 2 设 $x=\psi(t)$ 是单调可导函数，并且 $\psi'(t)\neq0$，又设 $f(\psi(t))\psi'(t)$ 具有原函数，则有换元公式

$$\int f(x)\mathrm{d}x=\left[\int f(\psi(t))\psi'(t)\mathrm{d}t\right]_{t=\varphi(x)},$$

其中 $t=\varphi(x)$ 为 $x=\psi(t)$ 的反函数.

证明 设 $f(\psi(t))\psi'(t)$ 的原函数为 $\Phi(t)$，记 $\Phi(\varphi(x))=F(x)$. 利用复合函数求导法则及反函数求导公式，可得

$$F'(x)=\frac{\mathrm{d}\Phi}{\mathrm{d}t}\cdot\frac{\mathrm{d}t}{\mathrm{d}x}=f[\psi(t)]\psi'(t)\frac{1}{\psi'(t)}=f[\psi(t)]=f(x),$$

即表明 $F(x)$ 是 $f(x)$ 的原函数，所以有

$$\int f(x)\mathrm{d}x=F(x)+C=\Phi(\varphi(x))+C=\left[\int f(\psi(t))\psi'(t)\mathrm{d}t\right]_{t=\varphi(x)}.$$

利用第二类换元积分公式来计算积分的方法叫作第二类换元法，其一般步骤为：

第一步 换元 选择适当的变量代换 $x=\psi(t)$，将积分 $\int f(x)\mathrm{d}x$ 变为积分 $\int f(\psi(t))\psi'(t)\mathrm{d}t$；

第二步 整理 将转化后的积分整理化简；

第三步 积分 求出上面积分的结果；

第四步 回代 根据 $x=\psi(t)$，将结果中的变量 t 转化为 x，得原积分的结果.

例 14 求 $\int\frac{1}{1+\sqrt[3]{x+2}}\mathrm{d}x$.

解 该积分的问题在于含有根号，为了去根号，令 $\sqrt[3]{x+2}=t$，即令 $x=t^3-2$，从而 $\mathrm{d}x=3t^2\mathrm{d}t$，于是

$$\begin{aligned}\int\frac{1}{1+\sqrt[3]{x+2}}\mathrm{d}x&=\int\frac{3t^2}{1+t}\mathrm{d}t=3\int\frac{t^2-1+1}{1+t}\mathrm{d}t\\&=3\int\left(t-1+\frac{1}{1+t}\right)\mathrm{d}t\\&=3\left(\frac{t^2}{2}-t+\ln|1+t|\right)+C\\&=\frac{3}{2}\sqrt[3]{(x+2)^2}-3\sqrt[3]{x+2}+3\ln\left|1+\sqrt[3]{x+2}\right|+C.\end{aligned}$$

例 15 求$\int \frac{\sqrt{x-1}}{x}dx$.

解 同理,为去掉根号,令$\sqrt{x-1}=t$,即令$x=t^2+1$,从而$dx=2tdt$,于是

$$\begin{aligned}\int \frac{\sqrt{x-1}}{x}dx &= \int \frac{t}{t^2+1}2tdt=2\int \frac{t^2}{t^2+1}dt\\ &=2\int\left(1-\frac{1}{1+t^2}\right)dt\\ &=2(t-\arctan t)+C\\ &=2(\sqrt{x-1}-\arctan\sqrt{x-1})+C.\end{aligned}$$

例 16 求$\int \frac{1}{(1+\sqrt[3]{x})\sqrt{x}}dx$.

解 为了能同时去掉两个根号,令$x=t^6\ (t>0)$,即令$t=\sqrt[6]{x}$,从而$dx=6t^5dt$,于是

$$\begin{aligned}\int \frac{1}{(1+\sqrt[3]{x})\sqrt{x}}dx &= \int \frac{6t^5}{(1+t^2)t^3}dt=6\int \frac{t^2}{1+t^2}dt\\ &=6\int\left(1-\frac{1}{1+t^2}\right)dt=6(t-\arctan t)+C\\ &=6(\sqrt[6]{x}-\arctan\sqrt[6]{x})+C.\end{aligned}$$

例 17 求$\int \sqrt{a^2-x^2}dx$.

解 设$x=a\sin t\left(-\frac{\pi}{2}<t<\frac{\pi}{2}\right)$,则$\sqrt{a^2-x^2}=a\cos t$,$t=\arcsin\frac{x}{a}$,从而$dx=a\cos tdt$,于是

$$\begin{aligned}\int \sqrt{a^2-x^2}dx &= \int a\cos t\cdot a\cos tdt=a^2\int \cos^2 tdt=a^2\int \frac{1+\cos 2t}{2}dt\\ &=a^2\left(\frac{t}{2}+\frac{\sin 2t}{4}\right)+C=a^2\ \frac{t}{2}+\frac{a^2}{2}\sin t\cos t+C.\end{aligned}$$

由$x=a\sin t\left(-\frac{\pi}{2}<t<\frac{\pi}{2}\right)$,可得$\cos t=\sqrt{1-\sin^2 t}=\sqrt{1-\left(\frac{x}{a}\right)^2}=\frac{\sqrt{a^2-x^2}}{a}$,于是所求积分为

$$\int \sqrt{a^2-x^2}dx=\frac{a^2}{2}\arcsin\frac{x}{a}+\frac{1}{2}x\sqrt{a^2-x^2}+C.$$

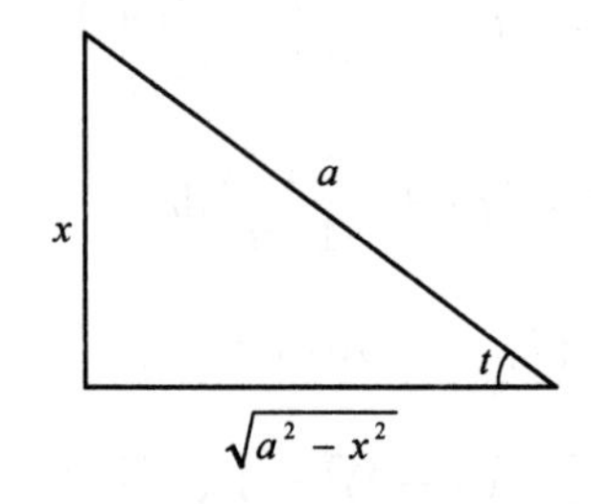

图 4-1

注意

上面确定 $\cos t$ 的过程采用如下方法更简便，作一个辅助三角形(如图 4－1)，可得 $\cos t=\dfrac{\sqrt{a^2-x^2}}{a}$.

例 18 求 $\int\dfrac{1}{\sqrt{a^2+x^2}}\mathrm{d}x$.

解 令 $x=a\tan t\left(-\dfrac{\pi}{2}<t<\dfrac{\pi}{2}\right)$，则 $\mathrm{d}x=a\sec^2t\mathrm{d}t$,

$$\sqrt{a^2+x^2}=a\sqrt{1+\tan^2t}=a\sec t,$$

于是，

$$\int\frac{\mathrm{d}x}{\sqrt{a^2+x^2}}=\int\frac{a\sec^2t}{a\sec t}\mathrm{d}t=\int\sec t\mathrm{d}t=\ln|\sec t+\tan t|+C_1,$$

而 $\tan t=\dfrac{x}{a}$，$\sec t=\dfrac{\sqrt{a^2+x^2}}{a}$(如图 4－2). 又 $\sec t+\tan t>0$，故

$$\int\frac{\mathrm{d}x}{\sqrt{a^2+x^2}}=\ln\left(\frac{x}{a}+\frac{\sqrt{a^2+x^2}}{a}\right)+C_1=\ln(x+\sqrt{a^2+x^2})+C$$

(其中 $C=C_1-\ln a$).

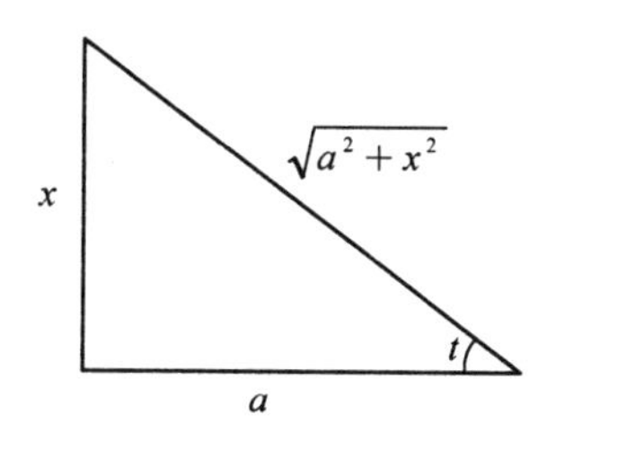

图 4－2

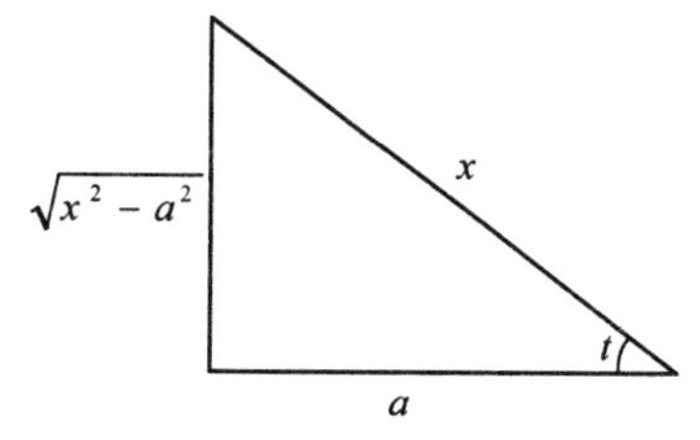

图 4－3

例 19 求 $\int\dfrac{\mathrm{d}x}{\sqrt{x^2-a^2}}(a>0)$.

解 因为被积函数的定义域为 $x>a$ 或 $x<-a$，故分两种情况讨论. 同理，被积函数中的根号可根据 $\sec^2t-1=\tan^2t$ 消去.

当 $x>a$ 时，设 $x=a\sec t\ \left(0<t<\dfrac{\pi}{2}\right)$，则 $\mathrm{d}x=a\sec t\tan t\mathrm{d}t$,

$$\sqrt{x^2-a^2}=\sqrt{a^2\sec^2t-a^2},$$

$$\int\frac{\mathrm{d}x}{\sqrt{x^2-a^2}}=\int\frac{a\sec t\tan t}{a\tan t}\mathrm{d}t=\int\sec t\mathrm{d}t=\ln(\sec t+\tan t)+C_1,$$

而 $\sec t=\dfrac{x}{a}$，$\tan t=\dfrac{\sqrt{x^2-a^2}}{a}$(如图 4－3). 故

$$\int \frac{dx}{\sqrt{x^2-a^2}}=\ln\left(\frac{x}{a}+\frac{\sqrt{x^2-a^2}}{a}\right)+C_1=\ln(x+\sqrt{x^2-a^2})+C$$

(其中 $C=C_1-\ln a$).

当 $x<-a$ 时,令 $x=-a\sec t\ \left(0<t<\frac{\pi}{2}\right)$,同理可得

$$\int \frac{dx}{\sqrt{x^2-a^2}}=\ln(-x-\sqrt{x^2-a^2})+C,$$

将上面两种结果合并起来,可写作

$$\int \frac{dx}{\sqrt{x^2-a^2}}=\ln\left|x+\sqrt{x^2-a^2}\right|+C.$$

例 20 求 $\int \frac{(x-1)^7}{x^9}dx$.

解 令 $x=\frac{1}{t}$,则 $dx=-\frac{1}{t^2}dt$,于是

$$\begin{aligned}\int \frac{(x-1)^7}{x^9}dx &= \int \left(\frac{1}{t}-1\right)^7 t^9\left(-\frac{1}{t^2}dt\right)\\ &=-\int (1-t)^7 dt=\int (1-t)^7 d(1-t)\\ &=\frac{1}{8}(1-t)^8+C=\frac{1}{8}\left(1-\frac{1}{x}\right)^8+C.\end{aligned}$$

例 21 求 $\int \frac{1}{e^x+1}dx$.

解 令 $x=\ln t$,则 $dx=\frac{1}{t}dt$,于是

$$\begin{aligned}\int \frac{1}{e^x+1}dx &= \int \frac{1}{t(t+1)}dt=\int \frac{(1+t)-t}{t(t+1)}dt\\ &=\ln t-\ln(t+1)+C=x-\ln(e^x+1)+C.\end{aligned}$$

下面这些积分在不定积分的学习中经常会用到,它们也常作为积分的基本公式运用,现归纳如下,要求熟记(其中常数 $a>0$).

(14) $\int \tan x dx=-\ln|\cos x|+C$;

(15) $\int \cot x dx=\ln|\sin x|+C$;

(16) $\int \sec x dx=\ln|\sec x+\tan x|+C$;

(17) $\int \csc x dx=\ln|\csc x-\cot x|+C$;

(18) $\int \frac{1}{a^2+x^2}dx=\frac{1}{a}\arctan\frac{x}{a}+C$;

(19) $\int \frac{1}{x^2-a^2}\mathrm{d}x=\frac{1}{2a}\ln\left|\frac{x-a}{x+a}\right|+C$;

(20) $\int \frac{1}{\sqrt{x^2-a^2}}\mathrm{d}x=\arcsin\frac{x}{a}+C$;

(21) $\int \frac{1}{\sqrt{x^2+a^2}}\mathrm{d}x=\ln(x+\sqrt{x^2+a^2})+C$;

(22) $\int \frac{1}{\sqrt{x^2-a^2}}\mathrm{d}x=\ln(x+\sqrt{x^2-a^2})+C$.

利用这些补充的公式,有时可使积分运算更加简便.

例 22 求 $\int \frac{1}{\sqrt{2+2x-x^2}}\mathrm{d}x$.

解 $\int \frac{1}{\sqrt{2+2x-x^2}}\mathrm{d}x=\int \frac{\mathrm{d}(x-1)}{\sqrt{(\sqrt{3})^2-(x-1)^2}}=\arcsin\frac{x-1}{\sqrt{3}}+C$.

例 23 求 $\int \frac{1}{\sqrt{9x^2+4}}\mathrm{d}x$.

解 $\int \frac{1}{\sqrt{9x^2+4}}\mathrm{d}x=\int \frac{\mathrm{d}x}{\sqrt{(3x)^2+2^2}}=\frac{1}{3}\int \frac{\mathrm{d}3x}{\sqrt{(3x)^2+2^2}}=\frac{1}{3}\ln(3x+\sqrt{9x^2+4})+C$.

例 24 求 $\int \frac{1}{x^2+4x+7}\mathrm{d}x$.

解 $\int \frac{1}{x^2+4x+7}\mathrm{d}x=\int \frac{1}{(x+2)^2+(\sqrt{3})^2}\mathrm{d}(x+2)=\frac{1}{\sqrt{3}}\arctan\frac{x+2}{\sqrt{3}}+C$.

习题 4-2

(A)

填空题

1. $\mathrm{d}x=$ ________ $\mathrm{d}(2-3x)$.

2. $x\mathrm{d}x=$ ________ $\mathrm{d}(2x^2-1)$.

3. $\frac{1}{x}\mathrm{d}x=\mathrm{d}$ ________.

4. $\frac{\ln x}{x}\mathrm{d}x=\ln x\mathrm{d}$ ________ $=\mathrm{d}$ ________.

5. $\sin\frac{x}{3}\mathrm{d}x=$ ________ $\mathrm{d}\left(\cos\frac{x}{3}\right)$.

6. $\frac{1}{\sqrt{x}}\mathrm{d}x=\mathrm{d}$ ________.

7. $\frac{1}{1+9x^2}\mathrm{d}x=$ ________ $\mathrm{d}(\arctan 3x)$.

8. $\frac{x\mathrm{d}x}{\sqrt{1-x^2}}=$ ________ $\mathrm{d}(\sqrt{1-x^2})$.

(B)

求下列积分:

(1) $\int \frac{1}{\sqrt{x}+\sqrt[3]{x}}\mathrm{d}x$;

(2) $\int \frac{\mathrm{d}x}{x\sqrt{x+1}}$;

(3) $\int \frac{(\sqrt{x+1}-1)\mathrm{d}x}{\sqrt{x+1}+1}$;

(4) $\int \frac{\mathrm{d}x}{\sqrt{1+\mathrm{e}^x}}$;

(5) $\int \frac{\sqrt{x^2-9}}{x}\mathrm{d}x$;

(6) $\int \frac{x^2}{\sqrt{9-x^2}}\mathrm{d}x$;

(7) $\int \frac{1}{(x^2+1)^{\frac{3}{2}}}\mathrm{d}x$;

(8) $\int \frac{1}{x^2+x+1}\mathrm{d}x$;

(9) $\int \frac{\mathrm{d}x}{\sqrt{4x^2-4x-1}}$;

(10) $\int \frac{\mathrm{d}x}{(\arcsin x)^2\sqrt{1-x^2}}$;

(11) $\int \frac{10^{2\arccos x}}{\sqrt{1-x^2}}\mathrm{d}x$;

(12) $\int \tan\sqrt{1+x^2}\cdot\frac{x}{\sqrt{1+x^2}}\mathrm{d}x$;

(13) $\int \frac{\arctan\sqrt{x}}{\sqrt{x}(1+x)}\mathrm{d}x$;

(14) $\int \frac{1+\ln x}{(x\ln x)^2}\mathrm{d}x$;

(15) $\int \frac{\mathrm{d}x}{\cos x\sin x}$;

(16) $\int \frac{\ln\tan x}{\cos x\sin x}\mathrm{d}x$;

(17) $\int \cos^3 x\mathrm{d}x$;

(18) $\int \cos^2(\omega t+\varphi)\mathrm{d}t$;

(19) $\int \sin2x\cos3x\mathrm{d}x$;

(20) $\int \cos x\cos\frac{x}{2}\mathrm{d}x$;

(21) $\int \sin5x\sin7x$;

(22) $\int \tan^3 x\sec x\mathrm{d}x$;

(23) $\int \frac{1}{\mathrm{e}^x+\mathrm{e}^{-x}}\mathrm{d}x$.

第三节　分部积分法

利用前面介绍的积分方法，可以解决许多积分的运算，但对于 $\int \ln x\mathrm{d}x$，$\int x\mathrm{e}^x\mathrm{d}x$，$\int x\sin x\mathrm{d}x$ 等这些“形式上”较简单的积分却毫无办法，为了解决这类积分的运算，我们介绍了另一种重要的方法——分部积分法.

定理　设函数 $u(x)$ 及 $v(x)$ 都具有连续的导数，则有分部积分公式

$$\int u\mathrm{d}v=uv-\int v\mathrm{d}u \text{ 或 } \int uv'\mathrm{d}v=uv-\int vu'\mathrm{d}x.$$

证明　由微分公式 $\mathrm{d}(uv)=v\mathrm{d}u+u\mathrm{d}v$，得 $u\mathrm{d}v=\mathrm{d}(uv)-v\mathrm{d}u$，上式两边同时求不定积分，即得

$$\int u\mathrm{d}v=uv-\int v\mathrm{d}u.$$

由分部积分公式可知，若某积分形如 $\int u\mathrm{d}v$，而积分 $\int v\mathrm{d}u$ 较 $\int u\mathrm{d}v$ 容易求得，那么就可以考虑分部积分法计算，其一般步骤如下：

第一步　将 $\int f(x)\mathrm{d}x$ 变成 $\int u\mathrm{d}v$ 的形式，并确定函数 u 和 v；

第二步　计算积分 $\int v\mathrm{d}u$，从而求得原积分的结果.

选取 u 和 v 的原则是：$\int v\mathrm{d}u$ 较 $\int u\mathrm{d}v$ 容易求得.

当不定积分中的被积函数为反三角函数、对数函数、幂函数、三角函数、指数函数这五类函数的乘积时，一般按“反、对、幂、三、指”的顺序，将前者取为 $u(x)$，剩余部分选为 $\mathrm{d}v$.

例 1 求 $\int x\sin x\mathrm{d}x$.

解 设 $u=x$，$\mathrm{d}v=\sin x\mathrm{d}x$，那么 $\mathrm{d}u=\mathrm{d}x$，易知 $v=-\cos x$，代入分部积分公式

$$\int x\sin x\mathrm{d}x=-x\cos x+\int \cos x\mathrm{d}x.$$

上式右端中 $\int \cos x\mathrm{d}x$ 很容易积出来.

所以
$$\int x\sin x\mathrm{d}x=-x\cos x+\sin x+C.$$

求这个积分时，如果设 $u=\sin x$，$\mathrm{d}v=x\mathrm{d}x$，那么 $\mathrm{d}u=\cos x\mathrm{d}x$，$v=\frac{x^2}{2}$.

于是
$$\int x\sin x\mathrm{d}x=\frac{x^2}{2}\sin x-\int \frac{x^2}{2}\cos x\mathrm{d}x.$$

上式右端的积分比原积分更难求了.

由此可见，应用分部积分法时，恰当地选择 u 及 $\mathrm{d}v$ 是关键.

例 2 求 $\int x^2\mathrm{e}^x\mathrm{d}x$.

解 设 $u=x^2$，$\mathrm{d}v=\mathrm{e}^x\mathrm{d}x$，那么 $\mathrm{d}u=2x\mathrm{d}x$，$v=\mathrm{e}^x$.

于是
$$\begin{aligned}\int x^2\mathrm{e}^x\mathrm{d}x &=x^2\mathrm{e}^x-2\int x\mathrm{e}^x\mathrm{d}x\\&=x^2\mathrm{e}^x-2\int x\mathrm{d}\mathrm{e}^x\\&=x^2\mathrm{e}^x-2x\mathrm{e}^x+2\int \mathrm{e}^x\mathrm{d}x\\&=(x^2-2x+2)\mathrm{e}^x+C.\end{aligned}$$

> **注意** 该例用了两次分部积分法，在某一个题中反复多次运用分部积分法是很常见的. 另外当我们比较熟练以后，写出 u 及 $\mathrm{d}v$ 的过程可以省略.

例 3 求 $\int \ln x\mathrm{d}x$.

解
$$\begin{aligned}\int \ln x\mathrm{d}x &=x\ln x-\int x\mathrm{d}(\ln x)\\&=x\ln x-\int \mathrm{d}x=x\ln x-x+C.\end{aligned}$$

例 4 求 $\int x\ln x\mathrm{d}x$.

解 $\int x\ln x\mathrm{d}x=\int \ln x\mathrm{d}\left(\frac{x^2}{2}\right)$

$$=\frac{x^2}{2}\ln x-\int \frac{x^2}{2}\mathrm{d}(\ln x)$$

$$=\frac{x^2}{2}\ln x-\int \frac{x^2}{2}\cdot\frac{1}{x}\mathrm{d}x$$

$$=\frac{x^2}{2}\ln x-\frac{1}{2}\int x\mathrm{d}x=\frac{x^2}{2}\ln x-\frac{x^2}{4}+C.$$

例 5 求 $\int \arcsin x\mathrm{d}x$.

解 $\int \arcsin x\mathrm{d}x=x\arcsin x-\int x\mathrm{d}\arcsin x$

$$=x\arcsin x-\int \frac{x}{\sqrt{1-x^2}}\mathrm{d}x$$

$$=x\arcsin x+\frac{1}{2}\int \frac{1}{\sqrt{1-x^2}}\mathrm{d}(1-x^2)$$

$$=x\arcsin x+\sqrt{1-x^2}+C.$$

例 6 求 $\int x\sin x\cos x\mathrm{d}x$.

解 $\int x\sin x\cos x\mathrm{d}x=\int x\mathrm{d}\left(-\frac{1}{4}\cos 2x\right)$

$$=-\frac{1}{4}x\cos 2x+\frac{1}{4}\int \cos 2x\mathrm{d}x$$

$$=-\frac{1}{4}x\cos 2x+\frac{1}{8}\sin 2x+C.$$

例 7 求 $\int x^2\arctan x\mathrm{d}x$.

解 $\int x^2\arctan x\mathrm{d}x=\frac{1}{3}\int \arctan x\mathrm{d}(x^3)$

$$=\frac{1}{3}x^3\arctan x-\frac{1}{3}\int x^3\mathrm{d}\arctan x$$

$$=\frac{1}{3}x^3\arctan x-\frac{1}{3}\int \frac{x^3}{1+x^2}\mathrm{d}x$$

$$=\frac{1}{3}x^3\arctan x-\frac{1}{3}\int x\mathrm{d}x+\frac{1}{3}\int \frac{x}{1+x^2}\mathrm{d}x$$

$$=\frac{1}{3}x^3\arctan x-\frac{1}{6}x^2+\frac{1}{6}\ln(1+x^2)+C.$$

例 8 求 $\int \mathrm{e}^x\sin x\mathrm{d}x$.

解 令 $u=\sin x$,那么

$$\int \mathrm{e}^x\sin x\mathrm{d}x=\int \sin x\mathrm{d}(\mathrm{e}^x)$$

$$=e^x\sin x-\int e^x d(\sin x)$$

$$=e^x\sin x-\int e^x\cos x dx.$$

取 $u=\cos x$，再用一次分部积分法

$$=e^x\sin x-\int \cos x d(e^x)$$

$$=e^x\sin x-e^x\cos x+\int e^x d(\cos x)$$

$$=e^x(\sin x-\cos x)-\int e^x\sin x dx.$$

由于右端中出现的积分正是要求的积分（出现了“循环”），此时类似于解方程式，求得 $\int e^x\sin x dx=\frac{1}{2}e^x(\sin x-\cos x)+C$.

需要指出的是，原上式的右端是不含积分项的，因此，必须加上任意常数 C.

例 9 求 $I_n=\int\frac{dx}{(x^2+a^2)^n}$，其中 n 为正整数.

解 用分部积分法，当 $n>1$ 时，有

$$I_{n-1}=\int\frac{dx}{(x^2+a^2)^{n-1}}=\frac{x}{(x^2+a^2)^{n-1}}+2(n-1)\int\frac{x^2}{(x^2+a^2)^n}dx$$

$$=\frac{x}{(x^2+a^2)^{n-1}}+2(n-1)\int\left[\frac{1}{(x^2+a^2)^{n-1}}-\frac{a^2}{(x^2+a^2)^n}\right]dx$$

$$=\frac{x}{(x^2+a^2)^{n-1}}+2(n-1)(I_{n-1}-a^2I_n).$$

于是
$$I_n=\frac{1}{2a^2(n-1)}\left[\frac{x}{(x^2+a^2)^{n-1}}+(2n-3)I_{n-1}\right].$$

以此作为递推公式，并由 $I_1=\frac{1}{a}\arctan\frac{x}{a}+C$，即可求得 I_n.

要说明的是，在求不定积分时，换元法与分部积分法往往交替使用，不要拘泥于一种方法，要善于变通，如例 10.

例 10 求 $\int\sin\sqrt{x}dx$.

解 令 $\sqrt{x}=t$，则 $x=t^2$，$dx=2tdt$.

于是
$$\int\sin\sqrt{x}dx=2\int t\sin t dt=2\int t d(-\cos t)$$

$$=-2t\cos t+2\int\cos t dt$$

$$=-2t\cos t+2\sin t+C$$

$$=-2\sqrt{x}\cos\sqrt{x}+2\sin\sqrt{x}+C.$$

习题 4-3

(A)

一、利用分部积分法积分 $I=\int\frac{\mathrm{d}x}{x}$,其方法如下:

$$I=\int\frac{1}{x}\mathrm{d}x=\frac{1}{x}\cdot x-\int x\mathrm{d}\left(\frac{1}{x}\right)=1-\int\left(-x\cdot\frac{1}{x^2}\right)\mathrm{d}x=1+\int\frac{\mathrm{d}x}{x}=1+I,$$

由此得 0=1. 试问这个解法错在哪里?

二、填空题

1. $\int x\mathrm{e}^{-x}\mathrm{d}x=-\int x\mathrm{d}$ __________ = ________.

2. $\int\arccos x\mathrm{d}x=x\arccos x-$ ________ = ________.

(B)

一、求下列不定积分

(1) $\int x^2\ln x\mathrm{d}x$;

(2) $\int\frac{x\arctan x}{\sqrt{1+x^2}}\mathrm{d}x$;

(3) $\int\ln(x+\sqrt{1+x^2})\mathrm{d}x$;

(4) $\int x^3\mathrm{e}^{-x^2}\mathrm{d}x$;

(5) $\int x^2\arctan x\mathrm{d}x$;

(6) $\int\cos(\ln x)\mathrm{d}x$;

(7) $\int x\ln\frac{1+x}{1-x}\mathrm{d}x$;

(8) $\int\frac{\arcsin x}{x^2}\cdot\frac{1+x^2}{\sqrt{1-x^2}}\mathrm{d}x$;

(9) 已知 $f(x)=\frac{1}{x}\mathrm{e}^x$,求 $\int xf''(x)\mathrm{d}x$.

二、设 $I_n=\int\frac{\mathrm{d}x}{\sin^n x}(n\geqslant 2)$,求证:$I_n=-\frac{1}{n-1}\frac{\cos x}{\sin^{n-1}x}+\frac{n-2}{n-1}I_{n-2}$.

第四节　几种特殊函数的积分

本节简要地介绍有理函数的积分及可化为有理函数的积分.

一、有理函数的积分

有理函数是两个多项式 $P_m(x)$ 与 $Q_n(x)$ 之商,$P_m(x)$ 为 x 的 m 次多项式,$Q_n(x)$ 为 x 的 n 次多项式. 如果 $m<n$,称之为真分式,否则称为假分式. 利用多项式的除法,总可以将一个假分式化为一个多项式与一个真分式之和的形式.

例如
$$\frac{x^4+x^3+1}{x^2+1}=(x^2+x-1)+\frac{-x+2}{x^2+1}.$$

由于多项式易于积分,所以有理函数的积分剩下的就是求真分式的积分问题.

真分式积分的基本方法是把它分成许多简单分式的代数和，即分成所谓部分分式，然后逐项求积分. 由代数学可知，真分式的积分变成了计算下面四种类型简单分式积分的问题.

(1) $\int \frac{A}{x-a}\mathrm{d}x$.

其结果为 $\int \frac{A}{x-a}\mathrm{d}x = A\ln|x-a|+C$.

(2) $\int \frac{A}{(x-a)^n}\mathrm{d}x$.

其结果为 $\int \frac{A}{(x-a)^n}\mathrm{d}x = \frac{A}{1-n}\cdot\frac{1}{(x-a)^{n-1}}+C \quad (n\neq 1)$.

(3) $\int \frac{Mx+N}{x^2+px+q}\mathrm{d}x\ (p^2-4q<0)$.

其结果为

$$\begin{aligned}&\int \frac{Mx+N}{x^2+px+q}\mathrm{d}x\\ &=\frac{M}{2}\int\frac{\mathrm{d}(x^2+px+q)}{x^2+px+q}+\left(N-\frac{Mp}{2}\right)\int\frac{\mathrm{d}(x+p/2)}{(x+p/2)^2+(\sqrt{q-p^2/4})^2}\\ &=\frac{M}{2}\ln(x^2+px+q)+\frac{N-Mp/2}{\sqrt{q-p^2/4}}\arctan\frac{x+p/2}{\sqrt{q-p^2/4}}+C.\end{aligned}$$

(4) $\int \frac{Mx+N}{(x^2+px+q)^n}\mathrm{d}x$.

其结果为

$$\int\frac{Mx+N}{(x^2+px+q)^n}\mathrm{d}x=\frac{M}{2}I_1+\left(N-\frac{Mp}{2}\right)I_2$$

$$I_1=\int\frac{2x+p}{(x^2+px+q)^n}\mathrm{d}x=\int\frac{\mathrm{d}(x^2+px+q)}{(x^2+px+q)^n}=\frac{(x^2+px+q)^{1-n}}{1-n}+C,$$

$$I_2=\int\frac{\mathrm{d}x}{(x^2+px+q)^n}=\int\frac{\mathrm{d}x}{[(x+p/2)^2+(4q-p^2)/4]^n}.$$

可化为 $I_n=\int\frac{\mathrm{d}u}{(u^2+a^2)^n}$ 的积分，这是我们在分部积分法这一节中介绍的例 9 的积分，它是可以积出来的.

综上所述，有理函数的积分都是有理函数并且总可积出，具体步骤如下：

第一步　变假分式为多项式与其分式之和，多项式部分直接积分；

第二步　变其分子为部分分式；

第三步　对每一部分分式，对照上面的四种情形，分别积出结果.

例 1　求 $\int\frac{x+1}{x^2-5x+6}\mathrm{d}x$.

解　设

$$\frac{x+1}{x^2-5x+6}=\frac{x+1}{(x-3)(x-2)}=\frac{A}{x-3}+\frac{B}{x-2},$$

其中 A,B 为待定系数，上式两端去分母后，得

$$x+1=A(x-2)+B(x-3),$$

即

$$x+1=(A+B)x+(-2A-3B).$$

比较上式两端同次幂的系数,

即有$\begin{cases} A+B=1 \\ 2A+3B=-1 \end{cases}$,解得 $A=4,B=-3$.

于是
$$\int \frac{x+1}{x^2-5x+6}\mathrm{d}x = \int \left(\frac{4}{x-3}-\frac{3}{x-2}\right)\mathrm{d}x$$
$$= \int \frac{4}{x-3}\mathrm{d}x - \int \frac{3}{x-2}\mathrm{d}x.$$

由情形(1)知
$$=4\ln|x-3|-3\ln|x-2|+C.$$

例 2 $\int \frac{x^4+2}{x^4+1}\mathrm{d}x$.

解 $\frac{x^4+2}{x^4+1}=1+\frac{1}{x^4+1}=1+\frac{1}{(x^2+\sqrt{2}x+1)(x^2-\sqrt{2}x+1)}$.

令
$$\frac{1}{(x^2+\sqrt{2}x+1)(x^2-\sqrt{2}x+1)}=\frac{Ax+B}{x^2+\sqrt{2}x+1}+\frac{Cx+D}{x^2-\sqrt{2}x+1},$$

其中 A,B,C,D 为待定系数,上式两端去分母后比较两端同次幂的系数得

$$A+C=0,-\sqrt{2}A+B+\sqrt{2}C+D=0,$$
$$A-\sqrt{2}B+C+\sqrt{2}D=0,B+D=1.$$

解之得 $A=\frac{1}{2\sqrt{2}},B=\frac{1}{2},C=-\frac{1}{2\sqrt{2}},D=\frac{1}{2}$.

所以$\int \frac{1}{(x^2+\sqrt{2}x+1)(x^2-\sqrt{2}x+1)}\mathrm{d}x=\frac{1}{2\sqrt{2}}\int \frac{x+\sqrt{2}}{x^2+\sqrt{2}x+1}\mathrm{d}x-\frac{1}{2\sqrt{2}}\int \frac{x-\sqrt{2}}{x^2-\sqrt{2}x+1}\mathrm{d}x.$

由情形(3)知
$$\text{上式}=\frac{1}{4\sqrt{2}}\ln(x^2+\sqrt{2}x+1)+\frac{1}{2\sqrt{2}}\arctan(\sqrt{2}x+1)$$
$$-\frac{1}{4\sqrt{2}}\ln(x^2-\sqrt{2}x+1)+\frac{1}{2\sqrt{2}}\arctan(\sqrt{2}x-1)+C,$$

于是
$$\int \frac{x^4+2}{x^4+1}\mathrm{d}x = x+\frac{1}{4\sqrt{2}}\ln\frac{x^2+\sqrt{2}x+1}{x^2-\sqrt{2}x+1}+\frac{1}{2\sqrt{2}}\arctan(\sqrt{2}x+1)$$
$$+\frac{1}{2\sqrt{2}}\arctan(\sqrt{2}x-1)+C.$$

这里要说明的是,在真分式分解为简单分式的过程中,首先要将真分式的分母因式分解为 x 的一次式 $x-a$ 或 $(x-a)^k$ 及二次质因式 (x^2+px+q) 或 $(x^2+px+q)^l$ 的乘积,其中 $p^2-4q<0$ 的形式,那么拆成的简单分式的形式应为$\frac{P_1(x)}{(x-a)^k}$,$\frac{P_2(x)}{(x^2+px+q)^l}$,其中 $P_1(x)$ 为小于 k 次的多项式,$P_2(x)$ 为小于 l 次的多项式,然后通过待定系数的方法来确定 $P_1(x)$ 与 $P_2(x)$. 下面再举一例说明.

例 3 求$\int \frac{x-7}{(x-1)(x^2-1)}\mathrm{d}x$.

解 被积函数的分母可进一步分解为$(x-1)^2(x+1)$.

设
$$\frac{x-7}{(x-1)(x^2-1)}=\frac{Ax+B}{(x-1)^2}+\frac{C}{x+1},$$
去分母
$$x-7=(Ax+B)(x+1)+C(x-1)^2,$$
即
$$x-7=(A+C)x^2+(A+B-2C)x+B+C.$$
有 $\begin{cases}A+C=0\\A+B-2C=1\\B+C=-7\end{cases}$，解得$\begin{cases}A=2\\B=-5.\\C=-2\end{cases}$

于是
$$\begin{aligned}&\int\frac{x-7}{(x-1)(x^2-1)}\mathrm{d}x\\&=\int\left[\frac{2x-5}{(x-1)^2}+\frac{-2}{x+1}\right]\mathrm{d}x\\&=\int\frac{2x-5}{(x-1)^2}\mathrm{d}x-2\int\frac{1}{x+1}\mathrm{d}x\\&=\int\frac{2(x-1)-3}{(x-1)^2}\mathrm{d}x-2\int\frac{1}{x+1}\mathrm{d}x\\&=2\int\frac{1}{x-1}\mathrm{d}x-3\int\frac{1}{(x-1)^2}\mathrm{d}x-2\int\frac{1}{x+1}\mathrm{d}x\\&=2\ln|x-1|+\frac{3}{x-1}-2\ln|x+1|+C.\end{aligned}$$

二、三角函数有理式的积分

三角函数的积分是会经常遇到的，如果用$R(x)$表示有理函数，将其中的x用$\sin x$或$\cos x$来替代，我们就得到三角函数有理式. 诸如：
$$\frac{1+\sin x}{\sin x(1+\cos x)},\frac{1}{2+\sin x},\frac{\sin x}{2\sin x-\cos x+5}$$
等等.

对上述类型的被积函数，我们总可利用"万能代换"，令$\tan\frac{x}{2}=u$，即$x=2\arctan u$.

有$\sin x=\frac{2u}{1+u^2}$，$\cos x=\frac{1-u^2}{1+u^2}$，$\mathrm{d}x=\frac{2\mathrm{d}u}{1+u^2}$.

代入后，被积函数总可化为关于u的有理函数的积分，它总可积出，再将u代入原变量即可.

例 4 求$\int\frac{1}{1+\sin x+\cos x}\mathrm{d}x$.

解 令$\tan\frac{x}{2}=u$，代入"万能公式"，

于是
$$\int\frac{1}{1+\sin x+\cos x}\mathrm{d}x=\int\frac{1}{1+\frac{2u}{1+u^2}+\frac{1-u^2}{1+u^2}}\cdot\frac{2}{1+u^2}\mathrm{d}u$$

$$=\int\frac{1}{1+u}\mathrm{d}u=\ln|1+u|+C$$
$$=\ln\left|1+\tan\frac{x}{2}\right|+C.$$

三、简单无理函数的积分

不像有理函数的不定积分总是初等函数那样,无理函数的不定积分不一定是初等函数.因此,这类积分就很可能“积不出来”,下面通过几个例子来说明有些简单的无理函数的积分可通过适当的变量替换化为有理函数的不定积分.

例 5 求 $\int\frac{1}{x}\sqrt{\frac{1+x}{x}}\mathrm{d}x$.

解 令 $\sqrt{\frac{1+x}{x}}=u$,于是 $\frac{1+x}{x}=u^2,x=\frac{1}{u^2-1}$,

$$\mathrm{d}x=-\frac{2u}{(u^2-1)^2}\mathrm{d}u,$$

于是

$$\int\frac{1}{x}\sqrt{\frac{1+x}{x}}\mathrm{d}x=\int(u^2-1)u\cdot\frac{-2u}{(u^2-1)^2}\mathrm{d}u=-2\int\frac{u^2}{u^2-1}\mathrm{d}u$$
$$=-2\int\left(1+\frac{1}{u^2-1}\right)\mathrm{d}u=-2u-\ln\left|\frac{u-1}{u+1}\right|+C$$
$$=-2u+2\ln|u+1|-\ln|u^2-1|+C$$
$$=-2\sqrt{\frac{1+x}{x}}+2\ln\left(\sqrt{\frac{1+x}{x}}+1\right)+\ln|x|+C.$$

例 6 求 $\int\frac{\mathrm{d}x}{\sqrt[3]{(x-1)(x+1)^2}}$.

解 由于 $\int\frac{\mathrm{d}x}{\sqrt[3]{(x-1)(x+1)^2}}=\int\sqrt[3]{\frac{x+1}{x-1}}\cdot\frac{\mathrm{d}x}{x+1}$,

令 $\sqrt[3]{\frac{x+1}{x-1}}=u$,有 $x=\frac{u^3+1}{u^3-1},\mathrm{d}x=\frac{-6u^2}{(u^3-1)^2}\mathrm{d}u$,

于是,原式 $=\int\frac{-3\mathrm{d}u}{u^3-1}=\int\left(-\frac{1}{u-1}+\frac{u+2}{u^2+u+1}\right)\mathrm{d}u$

$$=\frac{1}{2}\ln\frac{u^2+u+1}{(u-1)^2}+\sqrt{3}\arctan\frac{2u+1}{\sqrt{3}}+C.$$

再将 $u=\sqrt[3]{\frac{x+1}{x-1}}$ 代入上式即可.

例 7 求 $\int\frac{1}{(x+a)\sqrt{x^2+2ax}}\mathrm{d}x\ (a>0)$.

解 令 $x=u-a$,原式 $=\int\frac{\mathrm{d}u}{u\sqrt{u^2-a^2}}$.

再令 $u=a\sec t$，代入得

$$\text{原式}=\int\frac{a\sec t\cdot\tan t}{a\sec t\cdot a\tan t}\mathrm{d}t=\int\frac{1}{a}\mathrm{d}t=\frac{t}{a}+C$$

$$=\frac{1}{a}\arccos\frac{a}{x+a}+C.$$

习题 4－4

求下列不定积分：

(1) $\int\frac{x+1}{x^2-4x+3}\mathrm{d}x$；

(2) $\int\frac{\mathrm{d}x}{x(x^2+1)}$；

(3) $\int\frac{\mathrm{d}x}{(x^2+1)(x^2+x+1)}$；

(4) $\int\frac{x^5+x^4-8}{x^3-x}\mathrm{d}x$；

(5) $\int\frac{\mathrm{d}x}{3+\cos x}$；

(6) $\int\frac{\mathrm{d}x}{3+\sin^2x}$；

(7) $\int\frac{\mathrm{d}x}{1+\sqrt[3]{x+1}}$；

(8) $\int\frac{(\sqrt{x})^3-1}{\sqrt{x}+1}\mathrm{d}x$；

(9) $\int\sqrt{\frac{1-x}{1+x}}\cdot\frac{\mathrm{d}x}{x}$；

(10) $\int\frac{\mathrm{d}x}{\sqrt{x}(1+\sqrt[3]{x})}$.

复习题 4

一、填空题

1. 设 x^3 为 $f(x)$ 的一个原函数，则 $\mathrm{d}f(x)=$ ________.

2. $\int f'(2x)\mathrm{d}x=$ ________.

3. 已知 $\int f(x)\mathrm{d}x=\sin^2x+C$，则 $f(x)=$ ________.

4. 设 $f(x)$ 有一原函数 $\frac{\sin x}{x}$，则 $\int xf'(x)\mathrm{d}x=$ ________.

5. $\int x\sin 3x\mathrm{d}x=$ ________.

6. $\int\sin^3x\mathrm{d}x=$ ________.

7. $\int\frac{1}{\sqrt{x}}\mathrm{e}^{\sqrt{x}}\mathrm{d}x=$ ________.

8. $\int\frac{1-\sin x}{x+\cos x}\mathrm{d}x=$ ________.

9. 设 $f(x)$ 为连续函数，则 $\int f^2(x)\mathrm{d}f(x)=$ ________.

10. 已知 $\int f(x)\mathrm{d}x=F(x)+C$，则 $\int\frac{f(\ln x)}{x}\mathrm{d}x=$ ________.

二、选择题

1. 设 $f(x)$ 是可导函数,则$\left(\int f(x)\mathrm{d}x\right)'$ 为(　　).

A. $f(x)$　　B. $f(x)+C$　　C. $f'(x)$　　D. $f'(x)+C$

2. 设 $f(x)$是连续函数,且$\int f(x)\mathrm{d}x=F(x)+C$,则下列各式正确的是(　　).

A. $\int f(x^2)\mathrm{d}x=F(x^2)+C$　　B. $\int f(3x+2)\mathrm{d}x=F(3x+2)+C$

C. $\int f(\mathrm{e}^x)\mathrm{d}x=F(\mathrm{e}^x)+C$　　D. $\int f(\ln 2x)\frac{1}{x}\mathrm{d}x=F(\ln 2x)+C$

3. $\int\left(\frac{1}{1+x^2}\right)'\mathrm{d}x=$(　　).

A. $\frac{1}{1+x^2}$　　B. $\frac{1}{1+x^2}+C$　　C. $\arctan x$　　D. $\arctan x+C$

4. 若 $f'(x)=g'(x)$,则下列式子一定成立的有(　　).

A. $f(x)=g(x)$　　B. $\int \mathrm{d}f(x)=\int \mathrm{d}g(x)$

C. $\left(\int f(x)\mathrm{d}x\right)'=\left(\int g(x)\mathrm{d}x\right)'$　　D. $f(x)=g(x)+1$

5. $\int[f(x)+xf'(x)]\mathrm{d}x=$(　　).

A. $f(x)+C$　　B. $f'(x)+C$　　C. $xf(x)+C$　　D. $f^2(x)+C$

三、先计算下列各组中的不定积分,然后比较其积分方法.

1. $\int \sin x\mathrm{d}x,\int \sin^2 x\mathrm{d}x,\int \sin^3 x\mathrm{d}x,\int \sin^4 x\mathrm{d}x.$

2. $\int \ln x\mathrm{d}x,\int x\ln x\mathrm{d}x,\int \frac{\ln x}{x}\mathrm{d}x,\int \frac{\mathrm{d}x}{x\ln x}.$

3. $\int \sqrt{4-x^2}\mathrm{d}x,\int \sqrt{x^2+4}\mathrm{d}x,\int \sqrt{x^2-4}\mathrm{d}x,\int x\sqrt{x^2-4}\mathrm{d}x.$

四、已知 $f'(\mathrm{e}^x)=1+x$,求 $f(x)$.

五、已知 $f(x)$的原函数为$\ln^2 x$,求$\int xf'(x)\mathrm{d}x$.

六、某商品的需求量 Q 为价格 P 的函数,该商品的最大需求量为 1 000(即 $P=0$ 时,$Q=1\ 000$),已知需求量的变化率为 $Q'(P)=-1\ 000\ln 3\times\left(\frac{1}{3}\right)^P$,求该商品的需求函数.

第五章　定积分及其应用

本章讨论积分学的另一个基本问题——定积分.我们先从简单的几何学、物理学问题出发引进定积分的定义,然后讨论它的性质、计算方法及其应用.

第一节　定积分的概念与性质

一、引例

1. *曲边梯形的面积计算*

曲边梯形由曲边即在区间$[a,b]$上非负的连续曲线$y=f(x)$及直线$x=a,x=b,y=0$所围成,如图5-1所示.

曲边梯形的面积的计算不同于矩形,其在底边上各点处的高$f(x)$在$[a,b]$上是随x的变化而变化的,不能用矩形的面积公式来计算,但其高$y=f(x)$在$[a,b]$上是连续变化的,即自变量x在很微小的小区间内变化时,$f(x)$的变化也很微小,近似于不变.因此,如果把$[a,b]$分割为很多的小区间,在每一个小区间上用其中某一点处的函数值来近似代替这个小区间上的小曲边梯形的变高,那么,每个小曲边梯形的面积就近似等于这个小区间上的小矩形的面积,从而所有这些小矩形的面积之和就可以作为原曲边梯形面积的近似值.而且,若将$[a,b]$无限细分下去,使得每个小区间的长度都趋于零时,所有小矩形面积之和的极限就可以定义为曲边梯形的面积.具体可分为如下几个步骤:

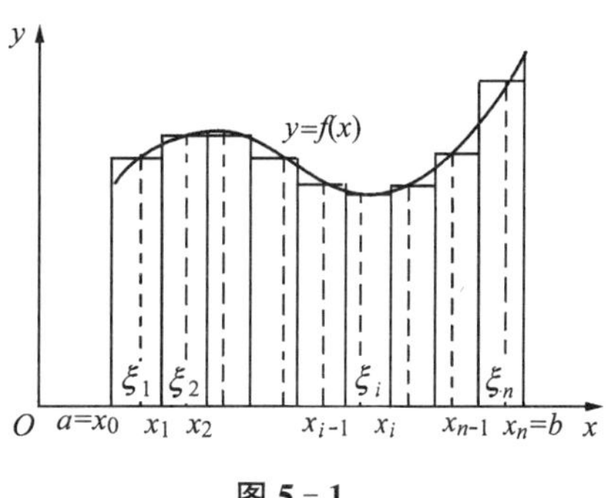

图5-1

第一步　分割:在$[a,b]$中插入$n-1$个分点

$$a=x_0<x_1<x_2<\cdots<x_{n-1}<x_n=b.$$

把$[a,b]$分成n个小区间

$$[x_0,x_1],[x_1,x_2],\cdots,[x_{n-1},x_n],$$

其长度依次记为

$$\Delta x_1=x_1-x_0,\Delta x_2=x_2-x_1,\cdots,\Delta x_n=x_n-x_{n-1}.$$

经过每一个分点$x_i(i=1,2,\cdots,n-1)$作垂直于x轴的直线段,把曲边梯形分割成n个小曲边梯形.

第二步　近似:在每个小曲边梯形底边$[x_{i-1},x_i]$上任取一点$\xi_i(x_{i-1}\leqslant\xi_i\leqslant x_i)$,以$[x_{i-1},x_i]$为底边,$f(\xi_i)$为高的小矩形的面积$f(\xi_i)\Delta x_i$近似代替相对应的小曲边梯形的面

积 ΔA_i,即

$$\Delta A_i \approx f(\xi_i)\Delta x_i \quad (i=1,2,\cdots,n).$$

第三步　求和:把第二步得到的 n 个小矩形面积之和作为所求曲边梯形的面积 A 的近似值,即

$$A \approx f(\xi_1)\Delta x_1 + f(\xi_2)\Delta x_2 + \cdots + f(\xi_n)\Delta x_n = \sum_{i=1}^{n} f(\xi_i)\Delta x_i.$$

第四步　取极限:为保证所有的小区间的区间长度随小区间的个数 n 的无限增加而无限缩小,记 $\lambda = \max\limits_{1 \leqslant i \leqslant n}\{\Delta x_i\}$,要求 $\lambda \to 0$(这时 $n \to \infty$),取上述和式的极限,便可得到曲边梯形的面积的精确值 A,即

$$A = \lim_{\lambda \to 0}\sum_{i=1}^{n} f(\xi_i)\Delta x_i.$$

2. 变速直线运动的路程求解

设有一质点做变速直线运动,在时刻 t 的速度 $v=v(t)$ 是一已知的连续函数,求质点从时刻 T_1 到时刻 T_2 所通过的路程.

我们可按如下步骤求出质点在该时间内通过的路程:

第一步　分割:在 $[T_1,T_2]$ 内任意插入 $n-1$ 个分点

$$T_1 = t_0 < t_1 < t_2 < \cdots < t_{n-1} < t_n = T_2,$$

把 $[T_1,T_2]$ 分成 n 个时间间隔 $[t_{i-1},t_i]$,每段时间间隔的长为

$$\Delta t_i = t_i - t_{i-1} \quad (i=1,2,\cdots,n).$$

第二步　近似:在 $[t_{i-1},t_i]$ 内任取一点 τ_i,作乘积

$$\Delta S_i = v(\tau_i)\Delta t_i \quad (i=1,2,\cdots,n),$$

为 $[t_{i-1},t_i]$ 内的路程的近似值.

第三步　求和:把每段时间通过的路程相加

$$S \approx \sum_{i=1}^{n} v(\tau_i)\Delta t_i.$$

第四步　取极限:令 $\lambda = \max\limits_{1 \leqslant i \leqslant n}\{\Delta t_i\}$,有

$$S = \lim_{\lambda \to 0}\sum_{i=1}^{n} v(\tau_i)\Delta t_i,$$

即为变速直线运动的路程.

二、定积分的定义

上述两个问题,虽然实际意义不同,但其解决问题的途径一致,均为求一个乘积和式的极限.类似的问题还有很多,弄清它们在数量关系上共同的本质与特性,加以抽象与概括,就是定积分的定义.

定义 设函数 $f(x)$在$[a,b]$上有界.

第一步 分割:在$[a,b]$中任意插入 $n-1$ 个分点

$$a=x_0<x_1<x_2<\cdots<x_{n-1}<x_n=b,$$

把$[a,b]$分成 n 个小区间$[x_{i-1},x_i]$,并记每个小区间的长度为

$$\Delta x_i=x_i-x_{i-1}\quad(i=1,2,\cdots,n).$$

第二步 近似:在每个小区间$[x_{i-1},x_i]$上任取一点 ξ_i,作乘积

$$f(\xi_i)\Delta x_i\quad(i=1,2,\cdots,n).$$

第三步 求和:$\sum\limits_{i=1}^{n}f(\xi_i)\Delta x_i$.

第四步 取极限:记 $\lambda=\max\limits_{1\leqslant i\leqslant n}\{\Delta x_i\}$,作极限

$$\lim_{\lambda\to 0}\sum_{i=1}^{n}f(\xi_i)\Delta x_i,\tag{1}$$

如果对$[a,b]$任意分割,在$[x_{i-1},x_i]$任取 ξ_i,只要当 $\lambda\to 0$ 时,极限(1) 总趋于同一个定数 I. 这时,我们称 $f(x)$在$[a,b]$上可积,并称这个极限值 I 为 $f(x)$在$[a,b]$上的定积分,记作 $\int_a^b f(x)\mathrm{d}x$,即

$$\int_a^b f(x)\mathrm{d}x=\lim_{\lambda\to 0}\sum_{i=1}^{n}f(\xi_i)\Delta x_i,$$

其中 $f(x)$称为被积函数,$f(x)\mathrm{d}x$ 称为被积表达式,x 称为积分变量,a 称为积分下限,b 称为积分上限,$[a,b]$称为积分区间.

根据定积分的定义,前面所举的例子可以用定积分表述如下:

(1) 曲线 $y=f(x)(f(x)\geqslant 0)$,$x=a$,$x=b$,$y=0$ 所围图形的面积

$$A=\int_a^b f(x)\mathrm{d}x.$$

(2) 质点以速度 $v(t)$做直线运动,从时刻 T_1 到时刻 T_2 所通过的路程

$$S=\int_{T_1}^{T_2}v(t)\mathrm{d}t.$$

关于定积分,还要强调说明如下几点:

(1) 定积分与不定积分是两个截然不同的概念. 定积分是一个数值,定积分存在时,其值只与被积函数 $f(x)$及积分区间$[a,b]$有关,与积分变量的记法无关,即

$$\int_a^b f(x)\mathrm{d}x=\int_a^b f(t)\mathrm{d}t.$$

(2) 关于函数 $f(x)$的可积性问题:

定理 1 闭区间$[a,b]$上的连续函数必在$[a,b]$上可积.

定理 2 闭区间$[a,b]$上的只有有限个间断点的有界函数必在$[a,b]$上可积.

这里不给出证明,但有界函数不一定可积.

(3) 当 $a=b$ 时,规定 $\int_a^b f(x)\mathrm{d}x=0$.

(4) 规定 $\int_a^b f(x)\mathrm{d}x=-\int_b^a f(x)\mathrm{d}x$.

(5) 定积分的几何意义:在$[a,b]$上如果 $f(x)\geqslant 0$, $\int_a^b f(x)\mathrm{d}x$ 表示曲线 $y=f(x)$,直线 $x=a$, $x=b$, $y=0$ 所围成的图形的面积;如果 $f(x)\leqslant 0$,则 $\int_a^b f(x)\mathrm{d}x$ 表示由曲线 $y=f(x)$,直线 $x=a$, $x=b$, $y=0$ 所围成的图形的面积的负值;如果 $f(x)$既取得正值又取得负值时, $\int_a^b f(x)\mathrm{d}x$ 表示介于 x 轴,函数 $f(x)$的图像及直线 $x=a$, $x=b$ 之间的各部分图形的面积的代数和,其中在 x 轴上方的部分图形的面积规定为正,下方的规定为负,如图 5-2 所示.

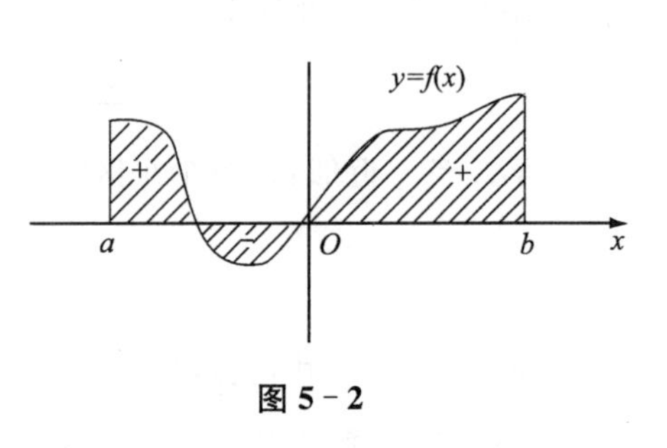

图 5-2

例 1 利用定积分定义计算定积分 $\int_0^1 x^2\mathrm{d}x$.

解 因为被积函数 x^2 在$[0,1]$上连续,从而可积,所以积分值与$[0,1]$的分法及 ξ_i 的取法无关,故

(1) 将$[0,1]$分成 n 等份,取 $x_i=\frac{i}{n}$,每个小区间$[x_{i-1},x_i]$的长度 $\Delta x_i=\frac{1}{n}(i=1,2,\cdots,n)$;

(2) 近似:取 $\xi_i=x_i=\frac{i}{n}$,作 $\Delta A_i\approx f(\xi_i)\Delta x_i=\left(\frac{i}{n}\right)^2\cdot\frac{1}{n}(i=1,2,\cdots,n)$;

(3) 求和:$S\approx\sum_{i=1}^{n}f(\xi_i)\Delta x_i=\frac{1}{n^3}\sum_{i=1}^{n}i^2=\frac{1}{6}\left(1+\frac{1}{n}\right)\left(2+\frac{1}{n}\right)$;

(4) 取极限:令 $\lambda=\max\limits_{1\leqslant i\leqslant n}\{\Delta x_i\}$,当 $\lambda\to 0$ 时$(n\to\infty)$

$$\int_0^1 x^2\mathrm{d}x=\lim_{\lambda\to 0}\sum_{i=1}^{n}\xi_i^2\Delta x_i=\lim_{n\to\infty}\frac{1}{6}\left(1+\frac{1}{n}\right)\left(2+\frac{1}{n}\right)=\frac{1}{3}.$$

例 2 用定积分的几何意义求 $\int_0^{2\pi}\sin x\mathrm{d}x$.

解 画出被积函数 $y=\sin x$ 在$[0,2\pi]$上的图形,如图 5-3 所示.因 x 轴上方与 x 轴下方图形面积相同,用定积分表示时上方的用$+S$,下方的用$-S$,所以

$$\int_0^{2\pi}\sin x\mathrm{d}x=(+S)+(-S)=0.$$

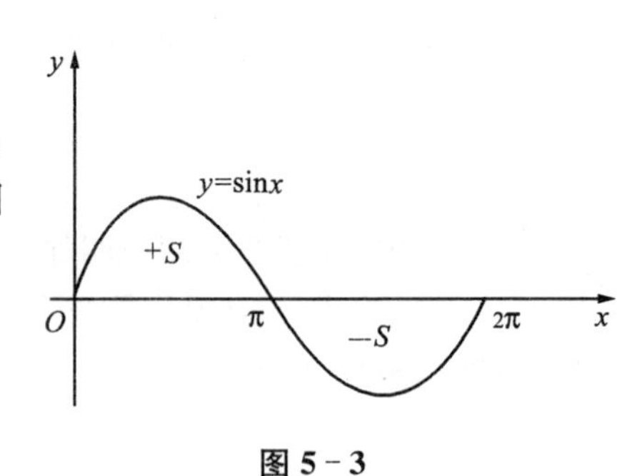

图 5-3

三、定积分的性质

在以下所列的性质中,均默认函数 $f(x)$, $g(x)$在指定区间上可积.

性质 1 两个函数的代数和的积分等于这两个函数积分的代数和,即

$$\int_a^b [f(x) \pm g(x)]\mathrm{d}x = \int_a^b f(x)\mathrm{d}x \pm \int_a^b g(x)\mathrm{d}x.$$

证明 由定积分的定义有

$$\begin{aligned}\int_a^b [f(x) \pm g(x)]\mathrm{d}x &= \lim_{n\to 0}\sum_{i=1}^{n}[f(\xi_i) \pm g(\xi_i)]\Delta x_i \\ &= \lim_{n\to 0}\sum_{i=1}^{n} f(\xi_i)\Delta x_i \pm \lim_{n\to 0}\sum_{i=1}^{n} g(\xi_i)\Delta x_i \\ &= \int_a^b f(x)\mathrm{d}x \pm \int_a^b g(x)\mathrm{d}x.\end{aligned}$$

对于任意有限个函数的代数和,该性质都成立.

性质 2 被积函数的常数因子可以提到积分号外面,即

$$\int_a^b kf(x)\mathrm{d}x = k\int_a^b f(x)\mathrm{d}x \quad (k\text{ 为常数}).$$

性质 3(定积分的积分区间可加性) 如果将积分区间$[a,b]$分成两个小区间$[a,c]$和$[c,b]$,则在整个区间上的定积分等于这两个小区间上定积分之和,即若 $a<c<b$,则

$$\int_a^b f(x)\mathrm{d}x = \int_a^c f(x)\mathrm{d}x + \int_c^b f(x)\mathrm{d}x.$$

当 c 不介于 a,b 之间时,上式仍然成立. 例如,$a<b<c$,则

$$\int_a^c f(x)\mathrm{d}x = \int_a^b f(x)\mathrm{d}x + \int_b^c f(x)\mathrm{d}x,$$

于是
$$\int_a^b f(x)\mathrm{d}x = \int_a^c f(x)\mathrm{d}x - \int_b^c f(x)\mathrm{d}x = \int_a^c f(x)\mathrm{d}x + \int_c^b f(x)\mathrm{d}x.$$

性质 4 如果在$[a,b]$上,$f(x)\equiv 1$,则 $\int_a^b 1\mathrm{d}x = \int_a^b \mathrm{d}x = b-a$.

性质 5 如果在$[a,b]$上,$f(x)\leqslant g(x)$,则 $\int_a^b f(x)\mathrm{d}x \leqslant \int_a^b g(x)\mathrm{d}x$.

推论 1 如果在$[a,b]$上,$f(x)\geqslant 0$,则 $\int_a^b f(x)\mathrm{d}x \geqslant 0$.

推论 2 $\left|\int_a^b f(x)\mathrm{d}x\right| \leqslant \int_a^b |f(x)|\mathrm{d}x$.

注意 若在$[a,b]$上 $f(x)\leqslant g(x)$,且 $f(x)$不恒等于 $g(x)$,则 $\int_a^b f(x)\mathrm{d}x < \int_a^b g(x)\mathrm{d}x$.

性质 6(定积分估值定理) 设 M 及 m 分别是函数 $f(x)$在$[a,b]$上的最大值及最小值,则

$$m(b-a) \leqslant \int_a^b f(x)\mathrm{d}x \leqslant M(b-a) \ (a<b).$$

以上这些性质或推论的证明均可类似性质 1,用定积分的定义或利用性质 5 来完成. 请

读者自行证明.

性质 7 (定积分中值定理) 如果函数 $f(x)$ 在 $[a,b]$ 上连续,则在 $[a,b]$ 上至少存在一点,使

$$\int_a^b f(x)\mathrm{d}x=f(\xi)(b-a) \quad (a\leqslant\xi\leqslant b).$$

证明 根据定积分估值定理,有

$$m\leqslant\frac{1}{b-a}\int_a^b f(x)\mathrm{d}x\leqslant M,$$

即确定的数值 $\frac{1}{b-a}\int_a^b f(x)\mathrm{d}x$ 介于函数 $f(x)$ 的最小值 m 及最大值 M 之间. 根据闭区间上连续函数的介值定理,在 $[a,b]$ 上至少存在一点 ξ,使得函数 $f(x)$ 在 ξ 处的值与这个确定的数值相等,即

$$\frac{1}{b-a}\int_a^b f(x)\mathrm{d}x=f(\xi)\ (a\leqslant\xi\leqslant b),$$

即
$$\int_a^b f(x)\mathrm{d}x=f(\xi)(b-a)\ (a\leqslant\xi\leqslant b).$$

上述各条性质均可进行几何解释,仅以性质 7 为例. 在区间 $[a,b]$ 上至少存在一点 ξ,使得以 $[a,b]$ 为底边,以曲线 $y=f(x)$ 为曲边的曲边梯形的面积等于同一底边,而高为 $f(\xi)$ 的一个矩形的面积(如图 5-4),图中的正负符号是 $f(x)$ 相对于长方形凸出和凹进的部分,并称 $\frac{1}{b-a}\int_a^b f(x)\mathrm{d}x$ 为函数 $f(x)$ 在区间 $[a,b]$ 上的平均值.

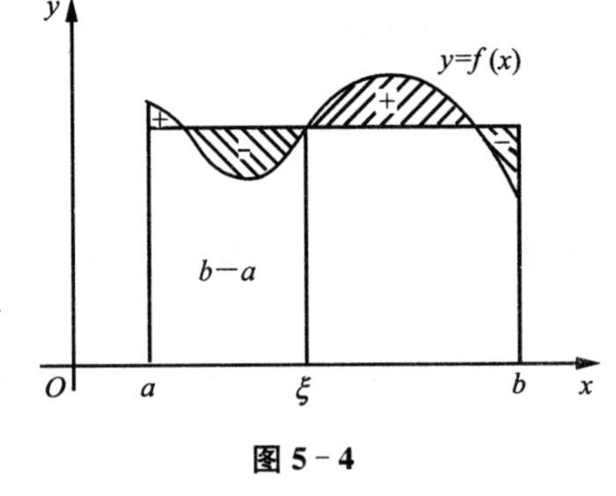

图 5-4

例 3 估计积分值 $\int_{\frac{1}{2}}^1 x^4\mathrm{d}x$ 的大小.

解 令 $f(x)=x^4$,因 $x\in\left[\frac{1}{2},1\right]$,则 $f'(x)=4x^3>0$,所以 $f(x)$ 在 $\left[\frac{1}{2},1\right]$ 上单调增加,$f(x)$ 在 $\left[\frac{1}{2},1\right]$ 上的最小值 $m=f\left(\frac{1}{2}\right)=\frac{1}{16}$,最大值 $M=f(1)=1$,所以有

$$\frac{1}{16}\left(1-\frac{1}{2}\right)\leqslant\int_{\frac{1}{2}}^1 x^4\mathrm{d}x\leqslant 1\left(1-\frac{1}{2}\right),$$

即
$$\frac{1}{32}\leqslant\int_{\frac{1}{2}}^1 x^4\mathrm{d}x\leqslant\frac{1}{2}.$$

例 4 比较 $\int_0^1 \mathrm{e}^x\mathrm{d}x$ 与 $\int_0^1(1+x)\mathrm{d}x$ 的大小.

解 令 $f(x)=\mathrm{e}^x-(1+x)$,因 $x\in[0,1]$,则 $f'(x)=\mathrm{e}^x-1\geqslant 0$(仅当 $x=0$ 时等号成立),所以 $f(x)$ 在 $[0,1]$ 上单调递增,即 $x=0$ 时,$f(x)>f(0)=0$,即在 $(0,1)$ 内 $\mathrm{e}^x>1+x$,所以

$$\int_0^1 e^x dx > \int_0^1 (1+x)dx.$$

习题 5-1

(A)

一、填空题

1. $\int_{\frac{1}{2}}^1 x^2 \ln x dx$ 的值的符号为________.

2. 设有一质量非均匀的细棒，长度为 l，取棒的一端为原点，假设细棒上任一点处的线密度为 $\rho(x)$，用定积分表示细棒的质量 $M=$ ________.

3. 若 $f(x)$ 在 $[a,b]$ 上连续，且 $\int_a^b f(x)dx=0$，则 $\int_a^b [f(x)+1]dx=$ ________.

二、选择题

1. 定积分 $\int_a^b f(x)dx$ 是(　　).

A. 一个常数　　　　B. $f(x)$ 的一个原函数

C. 一个函数族　　　　D. 一个非负常数

2. 下列命题中正确的是(其中 $f(x)$，$g(x)$ 均为连续函数)(　　).

A. 在 $[a,b]$ 上若 $f(x)\neq g(x)$，则 $\int_a^b f(x)dx \neq \int_a^b g(x)dx$

B. $\int_a^b f(x)dx \neq \int_a^b f(t)dt$

C. $d\int_a^b f(x)dx = f(x)dx$

D. 若 $f(x)\neq g(x)$，则 $\int f(x)dx \neq \int g(x)dx$

(B)

1. 利用定积分的几何意义，填写下列定积分值：

(1) $\int_0^1 (x+1)dx=$ ________；　　(2) $\int_0^1 2x dx=$ ________；

(3) $\int_{-\pi}^{\pi} \sin x dx=$ ________；　　(4) $\int_0^1 \sqrt{1-x^2}dx=$ ________.

2. 利用定积分定义计算 $\int_0^1 e^x dx$.

3. 设 $a<b$，问 a,b 取什么值时，积分 $\int_a^b (x-x^2)dx$ 取得最大值.

4. 比较下列各组两个积分的大小：

(1) $\int_0^1 x^2 dx$ ________ $\int_0^1 x^3 dx$；　　(2) $\int_0^1 e^x dx$ ________ $\int_0^1 (1+x)dx$.

5. 估计下列积分的值：

(1) $\int_1^4 (x^2+1)\mathrm{d}x$；　　　　(2) $\int_2^0 \mathrm{e}^{x^2-x}\mathrm{d}x$.

6. 设 $f(x)$在$[a,b]$上连续，若 $f(x)\geqslant 0$ 且 $\int_a^b f(x)\mathrm{d}x=0$,试证在$[a,b]$上 $f(x)\equiv 0$.

第二节　微积分基本公式

在第一节我们利用定积分的定义计算在$[0,1]$上被积函数为 $f(x)=x^2$ 的定积分,计算它已经比较困难,如果被积函数变得比较复杂,利用定积分的定义计算定积分就会变得非常困难,甚至不可解.因而,必须寻求计算定积分的新的方法.

一、变速直线运动中位置函数与速度函数之间的联系

设一物体沿直线做变速运动,在 t 时刻物体所在位置为 $S(t)$,速度为 $v(t)(v(t)\geqslant 0)$,则物体在时间间隔$[T_1,T_2]$内经过的路程可用速度函数表示为 $\int_{T_1}^{T_2} v(t)\mathrm{d}t$.

另一方面,这段路程还可以通过位置函数 $S(t)$在$[T_1,T_2]$上的增量 $S(T_2)-S(T_1)$来表达,即

$$\int_{T_1}^{T_2} v(t)\mathrm{d}t = S(T_2)-S(T_1),$$

且 $S'(t)=v(t)$.

对于一般函数 $f(x)$,设 $F'(x)=f(x)$,是否也有

$$\int_a^b f(x)\mathrm{d}x=F(b)-F(a).$$

若上式成立,我们就找到了用 $f(x)$的原函数的数值差 $F(b)-F(a)$来计算 $f(x)$在$[a,b]$上的定积分的方法.

二、积分上限的函数及其导数

设函数 $f(x)$在$[a,b]$上连续,任意取定 $x\in[a,b]$,则 $f(x)$在$[a,x]$上也连续,从而确定了唯一一个数值

$$\int_a^x f(x)\mathrm{d}x=\int_a^x f(t)\mathrm{d}t.$$

如果上限 x 在$[a,b]$上任意取值,总有唯一确定的数值 $\int_a^x f(t)\mathrm{d}t$ 与之对应,所以定义了一个$[a,b]$区间上的函数,记作 $\Phi(x)$,即

$$\Phi(x)=\int_a^x f(t)\mathrm{d}t \quad (a\leqslant x\leqslant b),$$

称 $\Phi(x)$为积分上限的函数.积分上限的函数具有下述重要性质.

定理 1　如果函数 $f(x)$在$[a,b]$上连续,则积分上限的函数

$$\Phi(x)=\int_a^x f(t)\mathrm{d}t$$

在$[a,b]$上可导，并且其导数为

$$\Phi'(x)=\frac{\mathrm{d}}{\mathrm{d}x}\int_a^x f(t)\mathrm{d}t=f(x)\quad (a\leqslant x\leqslant b).$$

证明 任取 x 及 Δx，使 $x,x+\Delta x\in(a,b)$（如图 5－5），则

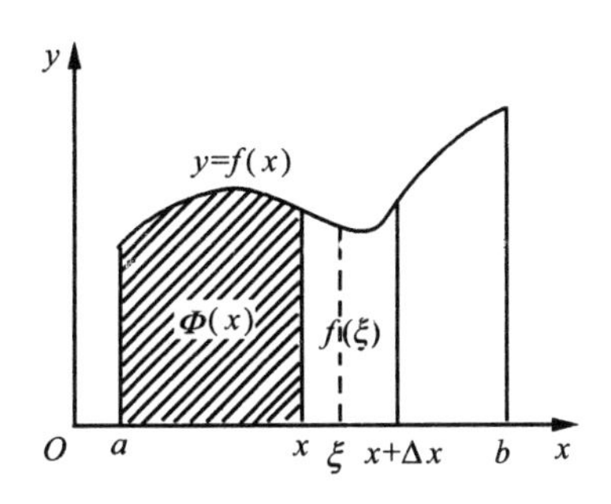

图 5－5

$$\begin{aligned}\Delta\Phi(x)=\Phi(x+\Delta x)-\Phi(x)&=\int_a^{x+\Delta x} f(t)\mathrm{d}t-\int_a^x f(t)\mathrm{d}t\\&=\int_a^x f(t)\mathrm{d}t+\int_x^{x+\Delta x} f(t)\mathrm{d}t-\int_a^x f(t)\mathrm{d}t\\&=\int_x^{x+\Delta x} f(t)\mathrm{d}t=f(\xi)\Delta x\quad (x\leqslant\xi\leqslant x+\Delta x),\end{aligned}$$

从而

$$\frac{\Delta\Phi(x)}{\Delta x}=f(\xi)\quad (x\leqslant\xi\leqslant x+\Delta x).$$

由于 $f(x)$在$[a,b]$上连续，当 $\Delta x\to 0$ 时，$\xi\to x$，故在上式两端同时取极限，有

$$\Phi'(x)=\lim_{\Delta x\to 0}f(\xi)=f(x).$$

若 $x=a$，取 $\Delta x>0$，同理可证 $\Phi'_+(a)=f(a)$；若 $x=b$，取 $\Delta x<0$，则 $\Phi'_-(b)=f(b)$，所以

$$\Phi'(x)=\frac{\mathrm{d}}{\mathrm{d}x}\int_a^x f(t)\mathrm{d}t=f(x)\quad (a\leqslant x\leqslant b).$$

推论 设 $f(x)$在$[a,b]$上连续，$\varphi(x)$在$[a,b]$上可导，则

$$\frac{\mathrm{d}}{\mathrm{d}x}\int_a^{\varphi(x)} f(t)\mathrm{d}t = f[\varphi(x)]\cdot\varphi'(x).$$

定理 2 如果函数 $f(x)$在$[a,b]$上连续，则函数

$$\Phi(x)=\int_a^x f(t)\mathrm{d}t$$

为 $f(x)$在$[a,b]$上的一个原函数.

这个定理肯定了连续函数一定存在原函数，而且初步揭示了定积分与原函数之间的联

系,因此,利用原函数来计算定积分就变得有可能了.

三、微积分基本公式

定理3 如果函数 $F(x)$是$[a,b]$上的连续函数 $f(x)$的任意一个原函数,则

$$\int_a^b f(x)\mathrm{d}x=F(b)-F(a).$$

证明 因为 $\Phi(x)=\int_a^x f(t)\mathrm{d}t$ 与 $F(x)$都是 $f(x)$的原函数,故

$$F(x)-\Phi(x)=C \quad (a\leqslant x\leqslant b),$$

其中 C 为某一常数.

令 $x=a$,得 $F(a)-\Phi(a)=C$,且 $\Phi(a)=\int_a^a f(t)\mathrm{d}t=0$,即有 $C=F(a)$,故

$$F(x)=\Phi(x)+F(a),$$

$$\Phi(x)=F(x)-F(a)=\int_a^x f(t)\mathrm{d}t.$$

令 $x=b$,有

$$\int_a^b f(x)\mathrm{d}x=F(b)-F(a).$$

为了方便起见,还常用$F(x)\Big|_a^b$ 表示 $F(b)-F(a)$,即

$$\int_a^b f(x)\mathrm{d}x=F(x)\Big|_a^b=F(b)-F(a).$$

该式称为微积分基本公式或牛顿-莱布尼茨公式.它指出了求连续函数定积分的一般方法,把求定积分的问题转化成求原函数的问题,是联系微分学与积分学的桥梁.

例1 计算$\int_0^1 x^2\mathrm{d}x$.

解 由于$\frac{1}{3}x^3$ 是 x^2 的一个原函数,所以根据牛顿-莱布尼茨公式有

$$\int_0^1 x^2\mathrm{d}x=\frac{1}{3}x^3\Big|_0^1=\frac{1}{3}\cdot 1^3-\frac{1}{3}\cdot 0^3=\frac{1}{3}.$$

例2 计算$\int_0^1 \frac{\mathrm{d}x}{\sqrt{4-x^2}}$.

解 由于$\frac{1}{\sqrt{4-x^2}}$的一个原函数为 $\arcsin\frac{x}{2}$,故

$$\int_0^1 \frac{\mathrm{d}x}{\sqrt{4-x^2}}=\arcsin\frac{x}{2}\Big|_0^1=\arcsin\frac{1}{2}-\arcsin 0=\frac{\pi}{6}.$$

例3 计算$\int_1^{\mathrm{e}} \frac{\ln x}{x}\mathrm{d}x$.

解 $$\int_1^e \frac{\ln x}{x}dx=\int_1^e \ln x d(\ln x)=\frac{1}{2}(\ln x)^2\Big|_1^e=\frac{1}{2}.$$

例 4 计算$\int_{-1}^1 |2x+1| dx$.

解 因为 $$|2x+1|=\begin{cases}2x+1 & x\geqslant -\dfrac{1}{2} \\ -(2x+1) & x<-\dfrac{1}{2}\end{cases},$$

故 $$\int_{-1}^1 |2x+1| dx=-\int_{-1}^{-1/2}(2x+1)dx+\int_{-1/2}^1 (2x+1)dx$$
$$=(-x^2-x)\Big|_{-1}^{-1/2}+(x^2+x)\Big|_{-1/2}^1=\frac{5}{2}.$$

例 5 计算正弦曲线 $y=\sin x$ 在$[0,\pi]$上与 x 轴所围成的图形(如图 5 - 6)的面积.

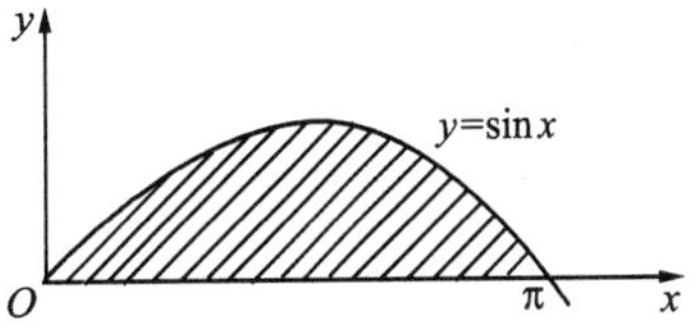

解 由于 $y=\sin x$ 在$[0,\pi]$上非负连续,所以它围成的面积

$$A=\int_0^\pi \sin x dx=-\cos x\Big|_0^\pi=-(\cos\pi)+(\cos 0)=2.$$

图 5 - 6

例 6 计算$\lim\limits_{x\to 0}\dfrac{1}{x}\displaystyle\int_0^{\sin x} e^{-t^2}dt$.

解 这是一个“$\dfrac{0}{0}$”型的未定式,运用洛必达法则及本节中的推论来计算这个极限

$$\frac{d}{dx}\int_0^{\sin x} e^{-t^2}dt=e^{-\sin^2 x}\cdot\cos x,$$

所以 $$\lim_{x\to 0}\frac{1}{x}\int_0^{\sin x} e^{-t^2}dt=\lim_{x\to 0}\frac{\int_0^{\sin x} e^{-t^2}dt}{x}=\lim_{x\to 0}\frac{e^{-\sin^2 x}\cdot\cos x}{1}=1.$$

例 7 设 $f(x)$是$(0,+\infty)$上的连续函数,$F(x)=\dfrac{1}{x}\displaystyle\int_0^x f(t)dt$,若 $f(x)$是单调增函数,证明:$F(x)$也为单调增函数.

证明 由 $F(x)=\dfrac{1}{x}\displaystyle\int_0^x f(t)dt$,有

$$F'(x)=\frac{xf(x)-\int_0^x f(t)dt}{x^2}.$$

由积分中值定理,有

$$\int_0^x f(t)dt=xf(\xi)\quad(0<\xi<x),$$

所以 $$F'(x)=\frac{xf(x)-\int_0^x f(t)dt}{x^2}=\frac{f(x)-f(\xi)}{x}.$$

由于 $f(x)$ 是单调增函数,有 $f(x)-f(\xi)>0$,故 $F'(x)>0$,即 $F(x)$ 为单调增函数.

习题 5-2

(A)

一、是非题

$\int_0^{\pi}\sqrt{\frac{1+\cos 2x}{2}}dx=\int_0^{\pi}\sqrt{\cos^2 x}dx=\int_0^{\pi}\cos x dx=\sin x\Big|_0^{\pi}=0.$ ( )

二、填空题

1. $\int f(x)dx-\int_0^x f(t)dt=$ ________ ($f(x)$ 在实数域内连续).

2. $\frac{d}{dx}\int_0^x \sin t^2 dt=$ ________, $\frac{d}{dx}\int_x^0 \sin t^2 dt=$ ________.

3. $\frac{d}{dx}\int_0^{x^2} \sin t^2 dt=$ ________, $\frac{d}{dx}\int \sin x^2 dx=$ ________.

4. $\frac{d}{dx}\int_0^1 \sin x^2 dx=$ ________, $\frac{d}{dx}\int_{x^2}^1 \sin^2 t dt=$ ________.

(B)

1. 求由参数表达式 $x=\int_0^t \sin u du$, $y=\int_0^t \cos u du$ 所给定的函数 $y=y(x)$ 的导数 $\frac{dy}{dx}$.

2. 当 x 为何值时,函数 $I(x)=\int_0^x te^{-t^2}dt$ 有极值.

3. 计算下列各导数:

(1) $\frac{d}{dx}\int_0^{x^2}\sqrt{1+t^2}dt$; (2) $\frac{d}{dx}\int_{x^2}^{x^3}\frac{dt}{\sqrt{1+t^4}}$; (3) $\frac{d}{dx}\int_0^x (x-t)\sin t dt$.

4. 计算下列各定积分:

(1) $\int_0^a (3x^2-x+1)dx$;

(2) $\int_4^9 \sqrt{x}(1+\sqrt{x})dx$;

(3) $\int_{-1}^0 \frac{3x^4+3x^2+1}{x^2+1}dx$;

(4) $\int_0^1 \frac{dx}{\sqrt{4-x^2}}$;

(5) $\int_0^{\sqrt{3}a}\frac{dx}{a^2+x^2}$;

(6) $\int_0^{\frac{\pi}{4}}\tan^2\theta d\theta$;

(7) $\int_0^{2\pi}|\sin x|dx$;

(8) $\int_0^2 f(x)dx$,其中 $f(x)=\begin{cases}x+1 & x\leqslant 1\\ \frac{1}{2}x^2 & x>1\end{cases}$.

5. 求下列极限:

(1) $\lim\limits_{x\to 0}\frac{\left(\int_0^x e^{t^2}dt\right)^2}{\int_0^x te^{2t^2}dt}$;

(2) $\lim\limits_{x\to 0}\frac{\int_0^x (\arctan t)^2 dt}{\sqrt{x^3+1}-1}$.

6. 设 $f(x)>0$ 且在 $[a,b]$ 上连续,令 $F(x)=\int_a^x f(t)dt+\int_b^x \frac{dt}{f(t)}$.

求证：(1) $F'(x)\geqslant 2$；

(2) 方程 $F(x)=0$ 在(a,b)内有且仅有一实根.

7. 设 $f(x)$在$[0,+\infty)$内连续，且 $\lim\limits_{x\to+\infty}f(x)=1$. 证明函数 $y=\mathrm{e}^{-x}\int_0^x \mathrm{e}^t f(t)\mathrm{d}t$ 满足方程 $\dfrac{\mathrm{d}y}{\mathrm{d}x}+y=f(x)$，并求 $\lim\limits_{x\to+\infty}y(x)$.

第三节 定积分的换元法与分部积分法

计算定积分 $\int_a^b f(x)\mathrm{d}x$ 的简便方法是求出 $f(x)$的一个原函数，用牛顿-莱布尼茨公式计算. 在不定积分中，我们知道用换元积分法和分部积分法可以求出一些函数的原函数. 因此，在一定条件下，可以用换元积分法和分部积分法来计算定积分. 下面我们就来讨论定积分的这两种计算方法.

一、定积分的换元法

定理 设 $f(x)$在$[a,b]$上连续，函数 $x=\varphi(t)$在闭区间$[\alpha,\beta]$上有连续导数 $\varphi'(t)$，当 t 从 α 变到 β 时，$\varphi(t)$从 $\varphi(\alpha)=a$ 单调变到 $\varphi(\beta)=b$，则

$$\int_a^b f(x)\mathrm{d}x=\int_\alpha^\beta f[\varphi(t)]\varphi'(t)\mathrm{d}t.$$

该公式称为定积分的换元公式，与不定积分的换元公式不同的是：要计算在新的积分变量下新的被积函数在新的积分区间内的积分值，从而避免了不定积分中积分后的新变量要代回到原变量的麻烦.

证明 按定理条件，等式两边的积分都是存在的，设 $F(x)$是 $f(x)$的一个原函数，由复合函数的求导法则可知，$F[\varphi(t)]$是 $f[\varphi(t)]\varphi'(t)$的一个原函数. 于是，由牛顿-莱布尼茨公式，有

$$\int_a^b f(x)\mathrm{d}x=F(b)-F(a)=F[\varphi(\beta)]-F[\varphi(\alpha)]=\int_\alpha^\beta f[\varphi(t)]\varphi'(t)\mathrm{d}t.$$

注意 换元公式对 $a>b$ 的情形也成立.

例 1 计算 $\int_0^a \sqrt{a^2-x^2}\mathrm{d}x\ (a>0)$.

解 令 $x=a\sin t$，则 $\mathrm{d}x=a\cos t\mathrm{d}t$，当 x 从 0 变到 a 时，相应地 t 从 0 变到$\dfrac{\pi}{2}$，于是

$$\int_0^a \sqrt{a^2-x^2}\mathrm{d}x=a^2\int_0^{\frac{\pi}{2}}\cos^2 t\mathrm{d}t=\frac{a^2}{2}\left(t+\frac{1}{2}\sin 2t\right)\Big|_0^{\frac{\pi}{2}}=\frac{\pi}{4}a^2.$$

例 2 计算$\int_{\frac{3}{4}}^{1}\frac{\mathrm{d}x}{\sqrt{1-x}-1}$.

解 令$\sqrt{1-x}=t$,则$x=1-t^2$,$\mathrm{d}x=-2t\mathrm{d}t$. 当$x$从3/4变到1时,相应地$t$从1/2变到0,于是

$$\int_{\frac{3}{4}}^{1}\frac{\mathrm{d}x}{\sqrt{1-x}-1}=\int_{\frac{1}{2}}^{0}\frac{-2t}{t-1}\mathrm{d}t=2\left[t+\ln|t-1|\right]_{0}^{1/2}=1-2\ln 2.$$

在定积分的计算过程中,如果运用凑微分法,且未写出中间变量,则无需改变积分限,而可采用下述书写方法.

例 3 计算$\int_{1}^{e^2}\frac{\mathrm{d}x}{x\sqrt{1+\ln x}}$.

解 $\int_{1}^{e^2}\frac{\mathrm{d}x}{x\sqrt{1+\ln x}}=\int_{1}^{e^2}\frac{\mathrm{d}(\ln x)}{\sqrt{1+\ln x}}=\int_{1}^{e^2}\frac{\mathrm{d}(1+\ln x)}{\sqrt{1+\ln x}}=2\sqrt{1+\ln x}\Big|_{1}^{e^2}=2(\sqrt{3}-1).$

例 4 计算$\int_{0}^{\pi}\sqrt{\sin^3 x-\sin^5 x}\,\mathrm{d}x$.

解 由于$\sqrt{\sin^3 x-\sin^5 x}=\sin^{\frac{3}{2}}x\cdot|\cos x|$.

该定积分要分区间分别进行计算,即

$$\begin{aligned}\int_{0}^{\pi}\sqrt{\sin^3 x-\sin^5 x}\,\mathrm{d}x&=\int_{0}^{\pi}\sin^{\frac{3}{2}}x\,|\cos x|\,\mathrm{d}x\\&=\int_{0}^{\frac{\pi}{2}}\sin^{\frac{3}{2}}x\cos x\mathrm{d}x+\int_{\pi/2}^{\pi}\sin^{\frac{3}{2}}x(-\cos x)\mathrm{d}x\\&=\int_{0}^{\pi/2}\sin^{\frac{3}{2}}x\mathrm{d}(\sin x)-\int_{\pi/2}^{\pi}\sin^{\frac{3}{2}}x\mathrm{d}(\sin x)\\&=\frac{2}{5}\sin^{\frac{5}{2}}x\Big|_{0}^{\frac{\pi}{2}}-\frac{2}{5}\sin^{\frac{5}{2}}x\Big|_{\frac{\pi}{2}}^{\pi}=\frac{4}{5}.\end{aligned}$$

例 5 试证:若$f(x)$在$[-a,a]$上连续,则:

(1) $\int_{-a}^{a}f(x)\mathrm{d}x=\int_{0}^{a}[f(-x)+f(x)]\mathrm{d}x$;

(2) 当$f(x)$为奇函数时,$\int_{-a}^{a}f(x)\mathrm{d}x=0$;

(3) 当$f(x)$为偶函数时,$\int_{-a}^{a}f(x)\mathrm{d}x=2\int_{0}^{a}f(x)\mathrm{d}x$.

证明 (1) 因为$\int_{-a}^{a}f(x)\mathrm{d}x=\int_{-a}^{0}f(x)\mathrm{d}x+\int_{0}^{a}f(x)\mathrm{d}x$.

对积分式$\int_{-a}^{0}f(x)\mathrm{d}x$作变换$x=-t$,则有

$$\int_{-a}^{0}f(x)\mathrm{d}x=-\int_{a}^{0}f(-t)\mathrm{d}t=\int_{0}^{a}f(-x)\mathrm{d}x,$$

从而
$$\int_{-a}^{a}f(x)\mathrm{d}x=\int_{0}^{a}[f(-x)+f(x)]\mathrm{d}x.$$

(2) 若$f(x)$为奇函数,即$f(-x)=-f(x)$,由(1)有

$$\int_{-a}^{a} f(x)\mathrm{d}x=\int_{0}^{a}[-f(x)+f(x)]\mathrm{d}x=0.$$

(3) 若 $f(x)$为偶函数，即 $f(-x)=f(x)$，由(1) 有

$$\int_{-a}^{a} f(x)\mathrm{d}x=\int_{0}^{a}[f(x)+f(x)]\mathrm{d}x=2\int_{0}^{a} f(x)\mathrm{d}x.$$

例 6　计算$\int_{0}^{\pi}\frac{x\sin x}{1+\cos^2 x}\mathrm{d}x$.

解　$\int_{0}^{\pi}\frac{x\sin x}{1+\cos^2 x}\mathrm{d}x=\int_{0}^{\frac{\pi}{2}}\frac{x\sin x}{1+\cos^2 x}\mathrm{d}x+\int_{\frac{\pi}{2}}^{\pi}\frac{x\sin x}{1+\cos^2 x}\mathrm{d}x.$

在后一积分式中作变换 $x=\pi-t$，有

$$\int_{\frac{\pi}{2}}^{\pi}\frac{x\sin x}{1+\cos^2 x}\mathrm{d}x=-\int_{\frac{\pi}{2}}^{0}\frac{(\pi-t)\sin t}{1+\cos^2 t}\mathrm{d}t=\int_{0}^{\frac{\pi}{2}}\frac{(\pi-x)\sin x}{1+\cos^2 x}\mathrm{d}x.$$

于是　$\int_{0}^{\pi}\frac{x\sin x}{1+\cos^2 x}\mathrm{d}x=\pi\int_{0}^{\frac{\pi}{2}}\frac{\sin x}{1+\cos^2 x}\mathrm{d}x=-\pi\arctan(\cos x)\Big|_{0}^{\frac{\pi}{2}}=\frac{\pi^2}{4}.$

例 7　设 $f(x)=\begin{cases}1+x^2 & x\leqslant 0\\ \mathrm{e}^{-x} & x>0\end{cases}$，求$\int_{1}^{3} f(x-2)\mathrm{d}x$.

解　令 $x-2=t$，当 x 从 1 变到 3 时，相应地 t 从-1 变到 1，于是

$$\begin{aligned}\int_{1}^{3} f(x-2)\mathrm{d}x&=\int_{-1}^{1} f(t)\mathrm{d}t=\int_{-1}^{0}(1+t^2)\mathrm{d}t+\int_{0}^{1}\mathrm{e}^{-t}\mathrm{d}t\\&=\left[t+\frac{1}{3}t^3\right]_{-1}^{0}-\mathrm{e}^{-t}\Big|_{0}^{1}=\frac{7}{3}-\frac{1}{\mathrm{e}}.\end{aligned}$$

二、定积分的分部积分法

设函数 $u=u(x)$，$v=v(x)$在$[a,b]$上有连续导数，则有定积分的分部积分公式：

$$\int_{a}^{b} u(x)v'(x)\mathrm{d}x=u(x)v(x)\Big|_{a}^{b}-\int_{a}^{b} u'(x)v(x)\mathrm{d}x$$

或

$$\int_{a}^{b} u(x)\mathrm{d}v(x)=u(x)v(x)\Big|_{a}^{b}-\int_{a}^{b} v(x)\mathrm{d}u(x).$$

事实上，由函数乘积的求导公式

$$[u(x)v(x)]'=u'(x)v(x)+u(x)v'(x)$$

得出

$$u(x)v'(x)=[u(x)v(x)]'-u'(x)v(x).$$

两边同时对 x 在$[a,b]$上积分即有

$$\int_{a}^{b} u(x)v'(x)\mathrm{d}x=u(x)v(x)\Big|_{a}^{b}-\int_{a}^{b} u'(x)v(x)\mathrm{d}x.$$

例 8　计算$\int_{0}^{1/2}\arcsin x\mathrm{d}x$.

解 令 $u=\arcsin x, v'=1$，则 $u'=\dfrac{1}{\sqrt{1-x^2}}, v=x$，有

$$\int_0^{1/2}\arcsin x\mathrm{d}x=x\arcsin x\Big|_0^{1/2}-\int_0^{1/2}\frac{x}{\sqrt{1-x^2}}\mathrm{d}x=\frac{\pi}{12}+\sqrt{1-x^2}\Big|_0^{1/2}=\frac{\pi}{12}+\frac{\sqrt{3}}{2}-1.$$

例 9 计算 $\displaystyle\int_1^4\frac{\ln x}{\sqrt{x}}\mathrm{d}x$.

解 先用换元法，令 $\sqrt{x}=t$，则 $x=t^2, \mathrm{d}x=2t\mathrm{d}t$，且当 x 从 1 变到 4 时，t 从 1 变到 2，于是

$$\int_1^4\frac{\ln x}{\sqrt{x}}\mathrm{d}x=4\int_1^2\ln t\mathrm{d}t=4t\ln t\Big|_1^2-4\int_1^2 t\cdot\frac{1}{t}\mathrm{d}t=8\ln 2-4t\Big|_1^2=4\ln 4-4.$$

例 10 证明定积分公式

$$I_n=\int_0^{\pi/2}\sin^n x\mathrm{d}x=\begin{cases}\dfrac{n-1}{n}\cdot\dfrac{n-3}{n-2}\cdot\cdots\cdot\dfrac{3}{4}\cdot\dfrac{1}{2}\cdot\dfrac{\pi}{2} & n\text{ 为正偶数}\\ \dfrac{n-1}{n}\cdot\dfrac{n-3}{n-2}\cdot\cdots\cdot\dfrac{4}{5}\cdot\dfrac{2}{3} & n\text{ 为大于 1 的正奇数}\end{cases}.$$

证明
$$\begin{aligned}I_n&=\int_0^{\pi/2}\sin^{n-1}x\mathrm{d}(-\cos x)=-\cos x\sin^{n-1}x\Big|_0^{\pi/2}+\int_0^{\pi/2}\cos x\mathrm{d}(\sin^{n-1}x)\\&=(n-1)\int_0^{\pi/2}\cos^2 x\sin^{n-2}x\mathrm{d}x=(n-1)\int_0^{\pi/2}(1-\sin^2 x)\sin^{n-2}x\mathrm{d}x\\&=(n-1)\int_0^{\pi/2}\sin^{n-2}x\mathrm{d}x-(n-1)\int_0^{\pi/2}\sin^n x\mathrm{d}x=(n-1)I_{n-2}-(n-1)I_n,\end{aligned}$$

故
$$I_n=\frac{n-1}{n}I_{n-2}.$$

这个等式为积分 I_n 关于下标 n 的递推公式，如果把 n 换成 $n-2$，有

$$I_{n-2}=\frac{n-3}{n-2}I_{n-4}.$$

同样依次进行下去，直到 I_n 的下标递减到 0 或 1 为止. 于是有

$$I_{2m}=\frac{2m-1}{2m}\cdot\frac{2m-3}{2m-2}\cdot\cdots\cdot\frac{3}{4}\cdot\frac{1}{2}\cdot I_0,$$

$$I_{2m+1}=\frac{2m}{2m+1}\cdot\frac{2m-2}{2m-1}\cdot\cdots\cdot\frac{4}{5}\cdot\frac{2}{3}\cdot I_1\quad(m=1,2,\cdots).$$

而
$$I_0=\int_0^{\pi/2}\sin^0 x\mathrm{d}x=\frac{\pi}{2}, I_1=\int_0^{\pi/2}\sin x\mathrm{d}x=1.$$

从而
$$I_n=\begin{cases}\dfrac{n-1}{n}\cdot\dfrac{n-3}{n-2}\cdot\cdots\cdot\dfrac{3}{4}\cdot\dfrac{1}{2}\cdot\dfrac{\pi}{2} & n\text{ 为正偶数}\\ \dfrac{n-1}{n}\cdot\dfrac{n-3}{n-2}\cdot\cdots\cdot\dfrac{4}{5}\cdot\dfrac{2}{3} & n\text{ 为大于 1 的正奇数}\end{cases}.$$

习题 5-3

(A)

一、是非题

在定积分 $I=\int_{-1}^{1}\frac{\mathrm{d}x}{1+x^2}$ 中，令 $x=\frac{1}{t}$ 换元，得 $I=\int_{-1}^{1}\frac{-\mathrm{d}t}{1+t^2}=-I$，故 $I=0$.　　(　　)

二、填空题

1. $\int_{-\pi}^{\pi}x^3\sin^2 x\mathrm{d}x=$________.　　**2.** $\int_{-\frac{\pi}{4}}^{\frac{\pi}{4}}\cos 2x\mathrm{d}x=$________.

3. $\int_{1}^{2}\frac{1}{2-3x}\mathrm{d}x=$________.　　**4.** $\int_{0}^{\pi}x\sin x\mathrm{d}x=$________.

(B)

1. 填空题：

(1) $\int_{-a}^{a}\frac{x^3\sin^2 x}{x^4+x^2+1}\mathrm{d}x=$________；　　(2) $\int_{-1}^{1}(2x+\sqrt{1-x^2})\mathrm{d}x=$________；

(3) $f(u)$ 连续，$a\neq b$ 为常数，则 $\frac{\mathrm{d}}{\mathrm{d}x}\int_{a}^{b}f(x+t)\mathrm{d}t=$__________；

(4) 设 $f''(x)$ 在 $[0,2]$ 上连续，且 $f(0)=0, f(2)=4, f'(2)=2$，则 $\int_{0}^{1}xf''(2x)\mathrm{d}x=$
________.

2. 计算下列定积分：

(1) $\int_{0}^{\frac{\pi}{2}}\sin x\cos^3 x\mathrm{d}x$；　　(2) $\int_{\frac{1}{\sqrt{2}}}^{1}\frac{\sqrt{1-x^2}}{x^2}\mathrm{d}x$；

(3) $\int_{0}^{1}te^{-\frac{t^2}{2}}\mathrm{d}t$；　　(4) $\int_{1}^{e^2}\frac{\mathrm{d}x}{x\sqrt{1+\ln x}}$；

(5) $\int_{-\frac{\pi}{2}}^{\frac{\pi}{2}}\cos x\cos 2x\mathrm{d}x$；　　(6) $\int_{-\frac{\pi}{2}}^{\frac{\pi}{2}}\sqrt{\cos x-\cos^3 x}\mathrm{d}x$；

(7) $\int_{0}^{1}xe^{-x}\mathrm{d}x$；　　(8) $\int_{1}^{e}x\ln x\mathrm{d}x$；

(9) $\int_{0}^{1}x\arctan x\mathrm{d}x$；　　(10) $\int_{1}^{e}\sin(\ln x)\mathrm{d}x$；

(11) $\int_{e^{-1}}^{e}|\ln x|\mathrm{d}x$；　　(12) $\int_{0}^{1}(1-x^2)^{\frac{m}{2}}\mathrm{d}x$（$m$ 为正整数）；

(13) $I_m=\int_{0}^{\pi}x\sin^m x\mathrm{d}x$（$m$ 为正整数）.

3. 设 $f(x)=\begin{cases}\frac{1}{1+x} & x\geqslant 0\\ \frac{1}{1+e^x} & x<0\end{cases}$，求 $\int_{0}^{2}f(x-1)\mathrm{d}x$.

4. 证明：$\int_{x}^{1}\frac{\mathrm{d}x}{1+x^2}=\int_{1}^{\frac{1}{x}}\frac{\mathrm{d}x}{1+x^2}\ (x>0)$.

5. $f(x)$是以 l 为周期的连续函数，证明$\int_a^{a+l} f(x)\mathrm{d}x$ 的值与 a 无关.

6. 若 $f(t)$是连续的奇函数，证明$\int_0^x f(t)\mathrm{d}t$ 是偶函数；若 $f(t)$是连续的偶函数，证明$\int_0^x f(t)\mathrm{d}t$ 是奇函数.

第四节　广义积分

定积分存在有两个必要条件，即积分区间有限与被积函数有界. 但在实际问题中，经常遇到积分区间无限或被积函数无界等情形的积分，这是定积分的两种推广形式，即广义积分.

一、无限区间上的广义积分

定义 1　设函数 $f(x)$在$[a,+\infty)$上连续，取 $t>a$，称 $\lim\limits_{t\to+\infty}\int_a^t f(x)\mathrm{d}x$ 为 $f(x)$在$[a,+\infty)$上的广义积分，记

$$\int_a^{+\infty} f(x)\mathrm{d}x=\lim_{t\to+\infty}\int_a^t f(x)\mathrm{d}x.$$

若 $\lim\limits_{t\to+\infty}\int_a^t f(x)\mathrm{d}x$ 存在且等于 A，则称广义积分$\int_a^{+\infty} f(x)\mathrm{d}x$ 存在或收敛，也称广义积分$\int_a^{+\infty} f(x)\mathrm{d}x$ 收敛于 A；若 $\lim\limits_{t\to+\infty}\int_a^t f(x)\mathrm{d}x$ 不存在，则称广义积分$\int_a^{+\infty} f(x)\mathrm{d}x$ 不存在或发散.

类似地，可以定义无穷区间$(-\infty,b]$上的广义积分和$(-\infty,+\infty)$上的广义积分.

$$\int_{-\infty}^b f(x)\mathrm{d}x=\lim_{t\to-\infty}\int_t^b f(x)\mathrm{d}x.$$

$$\int_{-\infty}^{+\infty} f(x)\mathrm{d}x=\int_{-\infty}^c f(x)\mathrm{d}x+\int_c^{+\infty} f(x)\mathrm{d}x.$$

其中 c 为任意实数，此时$\int_{-\infty}^c f(x)\mathrm{d}x$ 与$\int_c^{+\infty} f(x)\mathrm{d}x$ 都收敛是$\int_{-\infty}^{+\infty} f(x)\mathrm{d}x$ 收敛的充分必要条件.

由牛顿-莱布尼茨公式，若 $F(x)$是 $f(x)$在$[a,+\infty)$上的一个原函数，且 $\lim\limits_{x\to+\infty}F(x)$存在，则广义积分

$$\int_a^{+\infty} f(x)\mathrm{d}x=\lim_{x\to+\infty}F(x)-F(a).$$

为了书写方便，当 $\lim\limits_{x\to+\infty}F(x)$存在时，常记 $F(+\infty)=\lim\limits_{x\to+\infty}F(x)$，即

$$\int_a^{+\infty} f(x)\mathrm{d}x=F(x)\Big|_a^{+\infty}=F(+\infty)-F(a).$$

另外两种类型在收敛时也可类似地记为

$$\int_{-\infty}^{b} f(x)\mathrm{d}x=F(x)\Big|_{-\infty}^{b}=F(b)-F(-\infty).$$

$$\int_{-\infty}^{+\infty} f(x)\mathrm{d}x=F(x)\Big|_{-\infty}^{+\infty}=F(+\infty)-F(-\infty).$$

> **注意**　$F(+\infty)$，$F(-\infty)$有一个不存在时，广义积分$\int_{-\infty}^{+\infty} f(x)\mathrm{d}x$发散.

例 1　计算$\int_{0}^{+\infty} x\mathrm{e}^{-x}\mathrm{d}x$.

解　$\int_{0}^{+\infty} x\mathrm{e}^{-x}\mathrm{d}x=\lim\limits_{t\to+\infty}\int_{0}^{t} x\mathrm{e}^{-x}\mathrm{d}x=\lim\limits_{t\to+\infty}\left[-x\mathrm{e}^{-x}\Big|_{0}^{t}+\int_{0}^{t}\mathrm{e}^{-x}\mathrm{d}x\right]$

$$=\lim_{t\to+\infty}(1-\mathrm{e}^{-t}-t\mathrm{e}^{-t})=1-\lim_{t\to+\infty}\frac{1+t}{\mathrm{e}^{t}}=1.$$

例 2　计算$\int_{-\infty}^{+\infty}\dfrac{\mathrm{d}x}{x^2+2x+2}$.

解　$\int_{-\infty}^{+\infty}\dfrac{\mathrm{d}x}{x^2+2x+2}=\int_{-\infty}^{+\infty}\dfrac{\mathrm{d}x}{(x+1)^2+1}=\arctan(x+1)\Big|_{-\infty}^{+\infty}$

$$=\lim_{x\to+\infty}\arctan(x+1)-\lim_{x\to-\infty}\arctan(x+1)=\frac{\pi}{2}-\left(-\frac{\pi}{2}\right)=\pi.$$

例 3　证明：$\int_{a}^{+\infty}\dfrac{1}{x^p}\mathrm{d}x(a>0)$在$p>1$时收敛，在$p\leqslant 1$时发散.

证明　当$p=1$时

$$\int_{a}^{+\infty}\frac{1}{x^p}\mathrm{d}x=\int_{a}^{+\infty}\frac{1}{x}\mathrm{d}x=\ln x\Big|_{a}^{+\infty}=+\infty.$$

当$p\neq 1$时

$$\int_{a}^{+\infty}\frac{1}{x^p}\mathrm{d}x=\frac{1}{1-p}x^{1-p}\Big|_{a}^{+\infty}=\frac{1}{1-p}\lim_{t\to\infty}t^{1-p}-\frac{a^{1-p}}{1-p}=\begin{cases}+\infty & p<1\\ \dfrac{a^{1-p}}{p-1} & p>1\end{cases}.$$

所以，当$p\leqslant 1$时，该广义积分发散；当$p>1$时，该广义积分收敛于$\dfrac{a^{1-p}}{p-1}$.

例 4　设$f(x)=\begin{cases}\dfrac{1}{\pi\sqrt{1-x^2}} & |x|<\dfrac{1}{2}\\ 0 & 其他\end{cases}$，求$F(x)=\int_{-\infty}^{x} f(t)\mathrm{d}t$.

解　当$x<-\dfrac{1}{2}$时，

$$F(x)=\int_{-\infty}^{x} f(t)\mathrm{d}t=\int_{-\infty}^{x} 0\mathrm{d}t=0.$$

当$-\dfrac{1}{2}\leqslant x<\dfrac{1}{2}$时，

$$F(x)=\int_{-\infty}^{x}f(t)\mathrm{d}t=\int_{-\infty}^{-\frac{1}{2}}0\mathrm{d}t+\int_{-\frac{1}{2}}^{x}\frac{\mathrm{d}t}{\pi\sqrt{1-t^2}}=\frac{1}{6}+\frac{1}{\pi}\arcsin x.$$

当 $x\geqslant\frac{1}{2}$时，

$$F(x)=\int_{-\infty}^{x}f(t)\mathrm{d}t=\int_{-\infty}^{-\frac{1}{2}}0\mathrm{d}t+\int_{-\frac{1}{2}}^{\frac{1}{2}}\frac{\mathrm{d}t}{\pi\sqrt{1-t^2}}+\int_{\frac{1}{2}}^{x}0\mathrm{d}t=\frac{1}{3}.$$

故
$$F(x)=\begin{cases}0 & x<-\frac{1}{2}\\ \frac{1}{6}+\frac{1}{\pi}\arcsin x & -\frac{1}{2}\leqslant x<\frac{1}{2}.\\ \frac{1}{3} & x\geqslant\frac{1}{2}\end{cases}$$

二、无界函数的广义积分

定义 2　设函数 $f(x)$在$(a,b]$上连续，且 $\lim\limits_{x\to a^+}f(x)=\infty$，则称 $\lim\limits_{\varepsilon\to0^+}\int_{a+\varepsilon}^{b}f(x)\mathrm{d}x$ 为 $f(x)$ 在$(a,b]$上的广义积分，仍记为 $\int_a^b f(x)\mathrm{d}x$，即

$$\int_a^b f(x)\mathrm{d}x=\lim_{\varepsilon\to0^+}\int_{a+\varepsilon}^{b}f(x)\mathrm{d}x.$$

若 $\lim\limits_{\varepsilon\to0^+}\int_{a+\varepsilon}^{b}f(x)\mathrm{d}x$ 存在且等于A，则称广义积分 $\int_a^b f(x)\mathrm{d}x$ 存在或收敛，也称广义积分 $\int_a^b f(x)\mathrm{d}x$ 收敛于A；若 $\lim\limits_{\varepsilon\to0^+}\int_{a+\varepsilon}^{b}f(x)\mathrm{d}x$ 不存在，则称广义积分 $\int_a^b f(x)\mathrm{d}x$ 不存在或发散.

类似地，可定义 $f(x)$在$[a,b)$上连续，且 $\lim\limits_{x\to b^-}f(x)=\infty$时的广义积分的收敛与发散：

$$\int_a^b f(x)\mathrm{d}x=\lim_{\varepsilon\to0^+}\int_{a}^{b-\varepsilon}f(x)\mathrm{d}x.$$

以及 $f(x)$在$[a,b]$上除 c 点$(a<c<b)$外连续，且$\lim\limits_{x\to c}f(x)=\infty$时的广义积分的收敛与发散：

$$\int_a^b f(x)\mathrm{d}x=\int_a^c f(x)\mathrm{d}x+\int_c^b f(x)\mathrm{d}x=\lim_{\varepsilon\to0^+}\int_{a}^{c-\varepsilon}f(x)\mathrm{d}x+\lim_{\varepsilon\to0^+}\int_{c+\varepsilon}^{b}f(x)\mathrm{d}x.$$

此时，$\int_a^c f(x)\mathrm{d}x$ 与 $\int_c^b f(x)\mathrm{d}x$ 至少有一个为无界函数的广义积分，且二者均收敛是 $\int_a^b f(x)\mathrm{d}x$ 收敛的充要条件.

例 5　计算广义积分 $\int_a^{2a}\frac{\mathrm{d}x}{\sqrt{x^2-a^2}}(a>0)$.

解　因为 $\lim\limits_{x\to a^+}\frac{1}{\sqrt{x^2-a^2}}=+\infty$，

所以 $$\int_a^{2a}\frac{\mathrm{d}x}{\sqrt{x^2-a^2}}=\lim_{\varepsilon\to0^+}\int_{a+\varepsilon}^{2a}\frac{\mathrm{d}x}{\sqrt{x^2-a^2}}=\lim_{\varepsilon\to0^+}\ln(x+\sqrt{x^2-a^2})\Big|_{a+\varepsilon}^{2a}$$

$$=\lim_{\varepsilon\to 0^+}[\ln(2+\sqrt{3})a-\ln(a+\varepsilon+\sqrt{(a+\varepsilon)^2-a^2})]=\ln(2+\sqrt{3}).$$

例 6 计算广义积分$\int_0^2\frac{\mathrm{d}x}{(x-1)^2}$.

解 因为 $\lim\limits_{x\to 1}\frac{1}{(x-1)^2}=+\infty$，所以

$$\int_0^2\frac{\mathrm{d}x}{(x-1)^2}=\int_0^1\frac{\mathrm{d}x}{(x-1)^2}+\int_1^2\frac{\mathrm{d}x}{(x-1)^2}=\lim_{\varepsilon\to 0^+}\int_0^{1-\varepsilon}\frac{\mathrm{d}x}{(x-1)^2}+\lim_{\varepsilon\to 0^+}\int_{1+\varepsilon}^2\frac{\mathrm{d}x}{(x-1)^2}.$$

而

$$\lim_{\varepsilon\to 0^+}\int_0^{1-\varepsilon}\frac{\mathrm{d}x}{(x-1)^2}=\lim_{\varepsilon\to 0^+}\frac{1}{1-x}\Big|_0^{1-\varepsilon}=\lim_{\varepsilon\to 0^+}\left(\frac{1}{\varepsilon}-1\right)=+\infty,$$

所以$\int_0^1\frac{\mathrm{d}x}{(x-1)^2}$发散，从而广义积分$\int_0^2\frac{\mathrm{d}x}{(x-1)^2}$也发散.

注意

如果疏忽了 $x=1$ 是$\frac{1}{(x-1)^2}$的无穷间断点或将两个极限的和(其中至少有一个不存在)理解为和的极限，均将导致错误的结论:

$$\int_0^2\frac{\mathrm{d}x}{(x-1)^2}=\frac{1}{1-x}\Big|_0^2=-2$$

或 $$\int_0^2\frac{\mathrm{d}x}{(x-1)^2}=\lim_{\varepsilon\to 0^+}\left[\int_0^{1-\varepsilon}\frac{\mathrm{d}x}{(x-1)^2}+\int_{1+\varepsilon}^2\frac{\mathrm{d}x}{(x-1)^2}\right]=\lim_{\varepsilon\to 0^+}\left(\frac{1}{\varepsilon}-1-1-\frac{1}{\varepsilon}\right)=-2.$$

例 7 证明：$\int_a^b\frac{\mathrm{d}x}{(b-x)^q}$在 $q\geqslant 1$ 时发散，在 $q<1$ 时收敛.

证明 因为 $q>0$，有

$$\lim_{x\to b^-}\frac{1}{(b-x)^q}=+\infty,$$

即 $x=b$ 是被积函数$\frac{1}{(b-x)^q}$的无穷间断点，所以

当 $q=1$ 时，

$$\int_a^b\frac{\mathrm{d}x}{(b-x)^q}=\int_a^b\frac{\mathrm{d}x}{b-x}=\lim_{\varepsilon\to 0^+}[-\ln(b-x)]\Big|_a^{b-\varepsilon}=\lim_{\varepsilon\to 0^+}\ln\frac{b-a}{\varepsilon}=+\infty.$$

当 $q\neq 1$ 时，

$$\int_a^b\frac{\mathrm{d}x}{(b-x)^q}=\lim_{\varepsilon\to 0^+}\frac{-(b-x)^{1-q}}{1-q}\Big|_a^{b-\varepsilon}=\lim_{\varepsilon\to 0^+}\frac{-1}{1-q}[\varepsilon^{1-q}-(b-a)^{1-q}]=\begin{cases}+\infty & q>1\\ \frac{(b-a)^{1-q}}{1-q} & q<1\end{cases}.$$

所以 $q\geqslant 1$ 时，该广义积分发散；$q<1$ 时，该广义积分收敛于$\frac{(b-a)^{1-q}}{1-q}$.

习题 5-4

1. 判断下列过程是否正确.

(1) $\int_{-\infty}^{+\infty}\frac{x}{1+x^2}\mathrm{d}x=\lim\limits_{A\to+\infty}\int_{-A}^{A}\frac{x}{1+x^2}\mathrm{d}x=0.$ ( )

(2) $\int_0^4\frac{\mathrm{d}x}{(x-3)^2}=\left[\frac{-1}{x-3}\right]_0^4=-\frac{4}{3}.$ ( )

(3) $\int_{-1}^{1}\frac{\mathrm{d}x}{1+x^2}=-\int_{-1}^{1}\frac{\mathrm{d}\left(\frac{1}{x}\right)}{1+\left(\frac{1}{x}\right)^2}=\left[-\arctan\frac{1}{x}\right]_{-1}^{1}=-\frac{\pi}{2}.$ ( )

2. 判定下列各反常积分的收敛性,如果收敛,计算反常积分的值:

(1) $\int_0^{+\infty}\mathrm{e}^{-ax}\mathrm{d}x(a>0)$;

(2) $\int_{-\infty}^{+\infty}\frac{\mathrm{d}x}{x^2+2x+2}$;

(3) $\int_0^2\frac{\mathrm{d}x}{(1-x)^2}$;

(4) $\int_1^2\frac{x\mathrm{d}x}{\sqrt{x-1}}$;

(5) $\int_1^{\mathrm{e}}\frac{\mathrm{d}x}{x\sqrt{1-(\ln x)^2}}$.

3. 利用 $\int_0^{+\infty}\mathrm{e}^{-x^2}\mathrm{d}x=\frac{\sqrt{\pi}}{2}$, 计算 $\int_0^{+\infty}x^2\mathrm{e}^{-x^2}\mathrm{d}x$.

4. 当 k 为何值时,反常积分 $\int_2^{+\infty}\frac{\mathrm{d}x}{x(\ln x)^k}$ 收敛?当 k 为何值时,反常积分发散?又当 k 为何值时,反常积分取得最小值?

第五节 定积分的应用举例

本节我们将应用定积分的理论来分析解决一些几何、物理中的问题.通过这些例子,我们将学会如何将实际问题转化为定积分.

一、微元法

在定积分的应用中,经常采用所谓微元法.为了说明这种方法,我们先回顾一下第一节中讨论过的曲边梯形的面积问题.

设 $f(x)$ 在区间 $[a,b]$ 上连续且 $f(x)\geqslant 0$,求以曲线 $y=f(x)$ 为曲边,以 $[a,b]$ 为底的曲边梯形的面积 A.把这个面积 A 表示为定积分

$$A=\int_a^b f(x)\mathrm{d}x$$

的步骤是:

第一步 用任意一组分点把区间 $[a,b]$ 分成长度为 $\Delta x_i(i=1,2,\cdots,n)$ 的 n 个小区间,相应地把曲边梯形分成 n 个窄曲边梯形,第 i 个窄曲边梯形的面积设为 ΔA_i,于是有

$$A=\sum_{i=1}^{n}\Delta A_i;$$

第二步 计算 ΔA_i 的近似值

$$\Delta A_i \approx f(\xi_i)\Delta x_i \quad (x_{i-1}\leqslant \xi_i \leqslant x_i);$$

第三步 求和,得 A 的近似值

$$A\approx \sum_{i=1}^{n} f(\xi_i)\Delta x_i;$$

第四步 求极限,得

$$A=\lim_{\lambda\to 0}\sum_{i=1}^{n} f(\xi_i)\Delta x_i=\int_a^b f(x)\mathrm{d}x.$$

在上述问题中我们注意到,所求量(即面积 A)与区间$[a,b]$有关.如果把区间$[a,b]$分成许多部分区间,则所求量相应地分成许多部分量(即 ΔA_i),而所求量等于所有部分量之和(即 $A=\sum\limits_{i=1}^{n}\Delta A_i$),这一性质称为所求量对于区间$[a,b]$具有可加性.我们还要指出,以$f(\xi_i)\Delta x_i$ 近似代替部分量 ΔA_i 时,它们只相差一个比 Δx_i 高阶的无穷小,因此,和式 $\sum\limits_{i=1}^{n} f(\xi_i)\Delta x_i$ 的极限是A 的精确值,而 A 可以表示为定积分

$$A=\int_a^b f(x)\mathrm{d}x.$$

在引出 A 的积分表达式的四个步骤中,主要的是第二步,这一步是要确定 ΔA_i 的近似值 $f(\xi_i)\Delta x_i$,使得

$$A=\lim_{\lambda\to 0}\sum_{i=1}^{n} f(\xi_i)\Delta x_i=\int_a^b f(x)\mathrm{d}x.$$

在实用上,为了简便起见,省略下标 i,用 ΔA 表示任一小区间$[x,x+\mathrm{d}x]$上的窄曲边梯形的面积,这样

$$A=\sum \Delta A.$$

图 5-7

取$[x,x+\mathrm{d}x]$的左端点 x 为ξ,以点 x 处的函数值 $f(x)$为高,$\mathrm{d}x$ 为底的矩形的面积 $f(x)\mathrm{d}x$ 为 ΔA 的近似值(如图5-7阴影部分所示),即

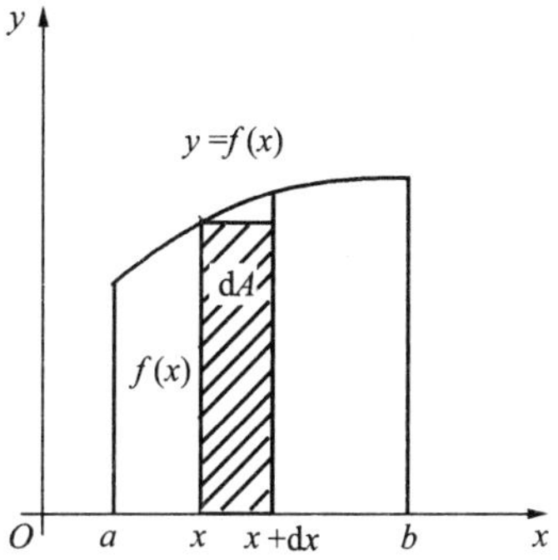

$$\Delta A\approx f(x)\mathrm{d}x.$$

上式右端 $f(x)\mathrm{d}x$ 叫作面积微元,记为 $\mathrm{d}A=f(x)\mathrm{d}x$.于是

$$A\approx \sum f(x)\mathrm{d}x,$$

则 $$A=\lim_{\lambda\to 0}\sum f(x)\mathrm{d}x=\int_a^b f(x)\mathrm{d}x.$$

一般地,如果某一实际问题中的所求量 U 符合下列条件:

(1) U 是与一个变量 x 的变化区间$[a,b]$有关的量.

(2) U 对于区间$[a,b]$具有可加性,就是说,如果把区间$[a,b]$分成许多部分区间,则 U 相应地分成许多部分量,而 U 等于所有部分量之和.

(3) 部分量 ΔU_i 的近似值可表示为 $f(\xi_i)\Delta x_i$,那么就可考虑用定积分来表达这个量 U. 通常写出这个量 U 的积分表达式的步骤是:

第一步 根据问题的具体情况,选取一个变量,例如 x 为积分变量,并确定它的变化区间$[a,b]$.

第二步 设想把区间$[a,b]$分成 n 个小区间,取其中任一小区间并记作$[x,x+\mathrm{d}x]$,求出相应于这个小区间的部分量 ΔU 的近似值. 如果 ΔU 能近似地表示为$[a,b]$上的一个连续函数在 x 处的值 $f(x)$与 $\mathrm{d}x$ 的乘积,就把 $f(x)\mathrm{d}x$ 称为量 U 的元素且记作 $\mathrm{d}U$,即

$$\mathrm{d}U=f(x)\mathrm{d}x.$$

第三步 以所求量 U 的元素 $f(x)\mathrm{d}x$ 为被积表达式,在区间$[a,b]$上作定积分,得

$$U=\int_a^b f(x)\mathrm{d}x,$$

这就是所求量 U 的积分表达式.

这个方法通常叫作微元法. 下面几节中我们将应用这个方法来讨论几何、物理中的一些问题.

二、平面图形的面积

若平面区域 D 由 $x=a$,$x=b(a<b)$及曲线 $y=\varphi_1(x)$与曲线 $y=\varphi_2(x)$所围成(其中 $\varphi_1(x)\leqslant\varphi_2(x)$),如图 5-8 所示.

在$[a,b]$区间上任取一点 x,过此点作铅直线交区域 D 的下边界曲线 $y=\varphi_1(x)$于点 S_x,交上边界曲线 $y=\varphi_2(x)$于点 T_x,给自变量 x 以增量 $\mathrm{d}x$,图 5-8 中阴影部分可看成以 S_xT_x 为高,$\mathrm{d}x$ 为宽的小矩形,其面积 $\mathrm{d}A=[\varphi_2(x)-\varphi_1(x)]\mathrm{d}x$,故

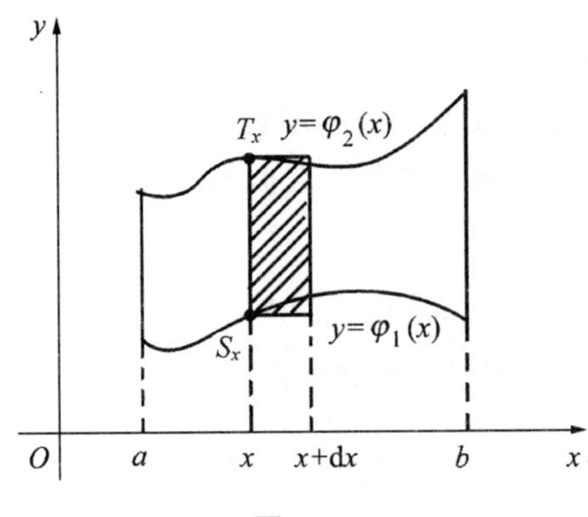

图 5-8

$$A=\int_a^b[\varphi_2(x)-\varphi_1(x)]\mathrm{d}x$$

若平面区域 D 由 $y=c$，$y=d(c<d)$ 及曲线 $x=\psi_1(y)$ 与曲线 $x=\psi_2(y)$ 所围成(其中 $\psi_1(y)\leqslant\psi_2(y)$)，如图 5-9 所示，则区域的面积为

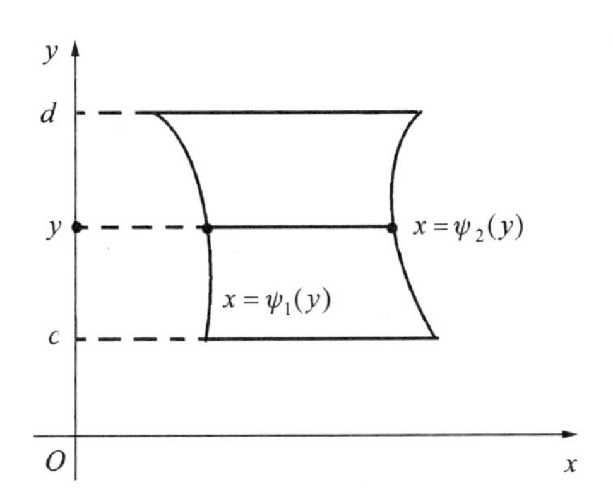

图 5-9

$$A=\int_c^d[\psi_2(y)-\psi_1(y)]\mathrm{d}y.$$

例 1 求抛物线 $y=x^2$ 与直线 $y=x$ 围成图形 D 的面积 A.

解 求解方程组 $\begin{cases}y=x\\y=x^2\end{cases}$，得直线与抛物线的交点 $\begin{cases}x=0\\y=0\end{cases}$，$\begin{cases}x=1\\y=1\end{cases}$，如图 5-10 所示，所以该图形在铅直线 $x=0$ 与 $x=1$ 之间，$y=x^2$ 为图形的下边界，$y=x$ 为图形的上边界，故

$$A=\int_0^1(x-x^2)\mathrm{d}x=\left[\frac{1}{2}x^2\right]_0^1-\left[\frac{x^3}{3}\right]_0^1=\frac{1}{6}.$$

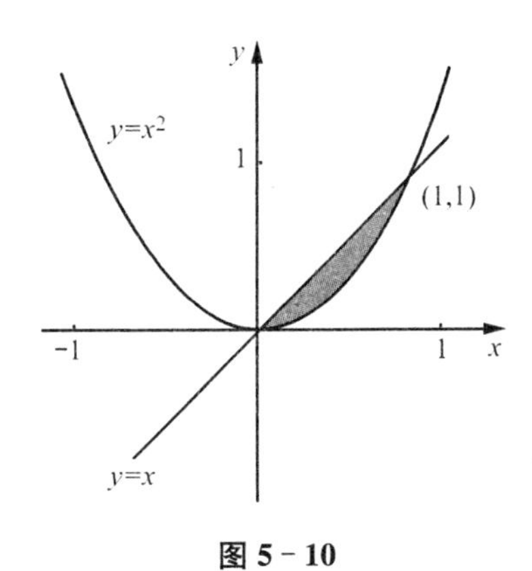

图 5-10

例 2 计算由抛物线 $y^2=2x$ 与直线 $y=x-4$ 围成的图形 D 的面积 A.

解 求解方程组 $\begin{cases}y^2=2x\\y=x-4\end{cases}$，得抛物线与直线的交点 $(2,-2)$ 和 $(8,4)$，如图 5-11 所示，下面分别用两种方法求解.

方法 1:图形 D 夹在水平线 $y=-2$ 与 $y=4$ 之间,其左边界 $x=\frac{y^2}{2}$,右边界 $x=y+4$,故

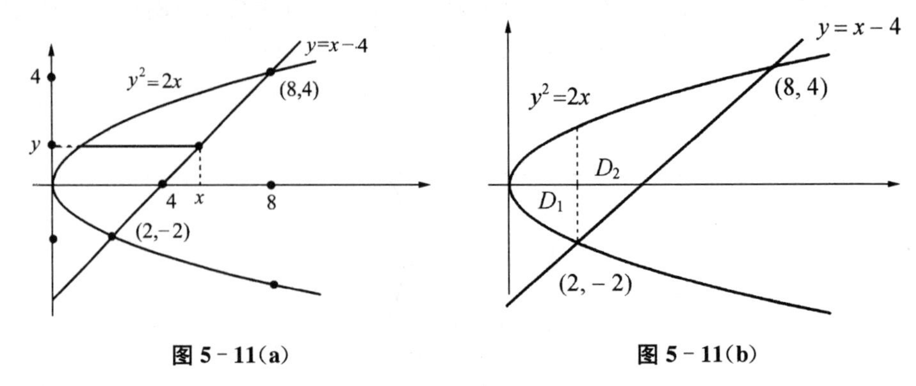

图 5-11(a)　　图 5-11(b)

$$A=\int_{-2}^{4}\left[(y+4)-\frac{y^2}{2}\right]\mathrm{d}y=\left[\frac{y^2}{2}+4y-\frac{y^3}{6}\right]_{-2}^{4}=18.$$

方法 2:图形 D 夹在铅直线 $x=0$ 与 $x=8$ 之间,上边界为 $y=\sqrt{2x}$,而下边界是由两条曲线 $y=-\sqrt{2x}$ 与 $y=x-4$ 分段构成的,所以需要将图形 D 分成两个小区域 D_1,D_2,故

$$\begin{aligned}A&=\int_0^2[\sqrt{2x}-(-\sqrt{2x})]\mathrm{d}x+\int_2^8[\sqrt{2x}-(x-4)]\mathrm{d}x\\&=2\sqrt{2}\cdot\frac{2}{3}x^{\frac{3}{2}}\Big|_0^2+\left[\sqrt{2}\cdot\frac{2}{3}x^{\frac{3}{2}}-\frac{x^2}{2}+4x\right]_2^8=18.\end{aligned}$$

三、体积

1. 旋转体体积

将一个平面图形绕此平面内的一条直线旋转一周所得的立体称之为旋转体,这条直线称为旋转轴. 常见的旋转体有圆柱、圆锥、球体、圆台等,它们分别可看作矩形绕其一条边、直角三角形绕其一条直角边、半圆绕其直径、直角梯形绕其直角腰旋转一周所得. 如曲边梯形 $\{(x,y)\mid a\leqslant x\leqslant b,0\leqslant y\leqslant f(x)\}$ 绕 x 轴旋转所得立体的体积,此旋转体可看作无数多的垂直于 x 轴的圆片叠加而成,任取其中的一片,设它位于 x 处,则它的半径为 $y=f(x)$,厚度为 $\mathrm{d}x$,如图 5-12 所示,从而此片对应的扁圆柱体的体积微元等于圆片的面积与其厚度 $\mathrm{d}x$ 的乘积,即 $\mathrm{d}V=\pi[f(x)]^2\mathrm{d}x$,所以

$$V=\pi\int_a^b f^2(x)\mathrm{d}x.$$

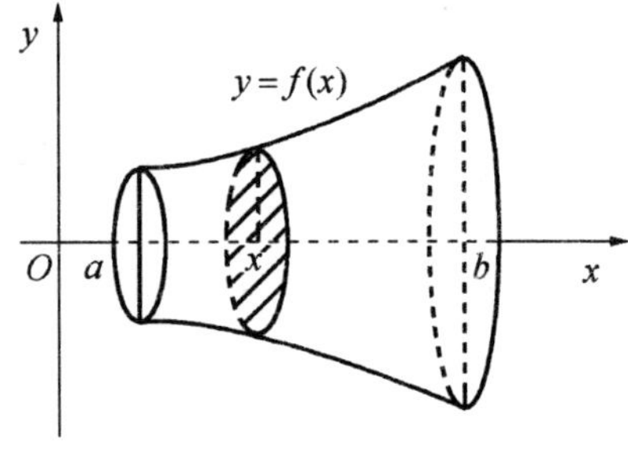

图 5-12

例 3 将椭圆 $\frac{x^2}{a^2}+\frac{y^2}{b^2}=1$ 围成的区域绕 x 轴旋转一周,所得的立体称为旋转椭球,计算其体积.

解 上半椭圆的表达式为 $y=\frac{b}{a}\sqrt{a^2-x^2}$,故

$$V=\pi\int_{-a}^{a}f^2(x)\mathrm{d}x=\pi\int_{-a}^{a}\frac{b^2}{a^2}(a^2-x^2)\mathrm{d}x=\frac{\pi b^2}{a^2}\left(2a^3-\frac{2}{3}a^3\right)=\frac{4\pi}{3}ab^2.$$

由此我们得到半径为 R 的球的体积为$\dfrac{4\pi R^3}{3}$.

2. 平行截面面积已知的立体的体积

旋转体的体积之所以可计算，主要是因为垂直于旋转轴的每个截面都为圆，从而可顺利地计算其面积，进而可得到它所对应的体积微元. 如果一个立体，虽然它不是旋转体，但它垂直于某固定直线的截面面积是已知的，也就能得到体积微元. 事实上，取此直线为 x 轴，设该立体位于过点 $x=a$，$x=b$ 且垂直于 x 轴的两个平面之间，如图 5－13 所示，则过每个点 x 且垂直于 x 轴的截面面积都是已知的，设其为 $A(x)$，则此薄片对应的体积微元 $\mathrm{d}V=A(x)\mathrm{d}x$，故立体的体积

例 4　一平面经过半径为 R 的圆柱体的底圆中心，并与底面交成角 α. 计算这个平面截圆柱体所得立体的体积 V.

$$V=\int_a^b A(x)\mathrm{d}x.$$

解　取该平面与圆柱体的底面的交线为 x 轴，底面上过圆中心且垂直于 x 轴的直线为 y 轴，如图 5－14 所示. 这样，底圆的方程为 $x^2+y^2=R^2$. 立体中过点 x 且垂直于 x 轴的截面是一个直角三角形. 它的两条直角边的长分别为 y 及 $y\tan\alpha$，即 $\sqrt{R^2-x^2}$ 及 $\sqrt{R^2-x^2}\tan\alpha$，因而截面积为 $A(x)=\dfrac{1}{2}(R^2-x^2)\tan\alpha$，于是，所求的体积

$$V=\int_{-R}^{R}\frac{1}{2}(R^2-x^2)\tan\alpha\mathrm{d}x=\frac{1}{2}\tan\alpha\left[R^2x-\frac{1}{3}x^3\right]_{-R}^{R}=\frac{2}{3}R^3\tan\alpha.$$

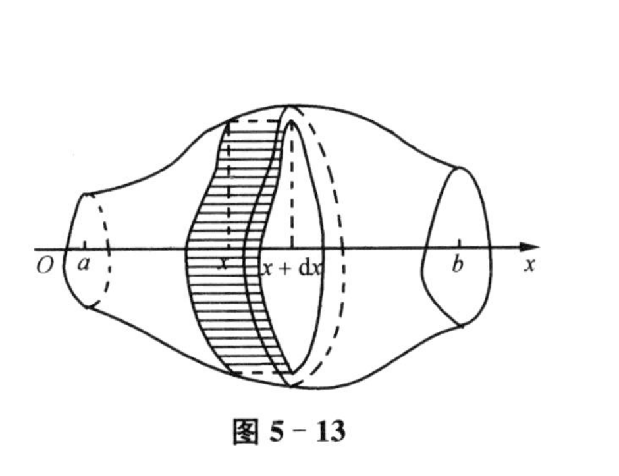

图 5－13

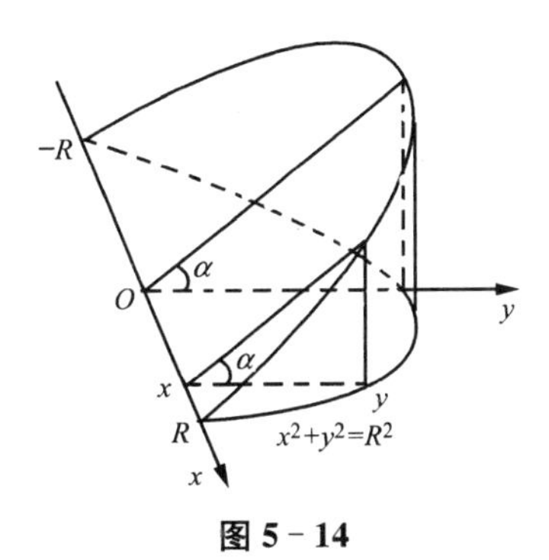

图 5－14

如果两个立体的高相等，且垂直于高的任何平面截这两个立体所得的截面积都相等，由上面的积分公式，立即得到它们有相等的体积. 这个结果是我国古代数学家祖暅发现的. 祖暅是我国南北朝著名科学家祖冲之(429～500)的儿子. 在现代数学界，则把这个结果叫做卡哇列原理(Cavalier principle).

四、平面曲线的弧长

设平面中有光滑曲线弧 L

$$\begin{cases} x=x(t) \\ y=y(t) \end{cases} \quad (t\in[\alpha,\beta]),$$

其中光滑指的是 $x(t)$，$y(t)$ 均有连续的导数.

我们仍用微元法来讨论弧长的计算. 事实上，总的弧长等于每一点的弧长(微元)之和，因此，我们只需要找出每一点的弧长微元 ds. 对任意 $t\in[\alpha,\beta]$，为了求它所对应的点 $M(x(t),y(t))$ 的弧长(微元)，给 t 一个增量 dt，将弧上的点 M 放大成一个小弧段 MN，其中 N 为点 $(x(t+dt),y(t+dt))$，如图 5-15 所示. MN 的弧长 Δs 可用 MN 的弦长 $\sqrt{(\Delta x)^2+(\Delta y)^2}$ 来近似，由于 $\Delta x\approx dx=x'(t)dt$，$\Delta y\approx dy=y'(t)dt$，所以

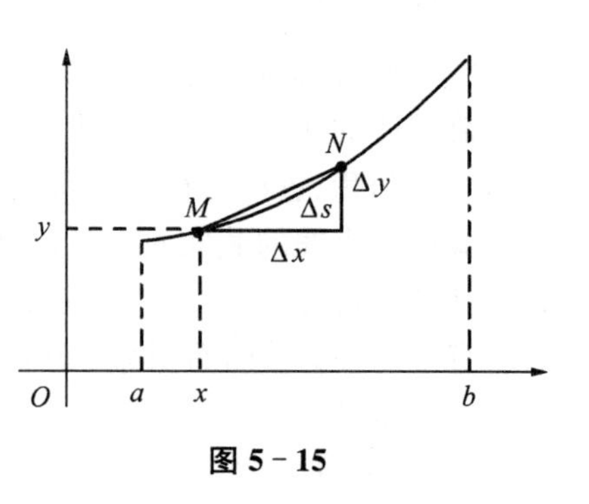

图 5-15

$$\Delta s\approx\sqrt{[x'(t)dt]^2+[y'(t)dt]^2}=\sqrt{(x'(t))^2+(y'(t))^2}dt.$$

因此 $$ds=\sqrt{(x'(t))^2+(y'(t))^2}dt=\sqrt{x'^2+y'^2}dt.$$

从而 $$s=\int_{\alpha}^{\beta}\sqrt{x'^2+y'^2}dt.$$

当曲线弧是函数 $y=f(x)(x\in[a,b])$ 的图像时，选择 x 为参数，则参数方程为

$$\begin{cases} x=x \\ y=f(x) \end{cases} \quad (x\in[a,b]).$$

弧长为 $$s=\int_a^b\sqrt{1+f'^2(x)}dx.$$

例 5 计算曲线 $y=\frac{2}{3}x^{\frac{3}{2}}$ 上相应于 x 从 0 到 3 的一段弧的长度.

解 由 $y'=\sqrt{x}$，所以

$$s=\int_0^3\sqrt{1+(\sqrt{x})^2}dx=\int_0^3\sqrt{1+x}dx=\left[\frac{2}{3}(1+x)^{\frac{3}{2}}\right]_0^3=\frac{14}{3}.$$

五、定积分在经济学中的应用

在前面我们已经学习如何求经济函数的边际. 如果已知某个经济函数的边际，若要求原来的经济函数在某个范围内的改变量，则可采用定积分来解决.

假设某产品的固定成本为 C_0，边际成本函数为 $C'(Q)$，边际收益函数为 $R'(Q)$，其中 Q 为产量，并假定该产品处于产销平衡状态，则根据经济学的有关理论及定积分的微元分析法易知：

总成本函数 $C(Q)=\int_0^Q C'(Q)dQ+C_0$；

总收益函数 $R(Q)=\int_0^Q R'(Q)dQ$；

总利润函数 $L(Q)=R(Q)-C(Q)=\int_0^Q[R'(Q)-C'(Q)]dQ-C_0$.

例 6　设某产品的边际成本为 $C'(Q)+=4+\frac{Q}{4}$ (万元/百台)，固定成本 $C_0=1$(万元)，边际收益 $R'(Q)=8-Q$(万元/百台)，求：

(1) 产量从 100 台增加到 500 台的成本增量；

(2) 总成本函数 $C(Q)$ 和总收益函数 $R(Q)$；

(3) 产量为多少时，总利润最大？并求最大利润.

解　(1) 产量从 100 台增加到 500 台的成本改变量为

$$\int_1^5 C'(Q)\mathrm{d}Q=\int_1^5\left(4+\frac{Q}{4}\right)\mathrm{d}Q=\left(4Q+\frac{Q^2}{8}\right)\Big|_1^5=19\ (\text{万元}).$$

(2) 总成本函数

$$C(Q)=\int_0^Q C'(Q)\mathrm{d}Q+C_0=\int_0^Q\left(4+\frac{Q}{4}\right)\mathrm{d}Q+1=4Q+\frac{Q^2}{8}+1.$$

总收益函数

$$R(Q)=\int_0^Q R'(Q)\mathrm{d}Q=\int_0^Q(8-Q)\mathrm{d}Q=8Q-\frac{Q^2}{2}.$$

(3) 总利润函数

$$L(Q)=R(Q)-C(Q)=\left(8Q-\frac{Q^2}{2}\right)-\left(4Q+\frac{Q^2}{8}+1\right)=-\frac{5}{8}Q^2+4Q-1,$$

$$L'(Q)=-\frac{5}{4}Q+4.$$

令 $L'(Q)=0$，得唯一驻点 $Q=3.2$(百台)，又因 $L''(3.2)=-\frac{5}{4}<0$，所以当 $Q=3.2$(百台)时，总利润最大，最大利润为 $L(3.2)=5.4$(万元).

习题　5－5

1. 求由下列各组曲线所围成图形的面积：

(1) $y=\mathrm{e}^x$，$y=\mathrm{e}^{-x}$ 与直线 $x=1$；

(2) $y=\ln x$，y 轴与直线 $y=\ln a$，$y=\ln b(b>a>0)$.

2. 由 $y=x^3$，$x=2$，$y=0$ 所围成的图形分别绕 x 轴及 y 轴旋转，计算所得的两个旋转体的体积.

3. 计算底面是半径为 R 的圆，而垂直于底面上一条固定直径的所有截面都是等边三角形的立体的体积.

4. 计算曲线 $y=\frac{1}{3}\sqrt{x}(3-x)$ 上相应于 $1\leqslant x\leqslant 3$ 的一段弧长.

5. 计算曲线 $y=\ln x$ 上相应于 $\sqrt{3}\leqslant x\leqslant\sqrt{8}$ 的一段弧的长度.

6. 已知某产品的边际成本函数和边际收益函数分别是：

$C'(Q)=3+\frac{1}{3}Q$ (万元/百台)，$R'(Q)=7-Q$ (万元/百台).

求:(1) 若固定成本 $C(0)=1$ 万元时,总成本函数、总收益函数和总利润函数;

(2) 产量为多少时,总利润最大?最大总利润为多少?

复习题 5

一、填空题

1. $\int_{-\frac{1}{4}}^{\frac{1}{4}} \ln\frac{1-x}{1+x}\mathrm{d}x=$ ________.

2. $\int_0^1 \frac{x^2}{1+x^2}\mathrm{d}x=$ ________.

3. $\int_{-2}^{2} \sqrt{4-x^2}(\sin x+1)\mathrm{d}x=$ ________.

4. $\frac{\mathrm{d}}{\mathrm{d}x}\left(\int_1^2 \sin x^2\mathrm{d}x\right)=$ ________.

5. 设 $F(x)=\int_1^x \tan t\mathrm{d}t$,则 $F'(x)=$ ________.

6. 设 $F(x)=\int_0^{x^2} \tan t\mathrm{d}t$,则 $F'(x)=$ ________.

7. $\int_1^{+\infty} \frac{1}{x^4}\mathrm{d}x=$ ________.

8. $\int_0^{+\infty} \frac{x}{1+x^2}\mathrm{d}x=$ ________.

9. $\int_0^4 \frac{\mathrm{d}x}{(x-3)^2}=$ ________.

10. 设 $f(x)$ 为连续函数,则 $\int_{-a}^{a} x^2[f(x)-f(-x)]\mathrm{d}x=$ ________.

11. 若 $\int_a^b \frac{f(x)}{f(x)+g(x)}\mathrm{d}x=1$,则 $\int_a^b \frac{g(x)}{f(x)+g(x)}\mathrm{d}x=$ ________.

12. 函数 $f(x)$ 在 $[a,b]$ 上有界是 $f(x)$ 在 $[a,b]$ 上可积的________条件,而 $f(x)$ 在 $[a,b]$ 上连续是 $f(x)$ 在 $[a,b]$ 上可积的________条件.

二、选择题

1. $\int_{-1}^{1} \frac{2+\sin x}{\sqrt{4-x^2}}\mathrm{d}x=$ (   ).

A. $\frac{\pi}{3}$ B. $\frac{2\pi}{3}$ C. $\frac{4\pi}{3}$ D. $\frac{5\pi}{3}$

2. $\int_0^5 |2x-4|\mathrm{d}x=$ (   ).

A. 11 B. 12 C. 13 D. 14

3. 设 $f'(x)$ 连续,则变上限积分 $\int_a^x f(t)\mathrm{d}t$ 是(   ).

A. $f'(x)$的一个原函数 B. $f'(x)$的全体原函数

C. $f(x)$的一个原函数 D. $f(x)$的全体原函数

4. 设函数 $f(x)$在$[a,b]$上连续,则由曲线 $y=f(x)$ 与直线 $x=a,x=b,y=0$ 所围平面图形的面积为(　　).

A. $\int_a^b f(x)\mathrm{d}x$　　B. $\left|\int_a^b f(x)\mathrm{d}x\right|$

C. $\int_a^b |f(x)|\mathrm{d}x$　　D. $f(\xi)(b-a),a<\xi<b$

三、计算下列定积分

1. $\int_0^1 \frac{x\mathrm{d}x}{\sqrt{1+x^2}}$.　　**2.** $\int_0^1 \frac{\mathrm{e}^x\mathrm{d}x}{\mathrm{e}^x+1}$.

3. $\int_0^{\frac{\pi}{2}} |\sin x-\cos x|\mathrm{d}x$.　　**4.** $\int_0^3 \frac{x}{1+\sqrt{1+x}}\mathrm{d}x$.

5. $\int_1^{\mathrm{e}} \frac{\mathrm{d}x}{x(2x+1)}$.　　**6.** $\int_0^1 \frac{\mathrm{d}x}{x^2+x+1}$.

7. $\int_1^{\mathrm{e}} x\sqrt[3]{1-x}\mathrm{d}x$.　　**8.** $\int_0^{\frac{3}{4}} \frac{x+1}{\sqrt{x^2+1}}\mathrm{d}x$.

9. $\int_0^{\pi} \sqrt{1+\sin 2x}\mathrm{d}x$.　　**10**. $\int_0^{\frac{\pi}{2}} \mathrm{e}^{2x}\cos x\mathrm{d}x$.

11. $\int_{-1}^1 (2x^4+x)\arcsin x\mathrm{d}x$.　　**12.** $\int_0^1 \frac{\ln(1+x)}{(2-x)^2}\mathrm{d}x$.

13. $\int_1^{+\infty} \frac{\ln x}{x^2}\mathrm{d}x$.　　**14.** $\int_0^1 \frac{\mathrm{d}x}{(2-x)\sqrt{1-x}}$.

15. $f(x)=\begin{cases}1+x^2 & x\leqslant 0\\ \mathrm{e}^{-x} & x>0\end{cases}$,求$\int_1^3 f(x-2)\mathrm{d}x$.

四、设 $0<a<b$,证明 $\int_a^b f(x)\mathrm{d}x=\frac{1}{2}\int_a^b\left[f(x)+\frac{ab}{x^2}+f\left(\frac{ab}{x}\right)\right]\mathrm{d}x$.

五、已知 $f(x)$ 的原函数为$(1+\sin x)\ln x$,求$\int_{\frac{\pi}{2}}^{\pi} xf'(x)\mathrm{d}x$.

六、设 $F(x)=\int_0^{x^2}\sin t\mathrm{d}t+\int_x^1\sin t\mathrm{d}t$,求 $F'(x)$.

七、过抛物线 $y=x^2$ 上一点 $P(a,a^2)$ 作切线,问 a 为何值时所作切线与抛物线 $y=-x^2+4x-1$ 所围图形面积最小?

八、设平面图形 D 由抛物线 $y=1-x^2$ 和 x 轴围成.试求:

1. D 的面积.

2. D 绕 x 轴旋转所得旋转体的体积.

3. D 绕 y 轴旋转所得旋转体的体积.

4. 抛物线 $y=1-x^2$ 和 x 轴上方的曲线段的弧长.

九、已知边际成本为 $C'(x)=100-2x$,求当产量由 $x=20$ 增加到 $x=30$ 时,应追加的成本数.

十、已知某产品的边际收益 $R'(x)=200-0.01x\ (x\geqslant 0)$,其中 x (件)为产量.

1. 求生产 50 件时的收益.

2. 若已生产 50 件,求再生产 50 件的收益.

参考答案

习题 1 - 1

(A)

一、**1.** 非. **2.** 是. **3.** 非. **4.** 非. **5.** 是. **6.** 非. **7.** 非.

二、**1.** $y=x$. **2.** $\{0\}$. **3.** $\log_2\dfrac{x}{1-x}(0<x<1)$. **4.** $2(x-2)-(x-2)^2$. **5.** $\dfrac{3+2x^2}{1+x^2}$ 与 $\dfrac{1}{x^2+4x+5}$. **6.** $\log_2(1+x^2)$. **7.** $y=u^2,u=\sin v,v=e^x$.

三、**1.** C. **2.** B. **3.** A.

(B)

1. $x>3,4\leqslant x<5,3<x<4$.

3. (1) $[-4,4]$;(2) $(-\infty,-3)\cup(3,+\infty)$;(3) $[-5,-1]$;(4) $(-\infty,-6]\cup[0,+\infty)$;(5) $(a-\varepsilon,a+\varepsilon)$;(6) $(-1,1]\cup[3,5)$.

4. (1) 相同;(2) 不同;(3) 不同;(4) 不同.

5. (1) $\left[-\dfrac{1}{3},+\infty\right)$;(2) $(-\infty,-1]\cup[1,+\infty)$;(3) $[0,2)$;(4) $[1,+\infty)$;(5) $\left\{x|x\neq k\pi+\dfrac{\pi}{2}-1,k\in\mathbf{Z}\right\}$;(6) $[-1,0)\cup(0,1]$;(7) $(-\infty,0)\cup(0,2]$;(8) $[2,3)\cup(3,5)$.

6. $f\left(\dfrac{1}{x}\right)=\dfrac{1}{x^2}-\dfrac{3}{x}+2,f(x+1)=x^2-x$.

7. (1) $(-\infty,0)\cup(0,3]$;(2) $f(-1)=-1,f\left(\dfrac{1}{2}\right)=\dfrac{1}{4},f(1)=1,f(3)=4,f[f(2)]=4$.

8. $f[f(x)]=1$.

9. (1) 偶函数;(2) 奇函数;(3) 非奇非偶;(4) 奇函数.

10. (1) 周期为 2π;(2) 周期为$\dfrac{\pi}{2}$;(3) 周期为 2;(4) 周期为 π.

11. 略.

12. (1) $y=\dfrac{2(x+1)}{x-1}$;(2) $y=-5+\log_2 x$;(3) $y=x^3+1$;(4) $y=10^x-2$.

13. (1) $y=\sqrt{u},u=2x+1$;(2) $y=u^3,u=1+\ln x$;(3) $y=2^u,u=\sin v,v=3x$;(4) $y=\sqrt{u},u=\ln v,v=\sqrt{x}$;(5) $y=u^3,u=\sin v,v=2x^2+1$;(6) $y=u^2,u=\arcsin v,v=\sqrt{s},s=1-x$.

14. (1) $[-\sqrt{2},-1]\cup[1,\sqrt{2}]$;(2) $[0,+\infty]$;(3) $[2n\pi,(2n+1)\pi](n\in\mathbf{Z})$;(4) 当 $0<a\leqslant\dfrac{1}{2}$时,$a\leqslant x\leqslant 1-a$;$a>\dfrac{1}{2}$时无定义.

15. $A=2\pi r^2+\dfrac{2V}{r}\quad r\in(0,+\infty)$.

16. 总收益 $y=\begin{cases}130x & 0\leqslant x\leqslant 700\\ 91\,000+117(x-700) & 700<x\leqslant 1\,000\end{cases}$,$x$ 为销售量.

习题 1 - 2

(A)

一、**1.** 是. **2.** 非. **3.** 非.

二、**1.** 0. **2.** 0. **3.** 4. **4.** 0.

三、**1.** D. **2.** C. **3.** D.

(B)

1. (1) 收敛于 0;(2) 收敛于 1;(3) 收敛于 1;(4) 发散;(5) 收敛于 0;(6) 发散.

2. 略.

习题 1 - 3

(A)

一、**1.** 非. **2.** 是. **3.** 非. **4.** 非. **5.** 是. **6.** 是. **7.** 非. **8.** 非. **9.** 非. **10.** 非. **11.** 非. **12.** 非. **13.** 非. **14.** 是.

二、**1.** 1. **2.** 0. **3.** 1,不存在. **4.** b,1,1.

三、**1.** C. **2.** B. **3.** B.

(B)

1. (1) $0, y=0$;(2) $0, y=0$;(3) $-\frac{\pi}{2}, y=-\frac{\pi}{2}$;(4) $0, y=0$.

2. 略.

3. $f(0^-)=f(0^+)=1, \lim\limits_{x\to 0}f(x)=1; g(0^-)=-1, g(0^+)=1, x\to 0$ 时,$g(x)$不存在极限.

4. $f(0^-)=-1, f(0^+)=1$,极限不存在.

5. (1) -1;(2) -2;(3) 0;(4) $2a$;(5) 3;(6) 1;(7) 0;(8) 6;(9) 2;(10) 1;(11) 2;(12) $\frac{1}{2}$;(13) 3;(14) $\frac{3}{2}$;(15) -2;(16) $\frac{1}{2}$;(17) 2;(18) $\left(\frac{3}{2}\right)^{20}$.

6. $a=3, b=-6$.

7. 略.

习题 1 - 4

(A)

1. 非. **2.** 非.

(B)

1. (1) 5;(2) $\frac{3}{2}$;(3) 1;(4) $\frac{2}{3}$;(5) x;(6) $\frac{2}{\pi}$.

2. (1) e^{-2};(2) e^{-6};(3) $\frac{1}{e}$;(4) e;(5) e;(6) e^2.

3. $k=\frac{1}{2}$.

4. 略.

习题 1 - 5

(A)

一、**1.** 非. **2.** 是. **3.** 非. **4.** 是. **5.** 非. **6.** 是. **7.** 非. **8.** 是. **9.** 是. **10.** 非. **11.** 非.

二、**1.** $\infty, -1$. **2.** 无穷小. **3.** 无穷小. **4.** 0. **5.** $+\infty$ **6.** 等价. **7.** 低阶. **8.** 高阶. **9.** 同阶.

三、**1.** A. **2.** D. **3.** D. **4.** B.

(B)

1. 略.

2. (1) $+\infty, x=0$;(2) $-\infty, x=0$;(3) $+\infty, x=\frac{\pi}{2}$.

3. $y=x\cos x$ 在$(-\infty,+\infty)$上无界,当 $x\to\infty$时,$y=x\cos x$ 不是无穷大.

4. (1) 0,$\cos\frac{1}{x^2}$有界;(2) 0,$\arctan x$ 有界.

5. x^2-x^3 是比 $x+2x^2$ 高阶的无穷小.

6. (1) 等价;(2) 同阶不等价.

7. (1) x;(2) $2x$;(3) $-\frac{1}{6}x^2$;(4) $\frac{1}{3}x^{\frac{4}{3}}$.

8. (1) $\frac{1}{3}$;(2) $0(m<n)$,$1(m=n)$,$\infty(m>n)$; (3) 2;(4) $-\frac{1}{4}$;(5) $\frac{1}{2}$;(6) 1.

9. 略.

习题 1-6

(A)

一、**1.** 非. **2.** 是. **3.** 非. **4.** 非. **5.** 是. **6.** 非. **7.** 是. **8.** 非.

二、**1.** 第一类,跳跃型. **2.** 第二类,无穷型. **3.** e. **4.** 2. **5.** $(-\infty,1]$,$(-\infty,1]$. **6.** $(1,2)\cup(2,+\infty)$.

三、**1.** C. **2.** A. **3.** B.

(B)

1. (1) 连续区间$[0,1)\cup(1,2]$;(2) 连续区间$(-\infty,+\infty)$.

2. (1) $x=1$,无穷间断点,$x=2$,可去间断点;(2) $x=0$ 及 $x=k\pi+\frac{\pi}{2}(k\in\mathbf{Z})$,可去间断点,$x=k\pi(k\in\mathbf{Z}_+)$,无穷间断点;(3) $x=0$,可去间断点,$x=k\pi+\frac{\pi}{2}(k\in\mathbf{Z})$,无穷间断点;(4) $x=0$,振荡间断点;(5) $x=0$,跳跃间断点;(6) $x=0$,跳跃间断点.

3. $f(x)$连续区间$(0,1)\cup(1,+\infty)$,$x=1$ 为跳跃间断点.

4. (1) $a=\frac{3}{4}$;(2) $a=1$.

5. (1) 0;(2) 0;(3) -2;(4) e^3;(5) 2e;(6) -1;(7) 2;(8) $-\frac{1}{2}$.

6. (1) 正确,$y=|f(x)|$看成 $y=|u|$,$u=f(x)$复合而成,$u=f(x)$在 x_0 连续,$y=|u|$,对任何 u 连续,故复合后 $y=|f(x)|$在 x_0 连续;(2) 不正确,设函数 $f(x)=\begin{cases}x & x<1\\ -x & x\geqslant 1\end{cases}$,显然$|f(x)|$在 $x=1$ 连续,但 $f(x)$在 $x=1$ 不连续.

7. 根据连续函数四则运算可推出 $f(x)\pm g(x)$,$f(x)\cdot g(x)$及$\frac{g(x)}{f(x)}$必有间断点;复合函数有可能是$\mathbf{R}$上的连续函数,例如:若 $f(x)=x^2+1$,$g(x)=\begin{cases}x & x<1\\ -x & x\geqslant 1\end{cases}$,则 $f[g(x)]=x^2+1$ 在 $\mathbf{R}$ 上连续,$g[f(x)]=-x$ 也在 $\mathbf{R}$ 上连续.

习题 1-7

(A)

一、**1.** 非. **2.** 是. **3.** 非.

二、**1.** $(1,2)\cup(2,+\infty)$. **2.** 无,0.

三、B.

(B)

1~3 略.

4. 提示:$f(x)$在$[a,b]$上最大值M,最小值 m,而 $m\leqslant f(x_1)\leqslant M$,$m\leqslant f(x_2)\leqslant M$.

5. 略.

复习题 1

一、1. $t^2-2t+e^{t-1}+3$. 2. $(-3,2]$. 3. $[0,3)$ 4. 3. 5. e^k. 6. $\frac{3}{2}$. 7. 2. 8. 第一类型间断点且是可去间断点.

二、1. C. 2. C. 3. B. 4. B. 5. C. 6. D. 7. A. 8. A.

三、1. $\frac{4}{3}$. 2. $\frac{1}{3}$. 3. e^{-2}. 4. 1. 5. $\frac{1}{3}$. 6. 0. 7. $\frac{2}{5}$. 8. $-\frac{\pi}{4}$.

四、$a=1$.

五、$a=\frac{3}{2}$.

六、$a=-4, b=10$.

七、$x_1=0$ 是第二类型无穷间断点，$x_2=1$ 是第一类型跳跃间断点.

习题 2-1

(A)

一、1. 非. 2. 非. 3. 非. 4. 是. 5. 非.

二、1. $-f'(x_0)$. 2. $f'(0)$. 3. 0. 4. 2. 5. 切点$(\ln(e-1),(e-1))$，$y=(e-1)[x-\ln(e-1)]+e-1$. 6. $\frac{dT}{dt}$. 7. $2t,2$. 8. $f'(x)$.

三、1. B. 2. D.

(B)

1. $\frac{d\theta}{dt}\Big|_{t=t_0}$.

2. (1) -0.78 米/秒；(2) $10-gt$；(3) $\frac{10}{g}$秒.

3. $3x^2, 0$.

4. (1) $4x^3$；(2) $\frac{2}{3}x^{-\frac{1}{3}}$；(3) $1.6x^{0.6}$；(4) $-\frac{1}{2}x^{-\frac{3}{2}}$；(5) $-\frac{2}{x^3}$；(6) $\frac{16}{5}x^{\frac{11}{5}}$.

5. $x-4y+4=0, 4x+y-18=0$.

6. 在 $x=0$ 处连续且可导.

7. $f'_+(0)=0$；$f'_-(0)=-1$；$f'(0)$不存在.

习题 2-2

(A)

一、1. 0. 2. $\mu x^{\mu-1}$. 3. e^x. 4. $2^x\ln 2$. 5. $\frac{1}{x}$. 6. $\frac{1}{x\ln a}$.

7. $\cos x$. 8. $-\sin x$. 9. $\sec^2 x$. 10. $-\csc^2 x$.

二、1. D. 2. D.

(B)

1. (1) $4x^3-6x+1$；(2) $3x^2+\frac{3}{x^4}$；(3) $\frac{3}{2}x^{\frac{1}{2}}+\frac{1}{3}x^{-\frac{2}{3}}$；(4) $2x-\sin x+e^x$；(5) $\frac{\sin x}{2\sqrt{x}}+\sqrt{x}\cos x$；(6) $e^x(x+1)$；(7) $\frac{e^x(x\sin x+x\cos x-\sin x)}{x^2}$；(8) $\arctan x+\frac{x}{1+x^2}$.

2. (1) $\frac{2}{(1-x)^2}$；(2) $20x+65$；(3) $xe^x(2+x)$；(4) $\frac{3^x(x^3\ln 3-3x^2+\ln 3)+3x^2}{(x^3+1)^2}$；(5) $6x^5-15x^4+12x^3-9x^2+2x+3$；(6) $\frac{\sin x-x\ln x\cos x}{x\sin^2 x}$；(7) $\frac{x(1+x^2)\cos x+(1-x^2)\sin x}{(1+x^2)^2}$；(8) $e^x(\cos x+x\cos x-x\sin x)$.

习题 2-3

(A)

1. $\frac{1}{\sqrt{1-x^2}}$. **2.** $-\frac{1}{\sqrt{1-x^2}}$. **3.** $\frac{1}{1+x^2}$. **4.** $-\frac{1}{1+x^2}$. **5.** $2e^{2x}$. **6.** $3\cos\left(3x+\frac{\pi}{5}\right)$.

7. $\frac{2x}{\sqrt{1-x^4}}$. **8.** $\frac{5}{3}\frac{1}{\sqrt[3]{(5x+1)^2}}$. **9.** $\frac{1}{x^2}\tan\frac{1}{x}$. **10.** $3f'(3x)$.

(B)

1. (1) $8(2x+5)^3$; (2) $3\sin(4-3x)$; (3) $-6xe^{-3x^2}$; (4) $\frac{2x}{1+x^2}$; (5) $\sin 2x$; (6) $-\frac{x}{\sqrt{a^2-x^2}}$; (7) $2x\sec^2(x^2)$; (8) $\frac{e^x}{1+e^{2x}}$; (9) $\frac{2\arcsin x}{\sqrt{1-x^2}}$; (10) $-\tan x$.

2. (1) $e^{-2x}(1-2x)$; (2) $-\frac{1}{1-2x}$; (3) $\frac{1}{x\ln x}$; (4) $\sin x^2+2x^2\cos x^2$; (5) $e^{\cos\frac{1}{x^2}}\frac{2}{x^3}\sin\frac{1}{x^2}$; (6) $\frac{2}{\sqrt{-4x^2+4x+2}}$; (7) $\frac{a^2}{(a^2-x^2)^{\frac{3}{2}}}$; (8) $\frac{1+\frac{1}{2\sqrt{x}}}{2\sqrt{x+\sqrt{x}}}$; (9) $-e^{-x}(\cos 2x+2\sin 2x)$; (10) $-\frac{2\left(1+\frac{1}{2\sqrt{x}}\right)}{(x+\sqrt{x})^3}$.

3. $f'(\sin x)\cos x$.

习题 2-4

(A)

一、**1.** 非. **2.** 非. **3.** 非.

二、C.

(B)

1. (1) $\frac{y}{y-x}$; (2) $\frac{ay-x^2}{y^2-ax}$; (3) $\frac{e^{x+y}-y}{x-e^{x+y}}$; (4) $-\frac{e^y}{1+xe^y}$.

2. $x+y-\frac{\sqrt{2}}{2}a=0$.

3. (1) $y'=(\cos x)^{\sin x}\left(\cos x\ln\cos x-\frac{\sin^2 x}{\cos x}\right)$; (2) $y'=\sqrt{\frac{1-x}{1+x}}\cdot\frac{1-x-x^2}{1-x^2}$;

(3) $y'=\frac{\sqrt{x+2}(3-x)}{(2x+1)^5}\left[\frac{1}{2(x+2)}-\frac{1}{3-x}-\frac{10}{2x+1}\right]$; (4) $y'=(\sin x)^{\ln x}\left(\frac{1}{x}\ln\sin x+\cot x\ln x\right)$.

4. (1) $\frac{3t^2+1}{2t}$; (2) $-2\cot\theta$.

5. $2\sqrt{2}x+y-2=0$.

习题 2-5

(A)

一、**1.** 3. **2.** $\frac{6!\ 2^6}{(1+2x)^7}$. **3.** $(\ln 10)^n$. **4.** $2^n\sin\left(2x+\frac{n\pi}{2}\right)$.

二、**1.** C. **2.** D.

(B)

1. (1) $12x+2$; (2) $-\sin x-4\cos 2x$; (3) $e^x(x^2+4x+2)$; (4) $e^{-x^2}(4x^2-2)$; (5) $\frac{2}{(1+x^2)^2}$; (6) $\frac{2x^3-6x}{(1+x^2)^3}$.

2. (1) $(n+1)!\ (x-a)$; (2) $2^n e^{2x}$; (3) $\frac{(-1)^n(n-2)!}{x^{n-1}}(n>1)$.

3. (1) $-\frac{1}{y^3}$;(2) $-\frac{b^4}{a^2y^3}$;(3) $-2\csc^2(x+y)\cot^3(x+y)$;(4) $\frac{e^{2y}(3-y)}{(2-y)^3}$.

4. (1) $\frac{1}{3a\cot^4 t\sin t}$;(2) $\frac{1}{a}$.

习题 2-6

(A)

一、**1.** 11.　**2.** $\frac{2}{3}x^3$.　**3.** $a^x\ln a-\frac{1}{1+x^2}$.　**4.** $2\sqrt{x}+C$.　**5.** $\frac{e^{\sqrt{\sin 2x}}}{2\sqrt{\sin 2x}}$.　**6.** $\sin x, e^x$.

二、**1.** C.　**2.** B.　**3.** B.　**4.** D.

(B)

1. $\Delta y=0.130\ 6, dy=0.13$.

2. (1) $\left(-\frac{1}{x^2}+\frac{\sqrt{x}}{x}\right)dx$;(2) $(\sin 2x+2x\cos 2x)dx$;(3) $(x^2+1)^{-\frac{3}{2}}dx$;

(4) $\frac{2\ln(1-x)}{x-1}dx$;(5) $2x(1+x)e^{2x}dx$;(6) $e^{-x}[\sin(3-x)-\cos(3-x)]dx$;

(7) $dy=\begin{cases}\frac{1}{\sqrt{1-x^2}}dx & -1<x<0\\ -\frac{1}{\sqrt{1-x^2}}dx & 0<x<1\end{cases}$;(8) $8x\tan(1+2x^2)\sec^2(1+2x^2)dx$.

3. (1) $2x+C$;(2) $\frac{x^2}{2}+C$;(3) $2\arctan x+C$;(4) $\frac{(x+2)^2}{2}+C$;(5) $\frac{\sin 2x}{2}+C$;(6) $\frac{e^{2x}}{2}+C$;(7) $\ln|x|+C$;(8) $\arcsin x+C$.

4. 0.790 4.

5. 0.125 7(cm^3).

复习题 2

一、**1.** $\frac{1}{2}+e$.　**2.** 2.　**3.** $(e^x\ln x+\frac{1}{x}e^x)dx$.　**4.** -2.　**5.** $y=(1+e)x-1$.　**6.** 1.　**7.** $(\sin^2 x-\cos x)e^{\cos x}$.　**8.** $-\frac{1}{x^2}f''\left(\frac{1}{x}\right)+\frac{2}{x^3}f'\left(\frac{1}{x}\right)$.

二、**1.** B.　**2.** D.　**3.** C.　**4.** C.　**5.** C.

三、**1.** $8(2x+3)^3$.　**2.** $-2e^{-2x}$.　**3.** $-3\cos^2 x\sin x$.　**4.** $\frac{-\cos(1-x)}{\sin(1-x)}$.

四、$\frac{1}{2}$.

五、$\frac{2\sec x}{\sqrt{\sin x}}dx$.

六、$\frac{2xy}{\cos y+2e^{2y}-x^2}$.

七、$\pi\ln\pi+\pi+1$.

八、$t, -\frac{t^3}{1+2\ln t}$.

九、$6x-\csc^2 x$.

十、$2\varphi(0)+\varphi'(0)$.

习题 3-1

(A)

1. $\frac{5}{2}$　**2.** $\frac{\sqrt{3}}{3}$　**3.** $\sqrt{\frac{7}{3}}$　**4.** $f(x)$在$(-1,1)$内点 $x=0$ 处不可导.

(B)

1. 2个根,$\xi_1\in(0,3)$,$\xi_2\in(3,5)$.

2. (1) 设 $F(x)=\arctan x-\frac{1}{2}\arccos\frac{2x}{1+x^2}-\frac{\pi}{4}$;(2) 设 $F(x)=e^x-ex$;(3) 设 $F(x)=\ln x$;(4) 设 $F(x)=\arctan x$.

3. 略.

4. 设 $F(x)=xf(x)-f(a)x$,用拉格朗日中值定理.

5. 设 $g(x)=\frac{1}{x}$,用柯西中值定理.

6. 略.

7. 设 $F(x)=\frac{f(x)}{e^x}$.

习题 3-2

(A)

1. D. **2.** B. **3.** A.

(B)

1. (1) 2;(2) 1;(3) 0;(4) $\frac{1}{6}$;(5) $\frac{1}{2}$;(6) $-\frac{1}{3}$;(7) 1;(8) e^{-1}.

2. 1.

3. 略.

习题 3-3

1. $f(x)=-56+21(x-4)+37(x-4)^2+11(x-4)^3+(x-4)^4$.

2. $f(x)=x^6-9x^5+30x^4-45x^3+30x^2-9x+1$.

3. $xe^x=x+x^2+\frac{x^3}{2!}+\cdots+\frac{x^n}{(n-1)!}+o(x^n)$.

4. $\ln x=\ln 2+\frac{1}{2}(x-2)-\frac{1}{2^3}(x-2)^2+\frac{1}{3\cdot 2^3}(x-2)^3-\cdots+\frac{(-1)^{n-1}}{n\cdot 2^n}(x-2)^n+o[(x-2)^n]$.

5. $\sqrt[3]{30}\approx 3.10724$,$|R_3|=1.88\times 10^{-5}$.

6. (1) $\frac{1}{6}$;(2) $\frac{3}{2}$.

习题 3-4

(A)

一、**1.** $[1,+\infty)\cup(-\infty,0)\cup(0,1]$. **2.** 0,小,$\frac{2}{5}$,大.

3. 1. **4.** −2,4. **5.** 大.

二、**1.** C. **2.** D. **3.** A. **4.** D. **5.** B.

(B)

1. (1) $(-\infty,\infty)$内单调增加;(2) $\left[\frac{k\pi}{2},\frac{k\pi}{2}+\frac{\pi}{3}\right]$内单调增加,$\left[\frac{k\pi}{2}+\frac{\pi}{3},\frac{k\pi}{2}+\frac{\pi}{2}\right]$内单调减小.

3. $a>\frac{1}{e}$,无根;$0<a<\frac{1}{e}$有2个根;$a=\frac{1}{e}$只有一个根 $x=e$.

4. 设 $f(x)=x+p+q\cos x$.

5. (1) 极大值 $f\left(\frac{3}{4}\right)=\frac{5}{4}$;(2) 极大值 $f(e)=e^{1/e}$.

7. $a=-\frac{2}{3}$,$b=-\frac{1}{6}$,$f(1)=\frac{5}{6}$为极小值,$f(2)=\frac{4}{3}-\frac{2\ln 2}{3}$为极大值.

8. 最大值为 $y(1)=\frac{1}{2}$.

习题 3－5

(A)

1. $\frac{22}{3},-\frac{5}{3}$. 2. $\frac{3}{5},-1$. 3. $-\frac{\pi}{2},\frac{\pi}{2}$. 4. 2,3.

(B)

1. (1) $y(\pm 2)=29$ 为最大值,$y(0)=5$ 为最小值;

(2) $y\left(\frac{\pi}{6}\right)=\sqrt{3}+\frac{\pi}{6}$ 为最大值,$y\left(\frac{\pi}{2}\right)=\frac{\pi}{2}$ 为最小值.

2. $\varphi=\frac{2\sqrt{6}}{3}\pi$.

3. 300 单位,最大利润 700.

习题 3－6

(A)

1. (0,0). 2. $y=0$. 3. $x=-3$. 4. 必要. 5. $-\frac{3}{2},\frac{9}{2},(-\infty,1),(1,+\infty)$.

(B)

1. (1) 拐点 $\left(\frac{5}{3},\frac{20}{27}\right)$, $\left(-\infty,\frac{5}{3}\right]$ 内凸, $\left(\frac{5}{3},+\infty\right)$ 内凹;(2) 拐点 $(2-\sqrt{2},(3-2\sqrt{2})e^{\sqrt{2}-2})$, $(2+\sqrt{2},(3+2\sqrt{2})e^{2-\sqrt{2}})$, $(-\infty,2-\sqrt{2}]$, $[2+\sqrt{2},+\infty)$ 内凹, $(2-\sqrt{2},2+\sqrt{2})$ 内凸.

2. 设 $f(x)=\arctan x$.

习题 3－7

1. 垂直渐近线:$x=1$ 和 $x=-1$,斜渐近线:$y=x$.

2. (1) $(-\infty,-1)$,$(3,+\infty)$ 单调增加;$(-1,1)$,$(1,3)$ 单调减小;$f(-1)=-2$ 极大值. (2) $(-\infty,-1)$ 内为凸,$(1,+\infty)$ 为凹;无拐点. (3) 垂直渐近线:$x=1$,斜渐近线:$y=x+1$.

习题 3－8

(A)

一、1. 460,4.6,2.3,近似 2.3.

2. $\frac{P}{20-P},\frac{3}{17},10P-\frac{P^2}{2},\frac{2(10-P)}{20-P},\frac{14}{17}\approx 0.82$,增加,0.82.

3. $7\cdot 2^x\ln 2,\frac{(7\cdot 2^x\ln 2)}{y}$.

二、1. D. 2. A.

(B)

1. (1) 1 300;(2) 24.

2. 100.

3. (1) $C'(q)=0.04q+450$; (2) $L(q)=490q-C(q)$, $L'(q)=-0.04q+40$; (3) 1 000.

4. $L(2\ 000)=3\ 000$.

5. -3.

6. (1) -10,说明当价格 P 为 5 元时,上涨 1 元,则需求量下降 10 件;(2) -1,价格上涨 1%,需求减少 1 %;(3) 不变,减少 0.85%.

复习题 3

一、1. $\frac{1}{\ln 2}-1$. 2. 0. 3. 2. 4. $(-\infty,0)\cup(1,+\infty)$,$(0,1)$.

5. $f(0)=2,f(-1)=0$.

6. 凹区间为$(-1,1)$,凸区间为$(-\infty,-1)$和$(1,+\infty)$,拐点为$(-1,\ln2)$和$(1,\ln2)$.

7. $x=-\frac{1}{2}$. **8.** $1,-3,-24,16$.

二、**1.** D. **2.** D. **3.** A. **4.** D. **5.** D. **6.** B.

三、**1.** 2. **2.** $\frac{1}{2}$. **3.** -1. **4.** $\frac{1}{2}$. **5.** 1. **6.** $e^{\frac{1}{2}}$.

五、**1.** 在$(-\infty,\frac{1}{2}]$内单调减少,在$[\frac{1}{2},+\infty)$内单调增加.

2. 在$[0,n]$上单调增加,在$[n,+\infty)$内单调减少.

六、**1.** 极小值$f\left(\frac{1}{\sqrt{e}}\right)=-\frac{1}{2e}$. **2.** 极大值$f(2)=\sqrt{5}$.

七、**1.** 最大值$y(-1)=e$,最小值$y(0)=0$.

2. 最小值$y(-3)=27$,没有最大值.

八、单调增区间为$(-1,1)$,单调减区间为$(-\infty,-1)\cup(1,+\infty)\cup(\sqrt{3},+\infty)$,凹区间为$(-\sqrt{3},0)\cup(\sqrt{3},+\infty)$,凸区间为$(-\infty,-\sqrt{3})\cup(0,\sqrt{3})$,极大值$\frac{1}{2}$,当$x<0$时,$y<0$,当$x>0$时,$y>0$,$y=0$为曲线的水平渐近线.

九、$\frac{3}{2}a$(km/h).

十、$P=101$,最大利润为167 080.

十一、**1.** 1 000. **2.** 6 000.

习题 4-1

(A)

一、**1.** $\sin x+C$. **2.** $\frac{x^4}{4}+C$. **3.** $-2x^{-\frac{1}{2}}+3$. **4.** $\frac{1}{a}F(ax+b)+C$. **5.** $\cos x$. **6.** $\frac{1}{3}x^3-\cos x$, $2x+\cos x$. **7.** $f(x)dx,f(x)+C,f(x),f(x)+C$. **8.** $\ln|\sec x+\tan x|+C$. **9.** $-\sin x+C_1x+C_2$.
10. $y=1+\frac{\sqrt{3}}{2}-\cos x$.

二、**1.** B. **2.** D. **3.** D. **4.** A. **5.** B. **6.** C.

(B)

1. (1) $\frac{2}{7}x^3\sqrt{x}-\frac{10}{3}x\sqrt{x}+C$;(2) $\frac{x^2}{2}-3x+3\ln|x|+\frac{1}{x}+C$;(3) $e^x-3\sin x+C$;(4) $\frac{3}{7}x^{\frac{7}{3}}+C$;(5) $\frac{7}{4}x^4-\frac{2}{5}x^{\frac{5}{2}}+C$;(6) $\frac{1}{5}x^5-\frac{2}{3}x^3+x+C$;(7) $2e^x-\cos x+2\ln|x|+C$;(8) $\arcsin x+\arctan x+C$;(9) $\frac{5^xe^x}{1+\ln5}+C$;(10) $x+\frac{(2/3)^x}{\ln3-\ln2}+C$;(11) $\tan x-\sec x+C$;(12) $\sin x-\cos x+C$;(13) $\frac{1}{3}x^3-x+\arctan x+C$;(14) $x^3-x+\arctan x+C$.

2. 提示:分别求导验证.

习题 4-2

(A)

1. $-\frac{1}{3}$. **2.** $\frac{1}{4}$. **3.** $\ln x$. **4.** $\ln x,\frac{1}{2}\ln^2x$. **5.** -3. **6.** $2\sqrt{x}$. **7.** $\frac{1}{3}$. **8.** -1.

(B)

(1) $2\sqrt{x}-3\sqrt[3]{x}+6\sqrt[6]{x}-6\ln\left|\sqrt[6]{x}+1\right|+C$;(2) $\ln\left|\frac{\sqrt{x+1}-1}{\sqrt{x+1}+1}\right|+C$;(3) $x-4\sqrt{x+1}+$

$4\ln\left|1+\sqrt{x+1}\right|+C$；(4) $\ln\left|\dfrac{\sqrt{1+e^x}-1}{\sqrt{1+e^x}+1}\right|+C$；(5) $\sqrt{x^2-9}-3\arccos\dfrac{3}{x}+C$；(6) $\dfrac{9}{2}\arcsin\dfrac{x}{3}-\dfrac{1}{4}x\sqrt{9-x^2}+C$；(7) $\dfrac{x}{\sqrt{x^2+1}}+C$；(8) $\arctan\left(\dfrac{2x+1}{\sqrt{3}}\right)+C$；(9) $\dfrac{1}{2}\ln\left|2x-1+\sqrt{4x^2-4x-1}\right|+C$；(10) $-\dfrac{1}{\arcsin x}+C$；(11) $-\dfrac{10^{2\arccos x}}{2\ln 10}+C$；(12) $-\ln\left|\cos\sqrt{1+x^2}\right|+C$；(13) $(\arctan\sqrt{x})^2+C$；(14) $-\dfrac{1}{x\ln x}+C$；(15) $\ln|\tan x|+C$；(16) $\dfrac{1}{2}(\ln\tan x)^2+C$；(17) $\sin x-\dfrac{\sin^3 x}{3}+C$；(18) $\dfrac{t}{2}+\dfrac{1}{4\omega}\sin 2(\omega t+\varphi)+C$；(19) $\dfrac{1}{2}\cos x-\dfrac{1}{10}\cos 5x+C$；(20) $\dfrac{1}{3}\sin\dfrac{3x}{2}+\sin\dfrac{x}{2}+C$；(21) $\dfrac{1}{4}\sin 2x-\dfrac{1}{24}\sin 12x+C$；(22) $\dfrac{1}{3}\sec^3 x-\sec x+C$；(23) $\arctan e^x+C$.

习题 4-3

(A)

一、略.

二、1. e^x，$-(xe^{-x}+e^{-x})+C$.

2. $\int x\,d\arccos x$（或$\int\dfrac{-x}{\sqrt{1-x^2}}dx$），$x\arccos x-\sqrt{1-x^2}+C$.

(B)

一、(1) $\dfrac{1}{3}x^3\ln x-\dfrac{1}{9}x^3+C$；(2) $\sqrt{1+x^2}\arctan x-\ln(x+\sqrt{1+x^2})+C$；(3) $x\ln(x+\sqrt{1+x^2})-\sqrt{1+x^2}+C$；(4) $-\dfrac{1}{2}x^2e^{-x^2}-\dfrac{1}{2}e^{-x^2}+C$；(5) $\dfrac{1}{3}x^3\arctan x-\dfrac{1}{6}x^2+\dfrac{1}{6}\ln(1+x^2)+C$；(6) $\dfrac{x}{2}[\cos(\ln x)+\sin(\ln x)]+C$；(7) $x-\dfrac{1-x^2}{2}\ln\dfrac{1+x}{1-x}+C$；(8) $-\dfrac{\sqrt{1-x^2}}{x}\arcsin x+\ln|x|+\dfrac{1}{2}(\arcsin x)^2+C$（令 $x=\sin t$）；(9) $\left(1-\dfrac{2}{x}\right)e^x+C$.

二、提示：$\int\dfrac{dx}{\sin^n x}=\int\dfrac{\cos^2 x+\sin^2 x}{\sin^n x}dx$.

习题 4-4

(1) $2\ln|x-3|-\ln|x-1|+C$；(2) $\ln|x|-\dfrac{1}{2}\ln(x^2+1)+C$；(3) $-\dfrac{1}{2}\ln\dfrac{x^2+1}{x^2+x+1}+\dfrac{\sqrt{3}}{3}\arctan\dfrac{2x+1}{\sqrt{3}}+C$；(4) $\dfrac{1}{3}x^3+\dfrac{1}{2}x^2+x+8\ln|x|-4\ln|x+1|-3\ln|x-1|+C$；

(5) $\dfrac{1}{\sqrt{2}}\arctan\dfrac{\tan\frac{x}{2}}{\sqrt{2}}+C$；(6) $\dfrac{1}{2\sqrt{3}}\arctan\dfrac{2\tan x}{\sqrt{3}}+C$；(7) $\dfrac{3}{2}\sqrt[3]{(1+x)^2}-3\sqrt[3]{x+1}+3\ln(1+\sqrt[3]{1+x})+C$；

(8) $\dfrac{1}{2}x^2-\dfrac{2}{3}\sqrt{x^3}+x-4\sqrt{x}+4\ln(\sqrt{x}+1)+C$；(9) $\ln\left|\dfrac{\sqrt{1-x}-\sqrt{1+x}}{\sqrt{1-x}+\sqrt{1+x}}\right|+2\arctan\sqrt{\dfrac{1-x}{1+x}}+C$；

(10) $6(\sqrt[6]{x}-\arctan\sqrt[6]{x})+C$.

复习题 4

一、1. $6x\,dx$.　2. $\dfrac{1}{2}f(2x)+C$.　3. $2\sin x\cos x$.　4. $\cos x-\dfrac{2\sin x}{x}+C$.

5. $-\dfrac{x}{3}\cos 3x+\dfrac{1}{9}\sin 3x+C$.

6. $\dfrac{1}{3}\cos^3 x-\cos x+C$.

7. $2e^{\sqrt{x}}+C$.

8. $\ln|x+\cos x|+C$.

9. $\frac{1}{3}f^3(x)+C$.

10. $F(\ln x)+C$.

二、1. A. 2. D. 3. B. 4. B. 5. C.

四、$x\ln|x|+C$.

五、$\ln x(2-\ln x)+C$.

六、$Q(P)=-1\,000\times\left(\frac{1}{3}\right)^P+2\,000$.

习题 5-1

(A)

一、1. 负的. 2. $\int_0^1\rho(x)\mathrm{d}x$. 3. $b-a$.

二、1. A. 2. D.

(B)

1. (1) $\frac{3}{2}$;(2) 1;(3) 0;(4) $\frac{\pi}{4}$.

2. $e-1$.

3. $a=0,b=1$.

4. (1) $>$;(2) $>$.

5. (1) $6\leqslant\int_1^4(x^2+1)\mathrm{d}x\leqslant 51$;(2) $-2e^2\leqslant\int_2^0 e^{x^2-x}\mathrm{d}x\leqslant -2e^{-\frac{1}{4}}$.

6. 略.

习题 5-2

(A)

一、非.

二、1. C(任意常数). 2. $\sin x^2,-\sin x^2$. 3. $2x\sin x^2,\sin x^2$. 4. $0,-2x\sin^2 x^2$.

(B)

1. $\cos t$.

2. 当 $x=0$ 时.

3. (1) $2x\sqrt{1+x^4}$;(2) $\frac{3x^2}{\sqrt{1+x^{12}}}-\frac{2x}{\sqrt{1+x^8}}$;(3) $\int_0^x\sin t\mathrm{d}t$.

4. (1) $a(a^2-\frac{a}{2}+1)$;(2) $\frac{271}{6}$;(3) $\frac{\pi}{4}+1$;(4) $\frac{\pi}{6}$;(5) $\frac{\pi}{3a}$;(6) $1-\frac{\pi}{4}$;(7) 4;(8) $\frac{8}{3}$.

5. (1) 2;(2) $\frac{2}{3}$.

6. 略.

7. 1.

习题 5-3

(A)

一、非.

二、1. 0. 2. 1. 3. $2-2\ln 2$. 4. π.

(B)

1. (1) 0;(2) $\frac{\pi}{2}$;(3) $f(b+x)-f(a+x)$;(4) 0.

2. (1) $\frac{1}{4}$; (2) $1-\frac{\pi}{4}$; (3) $1-e^{-\frac{1}{2}}$; (4) $2(\sqrt{3}-1)$; (5) $\frac{2}{3}$; (6) $\frac{4}{3}$;(7) $1-\frac{2}{e}$;(8) $\frac{1}{4}(1+e^2)$;

(9) $\frac{\pi}{4}-\frac{1}{2}$;(10) $\frac{1}{2}(e\sin 1-e\cos 1+1)$;(11) $2\left(1-\frac{1}{e}\right)$;(12) $\begin{cases}\frac{1\cdot 3\cdot 5\cdot\cdots\cdot m}{2\cdot 4\cdot 6\cdot\cdots\cdot(m+1)}\cdot\frac{\pi}{2} & m\text{为奇数}\\ \frac{2\cdot 4\cdot 6\cdot\cdots\cdot m}{1\cdot 3\cdot 5\cdot\cdots\cdot(m+1)} & m\text{为偶数}\end{cases}$;

(13) $I_m=\begin{cases}\frac{1\cdot 3\cdot 5\cdot\cdots\cdot(m-1)}{2\cdot 4\cdot 6\cdot\cdots\cdot m}\cdot\frac{\pi^2}{2} & m\text{为偶数}\\ \frac{2\cdot 4\cdot 6\cdot\cdots\cdot(m-1)}{1\cdot 3\cdot 5\cdot\cdots\cdot m}\pi & m\text{为大于1的奇数}\end{cases}$, $I_1=\pi$.

3. $1+\ln(1+e^{-1})$. **4.** 略. **5.** 略. **6.** 略.

习题 5-4

1. (1) 错;(2) 错;(3) 错.

2. (1) $\frac{1}{a}$;(2) π;(3) 发散;(4) $\frac{8}{3}$;(5) $\frac{\pi}{2}$.

3. $\frac{\sqrt{\pi}}{4}$.

4. 当 $k>1$ 时,收敛于$\frac{1}{(k-1)(\ln 2)^{k-1}}$;当 $k\leqslant 1$ 时发散;当 $k=1-\frac{1}{\ln\ln 2}$时,取得最小值.

习题 5-5

1. (1) $e+\frac{1}{e}-2$;(2) $b-a$. **2.** $\frac{128}{7}\pi, \frac{64}{5}\pi$. **3.** $\frac{4\sqrt{3}}{3}R^3$. **4.** $2\sqrt{3}-\frac{4}{3}$. **5.** $1+\frac{1}{2}\ln\frac{3}{2}$.

6. (1) $C(Q)=3Q+\frac{1}{6}Q^2+1, R(Q)=7Q-\frac{1}{2}Q^2, L(Q)=-1+4Q-\frac{2}{3}Q^2$;(2) $Q=3$ 时,最大利润为 5 万元.

复习题 5

一、**1.** 0. **2.** $1-\frac{\pi}{4}$. **3.** 2π. **4.** 0. **5.** $\tan x$. **6.** $2x\tan x$. **7.** $\frac{1}{3}$. **8.** 发散. **9.** 发散. **10.** 0. **11.** $b-a-1$. **12.** 必要,充分.

二、**1.** B. **2.** C. **3.** C. **4.** C.

三、**1.** $\sqrt{2}-1$. **2.** $\ln(1+e)-\ln 2$. **3.** $2(\sqrt{2}-1)$. **4.** $\frac{5}{3}$. **5.** $1-\ln(2e+1)+\ln 3$. **6.** $\frac{\pi}{3\sqrt{3}}$. **7.** $-66\frac{6}{7}$. **8.** $\frac{1}{4}+\ln 2$. **9.** $2\sqrt{2}$. **10.** $\frac{1}{5}(e^{\pi}-2)$. **11.** $\frac{\pi}{4}$. **12.** $\frac{1}{3}\ln 2$. **13.** 1. **14.** 发散. **15.** $\frac{7}{3}-\frac{1}{e}$.

五、$(1-\pi)\ln\pi-2\ln 2-1$.

六、$2x\sin x^2-\sin x$.

七、$a=1$ 时,$S=\frac{4}{3}$ 为最小值.

八、**1.** $\frac{4}{3}$. **2.** $\frac{16}{15}\pi$. **3.** $\frac{\pi}{2}$. **4.** $\sqrt{5}+\frac{1}{2}\ln(2+\sqrt{5})$.

九、500.

十、**1.** 9 987.5. **2.** 10 062.5

参考文献

[1] 赵树嫄,微积分[M].北京:中国人民大学出版社,2007.
[2] 林益,刘国钧,徐建豪,微积分[M].武汉:武汉理工大学出版社,2006.
[3] 宋礼民,杜洪艳,吴洁,高等数学[M].上海:复旦大学出版社,2010.
[4] 同济大学数学系,高等数学[M].上海:同济大学出版社,2014.
[5] 孟广武,张晓岚,高等数学[M].上海:同济大学出版社,2014.